轻量级 Web 应用开发

邱俊涛 著

人 民 邮 电 出 版 社
北 京

图书在版编目（CIP）数据

轻量级Web应用开发 / 邱俊涛著. -- 北京 : 人民邮电出版社, 2015.7
ISBN 978-7-115-39152-0

Ⅰ. ①轻… Ⅱ. ①邱… Ⅲ. ①网页－应用程序－程序设计 Ⅳ. ①TP393.092

中国版本图书馆CIP数据核字(2015)第128113号

内容提要

轻量级开发是一个很宽泛的主题，开发人员经常提到这个术语，但却少有人能够阐明它的内涵。本书介绍了轻量级 Web 应用开发背后的核心理念和方法。

全书共 16 章，介绍了环境配置与工具准备、Web 应用服务器、数据库访问层、客户端框架、CSS 框架、客户端测试框架、现代的前端开发方式、编写更容易维护的 JavaScript 代码、本地构建、持续集成、单元测试与集成测试、环境搭建的自动化、应用程序发布、前端实例、后台实例、集成实例。除此之外，附录部分还介绍了一些补充知识。

本书适合软件开发人员以及对轻量级 Web 开发感兴趣的读者阅读。

◆ 著　　　　邱俊涛
责任编辑　陈冀康
责任印制　张佳莹　焦志炜

◆ 人民邮电出版社出版发行　　北京市丰台区成寿寺路 11 号
邮编　100164　　电子邮件　315@ptpress.com.cn
网址　http://www.ptpress.com.cn
北京鑫正大印刷有限公司印刷

◆ 开本：800×1000　1/16
印张：22.25
字数：424 千字　　　　2015 年 7 月第 1 版
印数：1－2 500 册　　　2015 年 7 月北京第 1 次印刷

定价：55.00 元

读者服务热线：(010)81055410　印装质量热线：(010)81055316
反盗版热线：(010)81055315

前言

简单就是美

2014年2月3日，我创建了一个新的Microsoft Word文档，开始编写本书。计划中，这本书会包含很多方面，一些工具的使用方法，一些软件开发的“哲学”或者方法论，一些公认为比较好的编程实践，以及尽可能真实地涉及一个Web应用开发中的所有点……从最初的简单需求，逐步演进成部署在真实环境中、可以被所有人访问到的真实程序。

2004年，我第一次接触到UNIX（一个运行在PC机上的FreeBSD），当看到一些各司其职的命令通过管道连接起来，然后流畅地处理很繁琐的任务时，就模糊地意识到“简单的工具组合起来，将会发挥出极大威力”。当然，在随后更加深入的学习中，我才知道这种体会只能算是处在“野蛮和蒙昧状态”。

但是也就是从那时候起，我就非常推崇轻量级的开发方式，包括轻量级的函数库、轻量级的工具、轻量级的框架每个程序/模块都应该只处理自己的份内之事，仅此而已。将一个艰巨而庞大的任务划分成小的模块，并对每个小的模块进行更精细的设计，得到的将是一系列相互独立、错误极少、更容易理解和维护的轻量级的工具集。

甚至，在最理想的情况下，这些轻量级的工具集可以应用在不同的项目中，而实际对于业务的编码则可能非常简单，只需要将这些工作良好的工具通过某种方式组合起来即可。

简单就是美（Simple is Beautiful），没有人不赞同这个观点，当我们看到简洁的界面设计、清晰的程序接口时，无不被那种简单性所打动、所折服。但是要做到简单这一点绝非易事，人们往往会自然地将事情复杂化。事先将各个模块的职责完全搞清楚几乎是不可能的，而当项目进行中，要在有交付压力的情况下对代码做大规模的重构也是具有很大风险的工作。

可能项目发起之初，项目的结构和代码会比较清晰简洁。但是当有多人合作开发，或者需求没有被预期地变更，一些临时的解决方案渗入到代码库时，一些权宜之计也会被采纳，代码库越来越庞大，越来越难以被理解。最后的结果可能是项目的失败，也可能是最终不得不留守多人来维护这个遗留的代码库。

代码先行

2013 年 1 月的一个周末，我在 ThoughtWorks 西安的办公室，如以往很多个周末一样，享受着安静的巨大的独立办公室。从那时候开始，我就在为本书准备实例，我在之前长期的读、写技术文章的经验中得到的体会是：例子是最好的老师，甚至是跨越语言（甚至是自然语言）障碍的老师。作为程序员，你甚至可以读懂一份用法文写的关于如何使用 Sinatra 的文章——如果作者提供了足够清晰的例子的话。

断断续续地，我将项目中用到的技术实例抽取出来，做成足够小巧，而又能覆盖到足够多特性的 demo。到了 5 月，我要为 ThoughtWorks 的欧洲 AwayDay 准备一个演讲，主题即为轻量级的 Web 应用程序开发。虽然这个演讲由于时间关系被取消了，但是我在背后做的很多计划和例子都固化了下来。10 月，我在印度普内做完了一期 ThoughtWorks 大学的讲师，难得地有了两周的空闲时间，于是开始整理前端开发的工作流以及工具的介绍等，也产生了很多的例子。

到了 12 月，以及 2014 年的 1 月份，我在国内的一家公司做咨询服务，有了更多的时间和精力投入到纯粹前端的开发中。由于工作本身主要是做咨询服务，如何将一项技术很好地交付给团队的成员成了最关键的问题。所有的概念性的知识都是清晰而简洁的，但是这种清晰和简洁，唯有通过实例将技术本身掌握之后，才能体会到。因此，我需要很精心地准备每一个小例子，最终我得到了很多的例子。事后整理这些实例和心得时，我又发现这些与具体项目有一定关联的例子可以做进一步的抽取，并将它们作为本书的素材。

这样做的好处有很多：在介绍一个概念时，我无需再一次绞尽脑汁去发明一个场景来作为例子；另一方面，在介绍一项新技术时，Hello World（换言之，浅尝辄止）级别的介绍只会给读者一种错觉：误以为这项技术很简单，而忽略了在实施过程中可能遇到的问题。也就是说，我希望通过例子，以及对例子的解释，真正将这些技术实施起来，而不仅仅是看上去很美。

工具与方法论

我曾经观察自己，以及其他程序员的工作方式，特别是 ThoughtWorks 聪明的程序员们。虽然不至于单调到千篇一律，但是这些高效的程序员都有或多或少的相似性。

模块化、轻量级的根本原理来源于人类大脑的设计：每次只能关注一件事，某个时刻只能做好一件事。说来容易，但是事实上想要做到这一点是非常困难的，程序员需要在实践中不断积累，不断学习，才有可能发现简单的力量。完成一个软件的功能，对于一个熟练的软件开发者来说并非难事，但是要让这个软件足够简单，以适应随后的变化，且在适应的过程中保证软件的高质量，并不是一件容易的事情。

本书组织结构

如果粗略地划分一下，本书可以分为三部分：第 1 章至第 6 章为基础工具及框架的介绍，包括 Web 框架，数据库访问层以及一些前端的技术等；第 7 章至第 13 章是一些编程实践和 Web 应用周边的一些工具和框架的介绍，比如如何进行测试自动化，如何进行自动部署等；第 14 章至第 16 章是一个具体的实例，这个实例从头到尾介绍了一个 Web 应用从想法到实现，再到具体部署在一个真实的环境中的过程，其中包含了前后端开发、自动化测试、自动化部署以及云平台的使用。

本书的各个章节的简要描述如下：

第 1 章，介绍了一些常用的工具如 Shell、编辑器、应用程序加速器等的使用，本书的其他章节会频繁地使用这些工具。

第 2 章，介绍了 Ruby 下的 Web 开发库 Rack 的原理、Sinatra 框架的使用方法以及使用 Grape 创建 RESTFul 的 API。

第 3 章，所有的动态的 Web 应用程序后台都有数据库持久层，如何将面向对象的世界和面向关系的数据库连接起来是每个 Web 框架都需要面对的主题。这一章讨论了 ActiveRecord 及 DataMapper 的使用方法。

第 4 章，介绍了前端的模块化框架 Require.js、客户端的 MVC 框架 Backbone.js 以及 Angular.js。

第 5 章，详细讨论了 CSS 框架，包括 Foundation 及 Bootstrap，讨论了两个框架的布局方式、常用的组件等。

第 6 章，随着前端越来越重要，JavaScript 代码在项目中占用的比重越来越高，相关的测试也越来越重要，这里讨论了前端的测试框架 Jasmine 和 Mocha 的基本用法。

第 7 章，前端开发的形式已经不是用编辑器简单地编辑几个文件就可以了，现在的前端开发已经有了完整的工作流：依赖管理，单元测试，合并并压缩 JS/CSS，动态加载等等。这一章讨论现代的前端开发方式。

第 8 章，通过一个实例来介绍如何编写更容易维护、更容易扩展的前端代码，本章使用了两种不同的开发思路来编写同一个实例，以便读者更好地理解可维护性。

第 9 章，介绍了如何减少重复劳动，将常见的动作自动化起来。这一章讨论了 Ruby

和 JavaScript 中的构建工具的使用方法。

第 10 章，持续集成早已不是一个新的概念，事实上越来越多的项目都在使用持续集成服务器来保证不同团队的工作可以尽早集成，从而减少风险，加快发布的速度。持续集成已经成为开发项目时的标准配置。这一章我们讨论了 Jenkins 服务器，以及使用公开的 Travis、Snap 等持续集成服务。

第 11 章，一个最容易出错的地方是混淆不同类型的测试，很多初学者会不自觉地进行集成性质的测试，而忽略了更重要的单元测试；或者强调单元测试，却漏掉了集成测试。

第 12 章，我们着重于如何在本地搭建环境来完成自动化，我们使用 Chef 来自动化设置环境，这样当服务器环境发生故障之后，我们可以在数分钟之内就自动地设置好环境。

第 13 章，使用 Heroku 的云服务可以让我们快速地将应用程序在几分钟之内发布到互联网上，这样所有的人都可以访问我们的应用程序，使用我们的服务。这在原型开发，快速迭代中非常有用。

第 14 章，从这一章开始，我们开始一个实际的应用程序"奇葩"的开发。这一章使用 Bootstrap、Angular.js 进行前端的开发。

第 15 章，继续"奇葩"的开发，我们使用 ActiveRecord 和 Sinatra 作为后端，并介绍如何进行测试。

第 16 章，将前两章的开发结果进行集成，并发布到 Heroku 平台上，同时介绍如何使用亚马逊的 S3 存储服务，以及如何将 S3 服务于 Heorku 上的应用集成。

附录 A，描述 Web 应用程序是如何工作的，HTTP 协议本身是独立于具体的业务应用的，各个后台框架都使用了不同的方式来和 HTTP 服务器集成。

附录 B，描述在 AngularJS 中如何进行测试，涵盖 AngularJS 中的控制器、指令以及服务的测试方式。

致谢

本书的一些示例代码开始于 2013 年 2 月，而文字工作则开始于 2014 年 2 月，当然期间有一些时候由于项目比较忙或者有其他活动等原因有所中断。总体来说，写作这本书是一个长达两年的大项目（当然，大部分写作时间是周末和节假日）。

在这冗长的写作与编辑过程中，感谢妻子孙曼思女士的不断督促和在生活上的悉心照料。很多时候，在项目上累了一周之后，自己难免会有懈怠的情绪，她则像一位良师益友一样在旁督促"你是不是该更新博客了？""你是不是该更新你的书了？"而当我偶有所得时，她又会在旁鼓励赞赏。

本书编写期间，正好我们的房子开始装修，我几乎没有参与任何实质性的装修活动，感谢父母、岳父岳母，他们在背后帮我做了很多很多的事情，没有他们的支持，这本书至少会延期一年，甚至永无出版之日。

感谢贾玮对本书的大量编辑校对工作。她在 2014 年 6 月加入 ThoughtWorks 之后，我将这本书的草稿交给她，一方面促其自学，另一方面做一些校对。两个月后，当我看到她交还给我的加满了批注的草稿时，我非常震撼。其中包含了很多错别字的修改，不通顺语句的修改，尤为可贵的是，其中有一些从初学者视角给出的建议，这些建议使得我可以绕过“知识的诅咒”，更好地向读者传递最初的意图。

感谢 ThoughtWorks 的同事们，本书的第 7 章、第 8 章内容的原型是我在 ThoughtWorks 西安办公室进行的一次 Workshop，这次 Workshop 有很多同事参加，并在参加之后给了我很多有用的反馈。另外，在书中内容的组织上，我在 ThoughtWorks 内部发起了一次调查问卷，同事们积极地给了我很多有益的反馈，在此一并感谢。

感谢本书的编辑陈冀康，他在我的第一本书《JavaScript 核心概念及实践》出版之后，就鼓励我筹划这本书，期间给予了我很多指导和帮助，并持续指导直至本书最终完成。

邱俊涛
2015 年 1 月 18 日于西安

目录

前言
第 1 章　环境配置与工具准备…………1
1.1　Shell…………1
1.2　管道…………7
1.3　几个常用命令…………9
1.3.1　文件查找命令 find…………9
1.3.2　网络命令 curl…………11
1.3.3　文件搜索 grep…………13
1.3.4　定时任务 crontab…………14
1.3.5　JSON 查询利器 jq…………15
1.4　编辑器…………18
1.4.1　Vim 编辑器…………18
1.4.2　Sublime Text 编辑器…………23
1.5　程序启动器…………26
1.5.1　Launchy…………27
1.5.2　Alfred…………27
1.6　关于 Windows…………29
第 2 章　Web 应用服务器…………30
2.1　Rack…………30
2.1.1　rackup…………32
2.1.2　Rack 中间件…………36
2.2　Sinatra…………39
2.2.1　404 页面…………39
2.2.2　使用模板引擎…………44
2.2.3　简单认证中间件…………46
2.3　Grape…………47
第 3 章　数据库访问层…………56
3.1　数据库的访问…………56
3.2　数据库方案（schema）的修改…………57
3.3　ActiveRecord…………59
3.3.1　和 Rails 一起使用…………59
3.3.2　独立使用（在既有数据库中）…………65
3.3.3　校验…………70
3.4　DataMapper…………76
第 4 章　客户端框架…………80
4.1　富客户端…………80
4.2　Backbone.js 简介…………83
4.2.1　模型…………83
4.2.2　视图…………85
4.2.3　集合…………91
4.2.4　与服务器交互…………94
4.2.5　路由表…………95
4.3　Angular.js…………98
4.3.1　数据双向绑定…………98
4.3.2　内置指令…………100
4.3.3　AngularJS 中的服务…………101
4.3.4　与 RESTFul 的 API 集成…………105
4.3.5　与 moko 集成…………106
第 5 章　CSS 框架简介…………108
5.1　Foundation 简介…………108
5.2　BootStrap 简介…………117

5.2.1 布局 ······ 118
5.2.2 常用组件 ······ 121
第6章 客户端测试框架 ······ 130
6.1 Jasmine 简介 ······ 130
6.1.1 Spy 功能 ······ 131
6.1.2 自定义匹配器 ······ 133
6.2 Mocha ······ 134
6.2.1 Mocha 的基本用法 ······ 135
6.2.2 测试异步场景 ······ 137
第7章 现代的前端开发方式 ······ 140
7.1 Karma 简介 ······ 140
7.2 前端依赖管理 ······ 141
7.3 搭建工程 ······ 143
7.4 测试驱动开发 ······ 146
7.5 实例 Todoify ······ 147
7.5.1 underscore 的一些特性 ······ 148
7.5.2 jQuery 插件基础知识 ······ 150
7.5.3 Todoify ······ 151
7.5.4 进一步改进 ······ 159
第8章 编写更容易维护的 JavaScript 代码 ······ 161
8.1 一个实例 ······ 161
8.2 重构：更容易测试的代码 ······ 165
8.2.1 搜索框 ······ 166
8.2.2 发送请求 ······ 167
8.2.3 结果集 ······ 168
8.2.4 放在一起 ······ 171
8.3 关注点分离：另一种实现方式 ······ 174
8.3.1 搜索服务 ······ 175
8.3.2 结果视图 ······ 175
8.3.3 搜索框视图 ······ 176
8.3.4 搜索逻辑 ······ 176
8.3.5 放在一起 ······ 177
8.3.6 更容易测试的代码 ······ 178
第9章 本地构建 ······ 180
9.1 Ruby 中的构建 ······ 180
9.1.1 Rake ······ 180
9.1.2 Guard ······ 185
9.2 JavaScript 中的构建 ······ 187
9.2.1 Grunt 的使用 ······ 187
9.2.2 Gulp 的使用 ······ 192
第10章 持续集成 ······ 196
10.1 环境搭建 ······ 196
10.1.1 安装操作系统 ······ 196
10.1.2 安装 Jenkins ······ 199
10.1.3 安装 rbenv ······ 200
10.1.4 安装 NodeJS ······ 201
10.1.5 安装 Xvfb ······ 202
10.2 持续集成服务器 ······ 203
10.3 与 Github 集成 ······ 210
10.3.1 Travis ······ 211
10.3.2 Snap ······ 213
第11章 单元测试与集成测试 ······ 215
11.1 RSpec 单元测试 ······ 215
11.2 集成测试工具 Selenium ······ 221
11.2.1 Selenium-webdriver ······ 222
11.2.2 Capybara ······ 223
11.2.3 Cucumber ······ 224
11.3 搭建 Selenium 独立环境 ······ 230
11.3.1 安装 Selenium ······ 230
11.3.2 服务脚本 ······ 230

第 12 章 环境搭建的自动化 ……233
12.1 自动化工具 Chef……234
12.1.1 使用 Berkshelf 管理 cookbook ……234
12.1.2 自动创建用户 ……236
12.1.3 安装 nginx 服务器 ……237
12.1.4 配置 nginx……239
第 13 章 应用程序发布……244
13.1 使用 Heroku 发布应用程序……244
13.2 发布到虚拟机环境……249
13.2.1 使用密钥登录……249
13.2.2 使用 Mina ……250
13.3 服务器典型配置……254
第 14 章 一个实例（前端部分）……259
14.1 线框图……259
14.2 搜索结果页面……261
14.2.1 模板页面……262
14.2.2 导航栏……263
14.2.3 走马灯……264
14.2.4 搜索框……266
14.2.5 目录侧栏……266
14.2.6 植物列表……267
14.2.7 分页器……268
14.3 详细信息页面……270
14.4 加入 JavaScript……271
14.4.1 moko ……273
14.4.2 AngularJS 应用……275
14.4.3 细节页面……279
第 15 章 一个实例（后台部分）……283
15.1 第一个迭代……284
15.1.1 配置环境……284
15.1.2 定义数据……285
15.1.3 第一次提交……288
15.1.4 添加数据……289
15.2 发布到 Heroku……291
15.2.1 环境准备……292
15.2.2 添加数据库插件……292
15.2.3 测试远程应用……293
15.2.4 访问远程数据……294
15.2.5 导出数据……295
15.3 更进一步……296
15.3.1 模块化的 Sinatra 应用……296
15.3.2 测试……297
第 16 章 一个实例（集成）……304
16.1 发布……307
16.1.1 添加植物页面……308
16.1.2 一个奇怪的 bug……310
16.2 添加图片……313
16.2.1 后台 API……314
16.2.2 客户端上传文件……315
16.3 新的问题……321
16.4 文件存储……323
16.4.1 创建分组及用户……323
16.4.2 创建 S3 中的 bucket……325
16.4.3 存储到云端……326
16.4.4 部署到 Heroku……328
附录 A Web 如何工作……330
A.1 CGI 的相关背景……330
A.2 配置 Apache 支持 CGI……331
A.3 更进一步……332
A.4 一个稍微有用的脚本……333

A.5 更进一步 FastCGI ················ 334
附录 B Angular.js 的测试 ················ 335
B.1 测试 Controller ················ 335
B.1.1 AngularJS 的一个典型 Controller ················ 335
B.1.2 测试依赖于 Service 的 Controller ················ 336
B.1.3 在何处实例化 Controller ················ 337
B.1.4 如何 mock 一个 service ················ 338
B.2 测试 Service ················ 339
B.2.1 Service 的典型示例 ················ 339
B.2.2 $httpBackend 服务 ················ 339
B.2.3 Service 的测试模板 ················ 341
B.2.4 服务器 Moco ················ 342

第 1 章 环境配置与工具准备

这一章中，我列出了一些常用的可以提高工作效率的工具集。这些工具都符合体积小巧而功能强大的特点。学习这些工具，可能需要花费一些时间，但是一旦掌握其基本用法，你将会得到数倍的回报。简而言之，它们会节省你的时间。

虽然这些工具完成的具体功能各不一样，但是它们都展现出了一些共性：

（1）关注于一件事，并能很好地完成。

（2）可以很容易地和其他应用程序一起工作。

（3）体积小巧，支持众多选项。

（4）命令行程序。

命令行可以说是专业程序员最亲密的朋友，其重要性再怎么强调也不为过。事实上，当一个受过良好训练的程序员看到一个 GUI 应用程序时的第一反应就是：有没有对应命令行的工具？除了极个别的场景以外，比如海报绘制、广告设计等，大部分情况下，GUI 应用可以做到的工作，命令行工具都可以更好地完成。从文本处理、软件下载、图片修改、到定时任务、系统监控、报表生成，再到即时通信、邮件收发等一切计算机可以做的事情，都可以通过命令行工具来完成。

1.1 Shell

UNIX 世界中，有这样一句话：While there is a shell, there is a way，即如果有 Shell，就有希望。Shell 是下面将会讨论的很多工具赖以生存的环境，也是程序员赖以生存的环境。我每天花在 Shell 里的时间，占我工作总时间的 70%左右（剩下的时间有 20%在 Chrome 中）。在 Shell 中，编写代码，启动服务器，连接到远程机器，运行单元/集成测试，调试错误，查看日志，查找文件并处理，等等。所有有关开发的工作都可以在一个或者多个 Shell 窗口中完成，如图 1-1 所示。

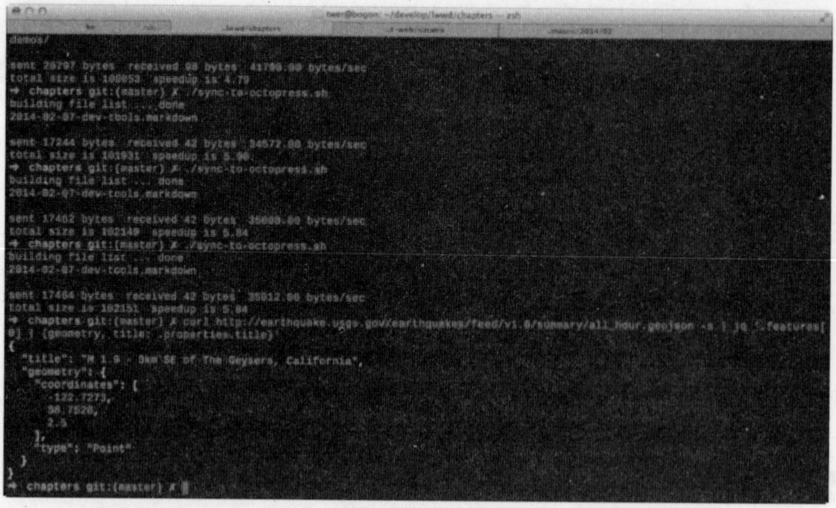

图 1-1　Mac OS 下的 Terminal 应用

每个 Shell 都有各自的配置文件，比如最为流行的 Bash（默认的所有主流的 Linux 发行版都安装了 Bash）中，用户配置文件位于用户主目录~/.bashrc 和~/.bash_profile 中。这些配置文件会在用户登录时被加载，如果用户已经登录，又对这些文件做了修改，可以使用命令：

```
$ source ~/bash_profile
```

来使其生效。

而在众多的 Shell 中，zsh 是我最喜爱的。

如果你是在 Ubuntu 系统中，通过命令：

```
$ apt-get install zsh
```

即可安装，或者通过编译源码的方式安装。在 Mac OS X 下，可以使用：

```
$ brew install zsh
```

来完成安装（需要你的系统中已经安装了 homebrew）。

zsh 的配置文件位于~/.zshrc 中。事实上，有一个开源项目名叫 oh-my-zsh，为 zsh 提供了众多便利的配置。使用它可以省去很多麻烦的配置。

安装非常简单：

```
$ curl -L https://raw.github.com/robbyrussell/oh-my-zsh/master/tools/
install.sh | sh
```

然后使用 chsh zsh 来切换到 zsh，如图 1-2 所示。

图 1-2 在 Terminal 中使用 zsh 替换默认的 bash

oh-my-zsh 拥有丰富的特性，比如大量的插件、主题等。这条命令可以查看已经安装好的插件：

```
$ ls ~/.oh-my-zsh/plugins
```

可以通过修改~/.zshrc 来启用各种插件：

```
plugins=(git osx)
```

这条配置会启用 git 插件和 osx 插件。使用 git 插件， shell 的提示符会发生变化：如果你正处于一个 git 的版本库中，那么提示符会显示你所处的分支：

```
➜ octopress git:(source) ✗
```

上面的输出说明你正处于 source 分支，而“x”则表示目前本地已经有代码的改动（这个小“x”会在代码被提交之后消失）。

另外一个常用 zsh 的插件是 autojump。autojump 是一个命令行工具，可以用来快速地在系统的目录中切换。它会记录用户通过 cd 命令去过的所有目录，并根据切换到该目录的频繁程度为每个目录加上权重。

安装 autojump 很容易。如果是在 Mac 系统下，下面这条命令就可以：

```
$ brew install autojump
```

如果是在 Linix 下，或者想要通过源码安装，需要确保系统中已经安装了 python(python 的 2.6 以上版本)，然后执行：

```
$ git clone git://github.com/joelthelion/autojump.git
$ cd autojump
$ ./install.py
```

安装完成之后，需要在~/.zshrc 中启用 autojump 的插件：为 plugins 这行加上 autojump 即可：

```
plugins=(git osx autojump)
```

使用起来极为简便，输入 j 加目录名关键字即可跳入该目录，比如想要跳入路径中含有 ruby 的目录：

```
$ j ruby
/Users/twer/develop/ruby
```

如果目录名关键字过于模糊，有多个路径一起命中的话，autojump 会选择权重高的那一条。

```
$ j --stat
```

如图 1-3 所示。

```
➜ Community-Wifi  j --stat
17.3:    /Users/jtqiu/develop/lwwd/listing/build
17.3:    /Users/jtqiu/Downloads
17.3:    /Users/jtqiu/develop/workspace/telstra/rework
17.3:    /Users/jtqiu/develop/ruby/places_i_have_been
17.3:    /Users/jtqiu/.ssh
17.3:    /Users/jtqiu/develop/lwwd/chapters/devops/demos/demo/deploy-empty
```

图 1-3　列出目前已经缓存的目录

```
$ j octopress
/Users/twer/blogs/octopress
```

如果这并不是你的本意，那就需要指定更具体的路径，如 j blogs/octopress 或者更简单的 j b octopress。

可以通过 j --stat 查看当前已经存储的目录，以及各自的权重 (如图 1-4 所示)：

```
$ j --stat
```

```
50.0:    /Users/jtqiu/develop/gis
50.0:    /Users/jtqiu/develop/lwwd/listing
51.0:    /Users/jtqiu/develop/workspace/telstra
52.9:    /Users/jtqiu/develop/tutorial
57.4:    /Users/jtqiu/develop/lwwd
69.3:    /Users/jtqiu/develop/ruby
75.5:    /Users/jtqiu/develop/workspace/telstra/OnlineShop
76.2:    /Users/jtqiu/develop
________________________________________

4554:     total key weight
234:      stored directories
24.49:    current directory weight

db file: /Users/jtqiu/.local/share/autojump/autojump.txt
```

图 1-4 每个目录都有对应的权重

zsh 的一些好用的特性

列出当前目录下所有*.rb 文件，深度可以是任意层次（如图 1-5 所示）：

```
$ ls -l **/*.rb
```

```
➜ sinatra git:(master) ✗ ls -l **/*.rb
-rw-r--r--  1 jtqiu  staff  4214 Aug 15  2013 app.rb
-rw-r--r--  1 jtqiu  staff   297 Feb 14  2013 lib/notes.rb
-rw-r--r--  1 jtqiu  staff  1304 Feb 16  2013 lib/sinatra/mobile.rb
-rw-r--r--  1 jtqiu  staff   446 Feb 14  2013 lib/user.rb
-rw-r--r--  1 jtqiu  staff   292 Feb 14  2013 spec/factories.rb
-rw-r--r--  1 jtqiu  staff   701 Feb 14  2013 spec/feather_spec.rb
-rw-r--r--  1 jtqiu  staff   830 Feb 14  2013 spec/notes_spec.rb
-rw-r--r--  1 jtqiu  staff   278 Feb 14  2013 spec/spec_helper.rb
-rw-r--r--  1 jtqiu  staff   830 Feb 14  2013 spec/user_spec.rb
```

图 1-5 列出当前目录下所有的以 rb 结束的文件

自动补全命令的参数（<TAB>表示 tab 键）：

```
$ git st<TAB>
stash            -- stash away changes to dirty working directory
status           -- show working-tree status
stripspace       -- filter out empty lines
```

自动补全浏览过的网站（如图 1-6 所示）：

```
$ ssh <TAB>
192.30.252.131 s1.au.reastatic.net 50.19.85.132
...
```

```
$ curl https://www.<TAB>
www.casa.it.localhost  www.property.com.au
www.realestate.com.au.localhost  www.cba.realestate.com.au
...
```

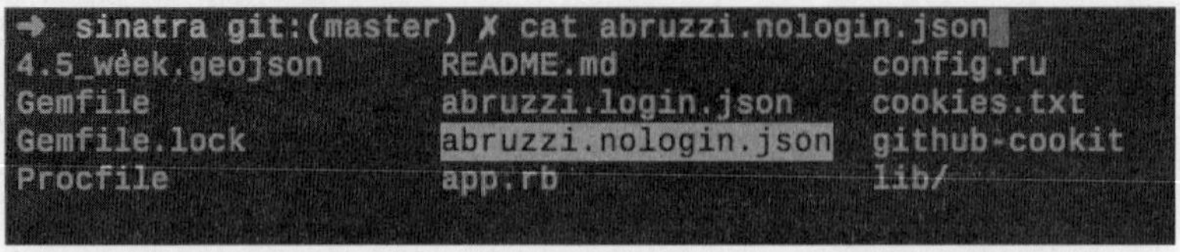

```
➜ sinatra git:(master) ✗ cat abruzzi.nologin.json
4.5_week.geojson        README.md               config.ru
Gemfile                 abruzzi.login.json      cookies.txt
Gemfile.lock            abruzzi.nologin.json    github-cookit
Procfile                app.rb                  lib/
```

图 1-6 zsh 的自动补全

zsh 的智能补全的另一个例子是，你需要杀掉一个 ruby 进程，但是又不知道这个进程的 id。传统的做法是：

```
$ ps -Af | grep ruby
```

如图 1-7 所示。

```
501 92657 84468   0  6:08PM ttys001    0:00.00 grep ruby
501 70085 24601   0 Fri12PM ttys007    0:01.84 /Users/twer/.rvm/gems/ruby-1.9.3-p286/bin/rake
501 70086 70085   0 Fri12PM ttys007   11:50.27 /Users/twer/.rvm/gems/ruby-1.9.3-p286/bin/jekyll
501 70087 70085   0 Fri12PM ttys007    0:02.01 ruby /Users/twer/.rvm/gems/ruby-1.9.3-p286/bin/compass watch
501 70088 70085   0 Fri12PM ttys007    0:26.44 ruby /Users/twer/.rvm/gems/ruby-1.9.3-p286/bin/rackup --port 4000
```

图 1-7 查找所有的 ruby 进程

找到对应的进程 id，再调用 kill -9 id 来终止该进程。而使用 zsh，则可以简化为 kill ruby<TAB>，然后会得到一个列表，持续地按<TAB>会在这个列表中切换，直到你选中需要杀掉的进程，然后回车即可，如图 1-8 所示。

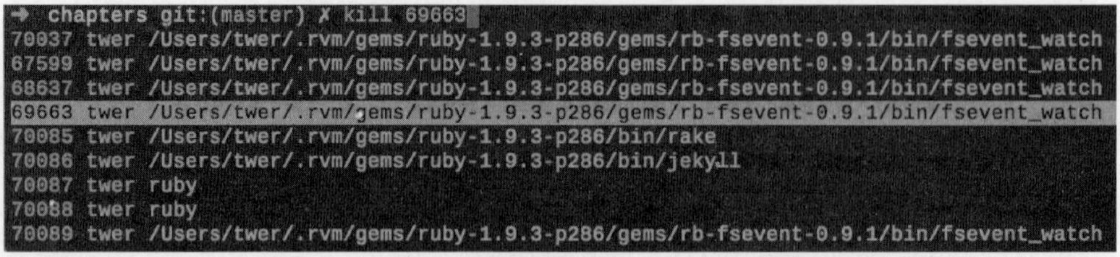

```
➜ chapters git:(master) ✗ kill 69663
70037 twer /Users/twer/.rvm/gems/ruby-1.9.3-p286/gems/rb-fsevent-0.9.1/bin/fsevent_watch
67599 twer /Users/twer/.rvm/gems/ruby-1.9.3-p286/gems/rb-fsevent-0.9.1/bin/fsevent_watch
68637 twer /Users/twer/.rvm/gems/ruby-1.9.3-p286/gems/rb-fsevent-0.9.1/bin/fsevent_watch
69663 twer /Users/twer/.rvm/gems/ruby-1.9.3-p286/gems/rb-fsevent-0.9.1/bin/fsevent_watch
70085 twer /Users/twer/.rvm/gems/ruby-1.9.3-p286/bin/rake
70086 twer /Users/twer/.rvm/gems/ruby-1.9.3-p286/bin/jekyll
70087 twer ruby
70088 twer ruby
70089 twer /Users/twer/.rvm/gems/ruby-1.9.3-p286/gems/rb-fsevent-0.9.1/bin/fsevent_watch
```

图 1-8 使用 zsh 的自动补全来终止 ruby 进程

批量重命名，比如当前目录有几个 txt 结尾的文件，我们需要将后缀修改为 html：

```
$ ls
1.txt 2.txt 3.txt 4.txt
```

```
$ zmv '(*).txt' '$1.html'

$ ls
1.html 2.html 3.html 4.html
```

zmv 是一个 zsh 的模块，我们需要将其加载进来：

```
$ autoload -U zmv
```

命令 zmv '(*).txt' '$1.html'中，以 txt 为后缀的文件名部分被存到了一个分组中，这个分组可以通过$1 来获取。这样我们就可以将文件命名成任意字符串了：

```
$ ls
1.html 2.html 3.html 4.html

$ zmv '(*).html' 'template_$1.html.haml'

$ ls
template_1.html.haml    template_2.html.haml    template_3.html.haml
template_4.html.haml
```

1.2 管道

当各司其职的、又完全独立的工具组合在一起的时候，命令行的高效才得以体现。比如使用 find 命令查找所有的测试文件，如果我们更关心的是有多少个这样的文件，而不是文件的名称本身，应该怎么做呢？给 find 再加上一个统计选项？在 UNIX 世界里，我们有更好的选择：管道。

命令 wc 可以用于统计文件中的单词个数或者行的个数，比如文件 file 有 100 行，那么 wc -l file 会输出 100。管道用于将多个命令连接起来，即将上一个程序的输出作为下一个程序的输入。

比如命令：

```
$ find . -name "*.rb" | wc -l
```

表示，从当前的目录起，查找所有的 ruby 文件，并统计其个数。通过管道|，find 命令的输出变成了 wc 的输入，这样两个程序就连接了起来。通过管道可以将多个程序连接在一起：

```
$ find . -name "*.rb" | xargs basename
app.rb
notes.rb
mobile.rb
user.rb
factories.rb
feather_spec.rb
notes_spec.rb
spec_helper.rb
user_spec.rb
```

上面这条命令中，basename 命令用于从文件的完整路径中获取最后一个“/”之后的内容，比如：

```
$ basename "/lightweight-web/sinatra/"
sinatra

$ basename "/lightweight-web/sinatra/lib"
lib

$ basename "/lightweight-web/sinatra/lib/products.rb"
products.rb
```

而 xargs 命令用于将前一条命令的输出作为后一条命令的参数，比如 find 命令查找出了当前目录中包含的所有 ruby 的相对路径：

```
$ find . -name "*.rb"
./app.rb
./lib/notes.rb
./lib/sinatra/mobile.rb
./lib/user.rb
./spec/factories.rb
./spec/feather_spec.rb
./spec/notes_spec.rb
./spec/spec_helper.rb
./spec/user_spec.rb
```

上边的那条带有 xargs 的命令就可以解释为，将查找出来的所有 ruby 文件的完整路径名通过 xargs basename 过滤，只得到文件名本身。得到了这样的一个列表之后，我们还可以再使用 sort 命令对这些文件进行排序：

```
$ find . -name "*.rb" | xargs basename | sort
app.rb
factories.rb
feather_spec.rb
mobile.rb
notes.rb
notes_spec.rb
spec_helper.rb
user.rb
user_spec.rb
```

还可以将这个命令再扩充为 find . -name "*.rb" | xargs basename | sort | xargs cat，即将 sort 产生的输出，又逐行地作为 cat 命令的参数，这样就可以查看所有"*.rb"文件的内容了。而如果文件比较多的话，我们还可以使用分页工具如 more 或者 less 命令来分页查看：

```
$ find . -name "*.rb" | sort | xargs cat | less
```

1.3 几个常用命令

1.3.1 文件查找命令 find

著名的编辑器 Vim 的作者（Bram Moolenaar）曾在一次演讲中提到如何更高效地学习和使用 Vim：

（1）观察自己的动作，并发现低效的一些操作。

（2）查看帮助或者请教周边的人，如何用更高效的方式来完成。

（3）不断地练习这种高效的方式，使之成为一种习惯。

事实上，这种方法可以用以学习其他一切工具。通过观察，我发现自己，以及其他程序员在工作中，很多时候都是在做各种各样的查询——查找文件、查找文件中的某些关键字、查找具有某种特征的目标。完成这项工作有很多种方式，图形界面无疑是最糟糕的一种。因为有太多可能的选项（按照文件名字的一部分，按照修改时间，按照大小，按照所有者等等），对于一个 GUI 程序来说，各种条件如何摆放便是一个巨大的挑战。

UNIX 世界里经典的 find 命令可以使这个过程变得非常容易，甚至是一种享受。find

命令遵循以下模式：

```
$ find where-to-lookcriteria[what-to-do]
```

即，从何处开始查找，查找的条件是什么，以及找到之后做什么动作（这一步是可选的，默认的 find 命令会打印文件的全路径）。举一个简单的例子：

```
$ find . -name "*.rb"
```

这条命令会从当前目录开始，递归遍历所有的子目录，查找名字中带有*.rb 的文件及目录（虽然将一个目录命名为 xxx.rb 有些奇怪，不过这是合法的）。此处的点号（.）表示当前目录，即告诉 find 从当前目录开始查找，-name 参数指定按照名字查找，而正则表达式"*.rb"表示所有以“.rb”结尾的字符串。如果找到了匹配项，find 命令会打印出该文件相对于当前目录的路径。

```
$ find . -name "*.rb"
./app.rb
./lib/notes.rb
./lib/sinatra/mobile.rb
./lib/user.rb
./spec/factories.rb
./spec/feather_spec.rb
./spec/notes_spec.rb
./spec/spec_helper.rb
./spec/user_spec.rb
```

我们还可以使用 find . -size +100k 来查找文件大小在 100k 以上的所有文件。最巧妙的是，这些条件是可以拼凑起来使用的：

```
$ find . -name "*.rb" -size +100k
```

表示从当前目录开始，查找名称中包含"*.rb"，并且大小在 100k 以上（注意 100k 前面的加号）的所有文件或目录。另外，用户还可以指定多个-size 参数：

```
$ find . -size +50k -size -100k
```

这条命令表示查找所有大小在 50k 到 100k 之间的文件。如果加上-mtime 0，可以查找 24 小时之内修改的大小在 50k 到 100k 之间的文件：

```
$ find . -size +50k -size -100k -mtime 0
```

find 支持众多的查询条件，可以通过查看手册 man find 来得到完整的索引。

```
$ find . -size +50k -size -100k -mtime 0 | xargs ls -lh
-rw-r--r--  1 twer  staff   64K Feb  7 19:58 ./4.5_week.geojson
```

1.3.2 网络命令 curl

curl 是 UNIX 世界里另外一个经典的应用程序，它支持众多的网络协议，但是更多时候我们只是使用它实现 HTTP 协议部分的功能。借助 curl 的众多选项，测试基于 HTTP 的应用程序显得非常富有乐趣。

最简单的使用 curl 的场景是使用 curl 发送一次 HTTP 请求：

```
$ curl http://www.apple.com

<!DOCTYPE html>
<html xmlns="http://www.w3.org/1999/xhtml" xml:lang="en-US" lang="en-US">
<head>
    <meta charset="utf-8" />
    <meta name="Author" content="Apple Inc." />
    <meta name="viewport" content="width=1024" />
    ...
```

这条命令会获取到一个 HTML 文档（即 apple.com 这个站点上的 index 页面）。有时候我们仅仅需要获取 HTTP 的头信息，而无需关注页面本身。此时可以使用-I 参数：

```
$ curl http://www.apple.com -I
HTTP/1.1 200 OK
Server: Apache
Content-Type: text/html; charset=UTF-8
Cache-Control: max-age=379
Expires: Fri, 07 Feb 2014 10:04:41 GMT
Date: Fri, 07 Feb 2014 09:58:22 GMT
Connection: keep-alive
```

这样我们会得到一个 200 OK 的响应。如果加上-v 参数就可以看到详细的信息：比如服务器的 IP 地址，发往服务器的 HTTP 头信息，以及最终服务器的响应：

```
$ curl http://www.apple.com -I -v
```

以>开头的行是 curl 发往服务器的数据，以<开头的行是服务器的响应，而以*开头的则是一些日志消息。

curl 命令的详细输出如图 1-9 所示。

```
➜  sinatra git:(master) ✗ curl http://www.apple.com -I -v
* Adding handle: conn: 0x7fdcbb803a00
* Adding handle: send: 0
* Adding handle: recv: 0
* Curl_addHandleToPipeline: length: 1
* - Conn 0 (0x7fdcbb803a00) send_pipe: 1, recv_pipe: 0
* About to connect() to www.apple.com port 80 (#0)
*   Trying 23.211.125.15...
* Connected to www.apple.com (23.211.125.15) port 80 (#0)
> HEAD / HTTP/1.1
> User-Agent: curl/7.30.0
> Host: www.apple.com
> Accept: */*
>
< HTTP/1.1 200 OK
HTTP/1.1 200 OK
* Server Apache is not blacklisted
< Server: Apache
Server: Apache
< Content-Type: text/html; charset=UTF-8
Content-Type: text/html; charset=UTF-8
< Cache-Control: max-age=184
Cache-Control: max-age=184
< Expires: Wed, 23 Jul 2014 13:19:31 GMT
Expires: Wed, 23 Jul 2014 13:19:31 GMT
< Date: Wed, 23 Jul 2014 13:16:27 GMT
Date: Wed, 23 Jul 2014 13:16:27 GMT
< Connection: keep-alive
Connection: keep-alive

<
* Connection #0 to host www.apple.com left intact
```

图 1-9　curl 命令的详细输出

curl 常常用于测试基于 HTTP 的 RESTFul 的 API。比如通过 POST 方法，向服务器发送一段 JSON 数据：

```
$ curl -X POST http://application/resource -d "{\"name\": \"juntao\"}"
```

-X 参数表示以何种 HTTP 动词来完成此次请求，curl 支持所有的 HTTP 动词（GET、POST、PUT、DELETE、OPTION 等）。-d 参数用来表示有数据需要发送，这个数据可以是一段内联的字符串，也可以是一个文件。如果是文件，需要指明文件名-d @filename。

另外，使用 curl 可以设置 HTTP 头信息，这样在服务器看来，这个请求就好像是从浏览器发来的一样，此方式可以绕过一些对网络爬虫设置了屏障的站点：

```
$ curl -H "User-Agent: Mozilla/5.0 (Macintosh; Intel Mac OS X 10_9_1)
AppleWebKit/537.36 (KHTML, like Gecko) Chrome/31.0.1650.63 Safari/537.36"
http://www.apple.com
```

这里的 User-Agent 值是 Google Chrome 浏览器的用户代理字符串，也就是说，在服务器看来，这个请求就是通过 Chrome 浏览器发来的。当然，通过-H 参数，我们还可以指定诸如 Content-Type: application/json 或者 Accept: application/json 等头信息，以便提供给服务器更多的信息（比如在服务器端，如果客户端的请求关注的是 HTML，则返回 HTML 的内容，如果客户端关注 JSON，则返回 JSON 内容）。

使用 curl 还可以做简单的登录操作，比如

```
$ curl https://api.github.com/users/abruzzi > abruzzi.nologin.json
$ curl --user "abruzzi:Password"https://api.github.com/users/abruzzi >
abruzzi.login.json
```

选项-c cookie-file 可以将网站返回的 cookie 信息保存到文件中，选项-b cookie-file 可以使用这个 cookie 来做后续的请求，这样在服务器看来，这些独立的请求就变成了连续的了。

```
$ curl -L -c cookies http://application/resource
$ curl -L -b cookies http://application/resource
```

1.3.3 文件搜索 grep

grep 是用于搜索文件内容的一个命令行工具。它提供了很多参数使得用户可以以不同的方式做搜索。

比如查看文件 spec/factories.rb 中是否包含字符串"juntao"：

```
$ grep "juntao" spec/factories.rb
        name 'juntao'
        email 'juntao.qiu@gmail.com'
```

加上-n 选项会打印出这个字符串所在的行号：

```
$ grep -n "juntao" spec/factories.rb
5:      name 'juntao'
6:      email 'juntao.qiu@gmail.com'
```

如果不知道想要搜索的字符串包含在哪些文件中，可以使用-R 参数搜索当前目录下所有包含字符串“juntao”的文件，如图 1-10 所示。

```
→ sinatra git:(master) ✗ grep -n "juntao" -R .
./abruzzi.login.json:23:   "email": "juntao.qiu@gmail.com",
./abruzzi.nologin.json:23:   "email": "juntao.qiu@gmail.com",
./spec/factories.rb:5:        name 'juntao'
./spec/factories.rb:6:        email 'juntao.qiu@gmail.com'
./spec/feather_spec.rb:26:        session[:user] = {:name => 'juntao', :email => 'juntao.qiu@gmail.com'}
```

图 1-10 递归的搜索当前目录，查找字符串“juntao”

比如有些目录可能并不需要搜索，可以使用选项--exclude-dir 来过滤，如图 1-11 所示。

```
➜ sinatra git:(master) ✗ grep -n "juntao" -R . --exclude-dir="spec"
./abruzzi.login.json:23:  "email": "juntao.qiu@gmail.com",
./abruzzi.nologin.json:23:  "email": "juntao.qiu@gmail.com",
```

图 1-11 排除目录“spec”

进一步地，如果我们需要查找包含“juntao”或者“abruzzi”的行（这两个网络 id 在很多场合表示的都是同一个人），如图 1-12 所示。

```
➜ sinatra git:(master) ✗ grep -n -E "juntao|gists" -R . --exclude-dir="spec"
./abruzzi.login.json:10:  "gists_url": "https://api.github.com/users/abruzzi/gists{/gist_id}",
./abruzzi.login.json:23:  "email": "juntao.qiu@gmail.com",
./abruzzi.login.json:27:  "public_gists": 18,
./abruzzi.login.json:32:  "private_gists": 7,
./abruzzi.nologin.json:10:  "gists_url": "https://api.github.com/users/abruzzi/gists{/gist_id}",
./abruzzi.nologin.json:23:  "email": "juntao.qiu@gmail.com",
./abruzzi.nologin.json:27:  "public_gists": 18,
```

图 1-12 根据正则表达式查找

即通过-E 参数来制定后边需要搜索的字符串是一个正则表达式（"juntao|abruzzi"表示，或者"juntao"，或者"abruzzi"）。

有些时候，仅仅显示匹配上的行可能还不够，用户可能需要该行周围的信息，这时候可以使用参数-C 来启用上下文打印功能：

```
$ grep -n -E "juntao|abruzzi" -R . --exclude-dir=".git" -C 1
--
./abruzzi.nologin.json-22-  "location": "China",
./abruzzi.nologin.json:23:  "email": "juntao.qiu@gmail.com",
./abruzzi.nologin.json-24-  "hireable": false,
--
```

此处的参数-C 1 表示，打印匹配行周围的一行，即上一行和下一行。这种用法在日志跟踪时非常有用。还可以使用参数-B 2 打印匹配行之前的两行和参数-A 2 打印匹配之后的两行。

1.3.4 定时任务 crontab

crontab 是 UNIX 下用来执行定时任务的一个守护进程。使用 crontab 可以定期地执行一些脚本，比如每天凌晨 2 点进行数据库备份；每个小时检查一次磁盘空间，如果空间小于某个阈值，就发邮件通知系统管理员；每隔 10 分钟启动笔记本电脑的前置摄像头，为正在专心解决问题的程序员拍张照片，等等。所有这些需要定期运行，又可以通过计算机程序来完成的任务，都可以交给 crontab。

crontab 的格式：

```
MIN HOUR DOM MON DOW CMD
```

列　名	含　义	取值范围
MIN	分钟	0-59
HOUR	小时	0-23
DOM	每个月的第几天	1-31
MON	月份	1-12
DOW	每周的第几天	0-6
CMD	需要执行的命令或者脚本	可执行脚本

比如，8 月 20 日下午 4 点 30 分，发一封邮件给 smith.sun@sun.smith.com 的任务描述起来就是：

```
30 16 20 8 * /home/juntao/bin/send_mail_to_smith
```

使用命令 crontab -e 会进入 vi 的编辑模式（此时用户实际上在编辑一个临时文件），将上面的命令写入，然后保存退出，就完成了一个任务的注册。可以使用 crontab -l 来列出所有当前已经注册的任务。crontab 支持定义多个定时任务，当用户定义多个任务时，只需要再次进入 crontab 的编辑模式，将新建的任务追加进去即可。

crontab 还支持定义某个指定范围的任务，比如在工作时间内，每一个小时检查一次邮件：

```
00 09-18 * * * /home/juntao/bin/check_my_email
```

如果觉得邮件太影响工作，可以设置成每天的 11 点半和 4 点半检查邮件：

```
30 11,16 * * * /home/juntao/bin/check_my_email
```

每过 10 分钟拍一张照片，但是周末除外：

```
*/10 * * * 0-4 /home/juntao/bin/take_a_photo
```

总之，使用 crontab，可以将那些重复的，容易忘记或者容易犯错的任务都交给计算机来完成。

1.3.5 JSON 查询利器 jq

http://earthquake.usgs.gov/提供全球范围内的地震信息，它还提供了程序访问的接口，比如下列 URL 提供上周内，全世界范围内的震级在里氏 4.5 级以上的地震信息 http://earthquake.usgs.gov/earthquakes/feed/v1.0/summary/4.5_week.geojson。

数据以 JSON 的形式提供，以方便各种编程语言解析和展现，如图 1-13 所示。

```
earthquake.usgs.gov/earthquakes/feed/v1.0/summary/4.5_week.geojson
{
    type: "FeatureCollection",
  - metadata: {
        generated: 1391762390000,
        url: "http://earthquake.usgs.gov/earthquakes/feed/v1.0/summary/4.5_week.geojson",
        title: "USGS Magnitude 4.5+ Earthquakes, Past Week",
        status: 200,
        api: "1.0.13",
        count: 85
    },
  + features: [ … ],
  - bbox: [
        -178.3796,
        -61.4675,
        2.33,
        171.5546,
        54.7069,
        658.57
    ]
}
```

图 1-13　浏览器中的地震信息（geojson 格式）

但是问题是这种数据往往太大了，展现的时候，可能只需要其中的一小部分，比如我们更关注 features 这个数组中的一些内容。在做进一步的解析之前，我们先将远程的文件保存到本地：

```
$ curl -s http://earthquake.usgs.gov/earthquakes/feed/v1.0/summary/
4.5_week.geojson >4.5_week.geojson
```

保存之后，可以通过 cat 4.5_week.geojson 来查看该文件的内容，或者通过管道将文件内容交给 jq 来处理。jq 可以处理自己的表达式，比如要查看文件中的 features 数组的第一个元素：

```
$ cat 4.5_week.geojson | jq '.features[0]'
{
  "id": "usc000mjye",
  "geometry": {
    "coordinates": [
      167.302,
      -15.057,
      111.24
```

```
      ],
      "type": "Point"
    },
    "properties": {
      "title": "M 6.5 - 27km E of Port-Olry, Vanuatu",
      "type": "earthquake",
      "magType": "mwp",
      "gap": 53,
      "rms": 1.17,
    },
    ...
  }
```

但是即使这样，内容也显得太多了，我们事实上只关心地理信息 geometry 和 properties 中的 title 属性，那么可以通过 jq 的过滤器来完成：

```
$ cat 4.5_week.geojson| jq '.features[0] | {geometry, title: .properties.title}'
{
  "title": "M 6.5 - 27km E of Port-Olry, Vanuatu",
  "geometry": {
    "coordinates": [
      167.302,
      -15.057,
      111.24
    ],
    "type": "Point"
  }
}
```

其中{geometry, title: .properties.title}定义了一个新的对象，这个对象中 geometry 保持使用 features[0]中的 geomeotry，而另一个属性 title，则来源于 features[0].properties.title。此时，得到的只是 features 数组的第一个元素，如果想要得到所有的元素，并且将最后的结果包装成一个新的数组，则需要下列表达式：

```
$ cat 4.5_week.geojson| jq '[.features[] | {geometry, title: .properties.title}]'
[
```

```
...
{
  "title": "M 4.6 - 63km SSW of Fereydunshahr, Iran",
"geometry": {
    "coordinates": [
      49.8711,
      32.4082,
      10
    ],
    "type": "Point"
  }
}
...
]
```

这样，数据量就得到了大幅地减少，使得后续的操作可以更加快速。

1.4 编辑器

除了 Shell，编辑器可能是程序员使用最为频繁的工具了。关于编辑器已经有过很多次战争了，我无意于挑起任何关于工具的论战，本节仅分享一些个人的使用经验。这里列举的所有工具，都是基于这样两个原则：功能强大且轻量小巧。

1.4.1 Vim 编辑器

Vim 是一个著名的、小巧的、高可配置性的编辑器，如图 1-14 所示。开始学习的时候，Vim 中众多反直觉的操作方式会令人很不适应（hjkl 键来进行导航，yy 表示拷贝光标所在行等），但是一旦理解了这些怪异的命令背后的含义，一切就显得顺理成章了。

这里不讨论 Vim 的基本使用方法，这里仅仅列出一些非常好用的插件，以方便实际开发：

（1）目录树查看：nerdtree。

（2）查找文件：ctrlp。

（3）代码片段生成：vim-snipmate。

（4）代码注释：tcomment。

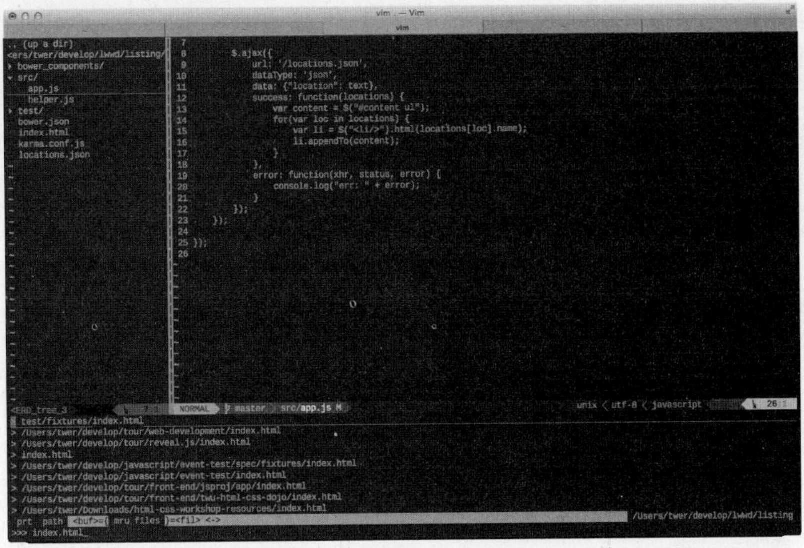

图 1–14　配置好的 vim 编辑器

这里重点说明如何安装 Vim 的插件。很久之前，安装 Vim 插件的方法就是在官网上找到该插件，下载压缩包，然后解压到~/.vim 目录中。换言之，就是纯手工操作，如果换一台机器，这些插件又需要重新找，重新下载，过程非常不便。

vim-pathogen 是一个用来简化这个过程的工具。安装 vim-pathogen 和传统的插件安装方式类似：

```
$ mkdir -p ~/.vim/autoload ~/.vim/bundle
$ curl -Sso ~/.vim/autoload/pathogen.vim \
  https://raw.github.com/tpope/vim-pathogen/master/autoload/pathogen.vim
```

这条命令会在你的 Vim 配置目录（通常位于~/.vim/）中创建两个新的目录 autoload 和 bundle，然后下载 pathogen.vim 到 autoload 中。

安装完成之后，你需要在.vimrc 中加入：

```
execute pathogen#infect()
```

这样，pathogen 本身就安装完成了，下面我们来看几个例子，看看它如何快捷地安装 Vim 插件：

```
$ cd ~/.vim/bundle
$ git clone https://github.com/scrooloose/nerdtree.git
```

首先切换到~/.vim/bundle 目录，然后将远程的 git 库 https://github.com/scrooloose/nerdtree.git 复制到本地的 nerdtree 目录即可完成对 nerdtree 的安装。pathogen 会检查~/.vim/bundle 下的所有子目录，并加载其为 Vim 插件。

类似地，如果要安装 ctrlp 或者 tcomment，都可以用同样的方式：

```
$ cd ~/.vim/bundle
$ git clone https://github.com/kien/ctrlp.vim.git
$ git clone https://github.com/tomtom/tcomment_vim.git
```

安装 snipmate 时步骤会多一些，但是绝对物超所值：

```
$ cd ~/.vim/bundle
$ git clone https://github.com/tomtom/tlib_vim.git
$ git clone https://github.com/MarcWeber/vim-addon-mw-utils.git
$ git clone https://github.com/garbas/vim-snipmate.git
```

其实本质上，vim-snipmate 只负责在合适的时刻向文件中插入合适的片段，其本身并不存储片段。因此，我们还需要很多片段模板：

```
$ cd ~/.vim/bundle
$ git clone https://github.com/honza/vim-snippets.git
```

所谓片段，就是一个预定义的模板：

```
snippet def
    def ${1:method_name}
        ${0}
    end
```

上面的模板定义了当你在编辑器中输入 def 时，然后按一个扩展键（通常是 Tab 键），内容就会自动被替换成：

```
def method_name


end
```

而且，method_name 处于选中状态，你可以将其修改为任意的方法名，然后再按 Tab 键，光标会置于方法体中，并进入编辑状态。这个功能可以节省很多编辑时间。vim-snippets 定义了多种语言的片段，而 snipmate 负责在合适的时机使用这些片段（比如根据文件名后缀来判断到底使用哪种语言的片段）。

NERDTree 是一个用于显示目录树的插件（如图 1-15 所示），在实际开发中，我们不可能只在一个文件中编码，通常是在一个目录中，而且这个目录往往会有数层。如何方便地将目录结构可视化？又如何方便地修改这个目录结构（比如创建新的文件夹，删除一个目录，移动一个文件到另一个文件夹等）？

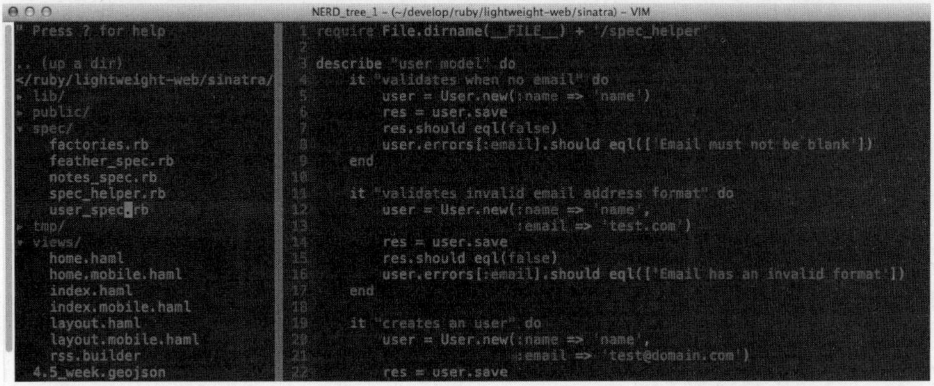

```
" Press ? for help                    1 require File.dirname(__FILE__) + '/spec_helper'
                                      2
.. (up a dir)                         3 describe "user model" do
</ruby/lightweight-web/sinatra/       4     it "validates when no email" do
▸ lib/                                5         user = User.new(:name => 'name')
▸ public/                             6         res = user.save
▾ spec/                               7         res.should eql(false)
    factories.rb                      8         user.errors[:email].should eql(['Email must not be blank'])
    feather_spec.rb                   9     end
    notes_spec.rb                    10
    spec_helper.rb                   11     it "validates invalid email address format" do
    user_spec.rb                     12         user = User.new(:name => 'name',
▸ tmp/                               13                         :email => 'test.com')
▾ views/                             14         res = user.save
    home.haml                        15         res.should eql(false)
    home.mobile.haml                 16         user.errors[:email].should eql(['Email has an invalid format'])
    index.haml                       17     end
    index.mobile.haml                18
    layout.haml                      19     it "creates an user" do
    layout.mobile.haml               20         user = User.new(:name => 'name',
    rss.builder                      21                         :email => 'test@domain.com')
  4.5_week.geojson                   22         res = user.save
```

图 1-15 NERDTree 插件

在 vim 的命令模式中，输入:NERDTree 命令，可以看到上图左侧的显示的目录树结构。此时调用 m 命令得到一个菜单，如图 1-16 所示。

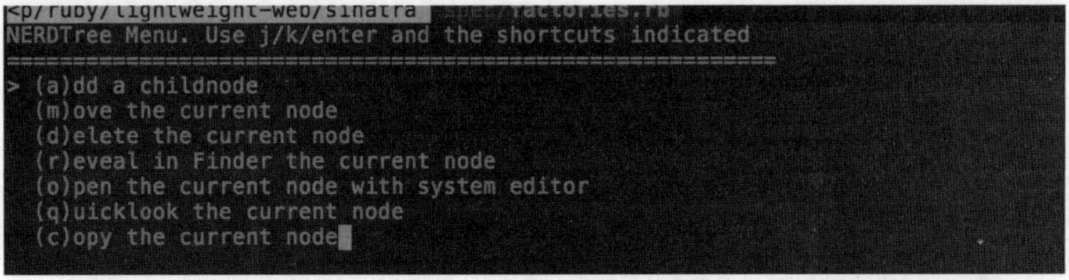

```
NERDTree Menu. Use j/k/enter and the shortcuts indicated
==========================================================
> (a)dd a childnode
  (m)ove the current node
  (d)elete the current node
  (r)eveal in Finder the current node
  (o)pen the current node with system editor
  (q)uicklook the current node
  (c)opy the current node
```

图 1-16 NERDTree 的菜单项

这个字符界面的菜单提供多种选项，比如我们可以用菜单中的 a 选项来新建一个文件夹，注意目录需要以“/”结尾，如图 1-17 所示。

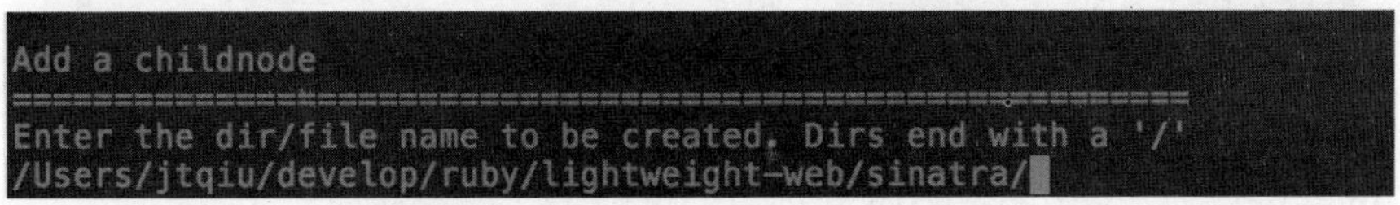

```
Add a childnode
==========================================================
Enter the dir/file name to be created. Dirs end with a '/'
/Users/jtqiu/develop/ruby/lightweight-web/sinatra/
```

图 1-17 使用 NERDTree 创建一个目录

这样就创建了一个文件系统中的目录 support。选择菜单中的 r 选项会将选中的目录用

Finder 程序打开，如图 1-18 所示。

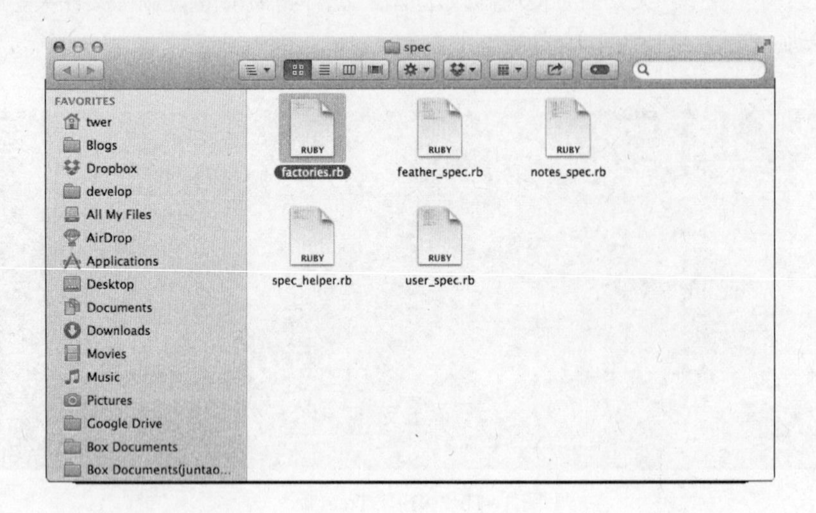

图 1-18　在 Finder 中打开目录

CtrlP 插件用以快速地查找文件，尤其在大型的项目中会非常有用，而且 CtrlP 支持模糊查询，即使你只记得文件名的一部分，它也可以帮你找到需要的文件。

在 Vim 中，使用 Ctrl+P 快捷键进入 CtrlP 插件，这时候输入 notes，可以看到一个命中了 notes 的文件列表，如图 1-19 所示。

```
NORMAL  master  ./app.rb
> lib/notes.rb
> spec/notes_spec.rb
> /Users/twer/develop/lwwd/chapters/sync-to-octopress.sh
> /Users/twer/develop/javascript/jasmine-jsonpath/spec/store-spec.js
> /Users/twer/develop/javascript/jasmine-jsonpath/bower.json
> /Applications/MacVim.app/Contents/Resources/vim/runtime/doc/help.txt
> /Users/twer/develop/javascript/jasmine-jsonpath/package.json
> /Users/twer/develop/lwwd/chapters/orm/demos/standalone/create_products.rb
> /Users/twer/develop/javascript/jasmine-jsonpath/lib/jasmine-jsonpath.js
> /Users/twer/.rvm/gems/ruby-1.9.3-p286@orm/specifications/activesupport-4.0
 prt  path  <buf>={ mru files }=<fil> <->
>>> notes_
```

图 1-19　使用 CtrlP 快速查找文件

CtrlP 还附带了一个很顺手的功能 CtrlPMRU：最近最多使用的文件名列表，即 CtrlP 认为，如果需要切换文件，那么最近编辑次数最多的那个文件最可能是用户需要的文件。使用 Vim，我们可以很容易为这个功能定义一个键映射：

```
map <C-X> :CtrlPMRU<CR>
```

将这行代码保存在你的 Vim 配置文件（通常为~/.vimrc）中。然后每次使用 Ctrl-X 就会看到一个最近最多编辑的文件的列表：{% img /images/2014/02/vim-ctrlp-recent.png %}

比如编辑 JavaScript 时，键入 ajax，然后键入 TAB：

```
snippet ajax
  $.ajax({
      url: "${1:url}",
      data: "${2:data}",
      success: function() {
        ${0}
      }
    });
```

在文件~/.vim/bundle/vim-snippet/snippets/javascript.snippets 中，添加一个新的 snippet 的定义。定义好之后，在编辑 JavaScript 文件时，输入 ajax<TAB>就会被自动补全为定义好的模板：

```
$.ajax({
    url: "url",
    data: "data",
    success: function() {

    }
 });
```

并且，光标置于 url 中。对应地，定义一个 ruby 中测试的 snippet，需要修改~/.vim/bundle/vim-snippet/snippets/ruby.snippets：

```
snippet desc
  describe "${1:test controller}" do
    it "${2:should has route index}" do
      ${0}
    end
  end
```

1.4.2 Sublime Text 编辑器

Sublime Text 是一个小巧的编辑器，在 Mac 和 Windows 平台都有对应的版本。它本身是收费软件，但是其非注册版在功能上并没有限制，只是偶尔会在保存文档时弹出一个窗口，提示你去注册。但是这个弹出窗口并不会影响使用。

目前 Sublime Text 主要有 V2 和 V3 两个版本，V2 为稳定版。这里的介绍都是基于 V2 版本。Sublime Text 提供了丰富的功能，完整地介绍一个现代编辑器的功能已经远远超出此文的范围，这里仅列举其中几个非常高效的特性：

（1）自由跳转功能。

（2）多重选择模式。

（3）文件预览（无需在新标签中打开文件，就可以预览内容）。

（4）快速在已经打开的文件中切换。

（5）众多的插件支持。

事实上，第 5 项插件机制使得 Sublime Text 在理论上可以做任何事情，比如界面主题的改变，与外部的应用程序集成，等等。

Sublime Text 很方便地支持跳转，这个功能的快捷键为 Command+P，在 Windows 下为 Ctrl+P 输入 Command+P 进入跳转模式。

（1）输入文件名即可跳转到该文件，支持模糊匹配，如图 1-20 所示。

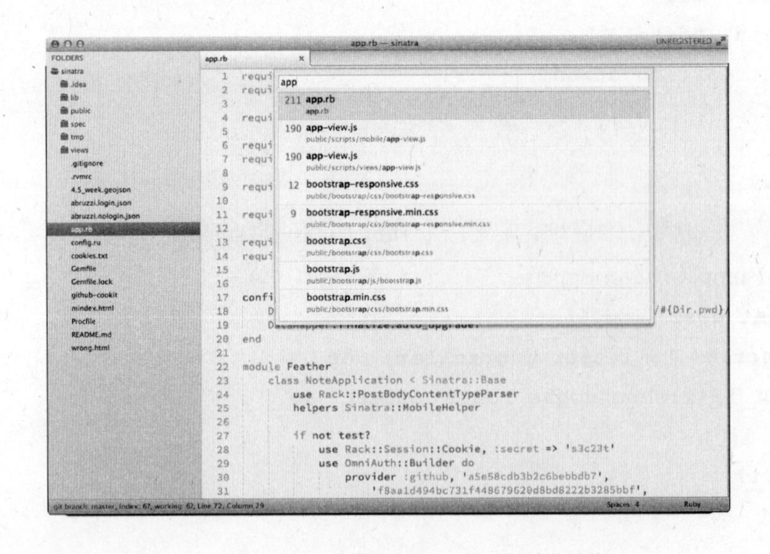

图 1–20　在 Sublime 中根据文件名查找文件

（2）输入@加函数名跳转至该函数（对于 markdown 文档，可以跳转至指定标题），如图 1-21 所示。

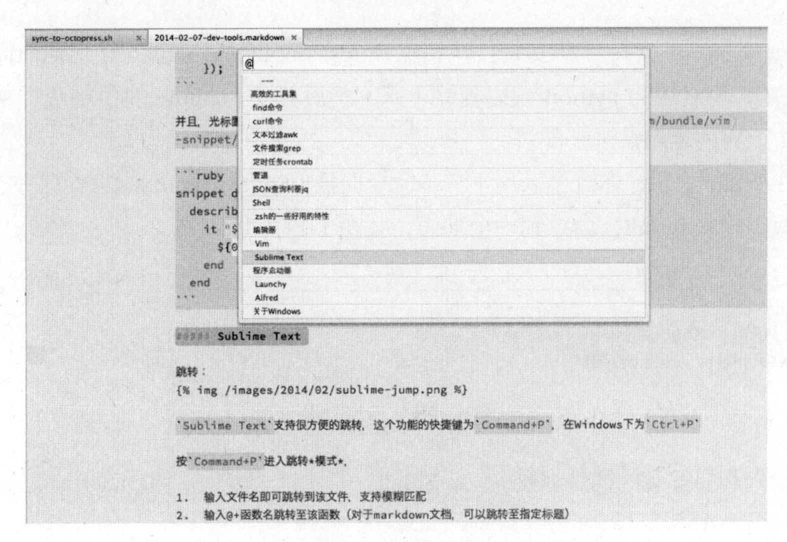

图 1-21 Sublime 中根据函数名查找文件

（3）输入#加关键字可以跳转至出现该关键字的位置。

（4）输入:加行号可以跳转至指定行号。

这些跳转命令还可以组合使用，如 app.rb:20 跳转到 app.rb 的第 20 行。mixin#Products 跳转到文件名包含 mixin 的文件中关键字 Products 所处的位置。

在选中一个词之后，按 Command+Ctrl+G 可以将当前文档/代码中所有出现这个词的地方都选中。当用户编辑当前选中的词时，所有其他的选中也都会随之改变，如图 1-22 所示。

```
1  con = Database.connect("mysql://user:password@hostname/database")
2
3  product = OpenStruct.new(:name => 'MyProduct', :price => 22.3)
4  sql = "insert into products(name, price) values('#{product.name}', #{product.price})"
5
6  if con.execute(sql)
7      puts "record inserted"
8  end
9
10 con = Database.connect("mysql://user:password@hostname/database")
11
12 product = Product.new(:name => 'MyProduct', :price => 22.3)
13
14 if product.save
15     puts "record inserted"
16 end
```

图 1-22 Sublime 中的多处编辑

对于 Sublime，首先需要安装的插件是 Package Control，它类似于 Vim 中的 pathogen，用以方便你安装其他的插件，Package Control 更强大一些，它还可以帮助你管理其他的所有插件。

Package Control 支持自动安装：在站点 https://sublime.wbond.net/installation 上选择 Sublime 版本，将对应的 python 代码复制下来，然后打开 Sublime 的控制台（视图->现实控制台）中，将内容粘贴进去即可。

重启 Sublime 之后，你就可以用工具->命令面板（Shift+Command+P）来安装插件了。在命令面板中输入 install，会看到一个列表，如图 1-23 所示。

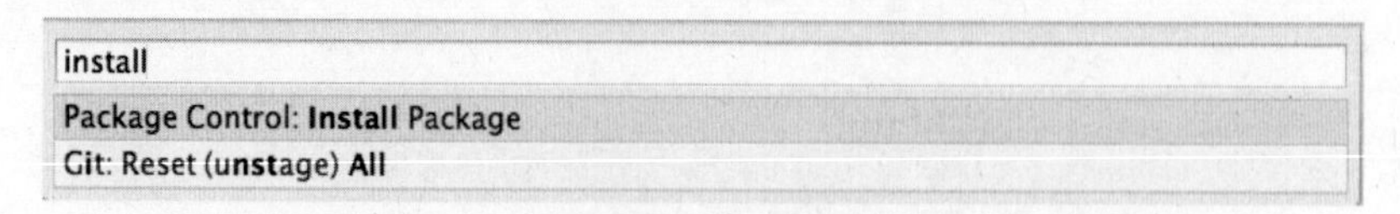

图 1-23　安装插件

然后输入想要安装的插件名称，比如 jshint（一个用于静态检查 JavaScript 语法的工具），如图 1-24 所示。

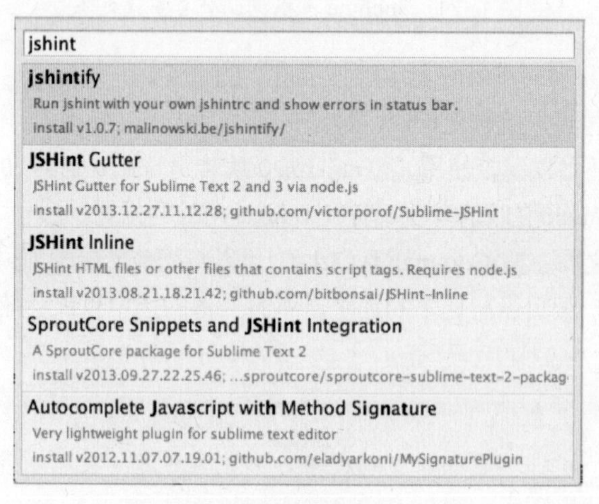

图 1-24　搜索需要安装的插件

选择你需要的插件，然后安装即可。插件安装之后，可以通过命令面板来使用该插件，也可以通过插件本身提供的快捷键来使用。

1.5 程序启动器

应用程序启动器，或者称为程序的启动加速器，可以帮助你快速地找到需要启动的程序并启动，比如 Mac OS 下的 Alfred 或者 Windows 下的 Launchy。

1.5.1 Launchy

Launchy 可以快速地启动一个应用程序，比如敲入 word 即可将 Microsoft Word 启动起来，如图 1-25 所示。

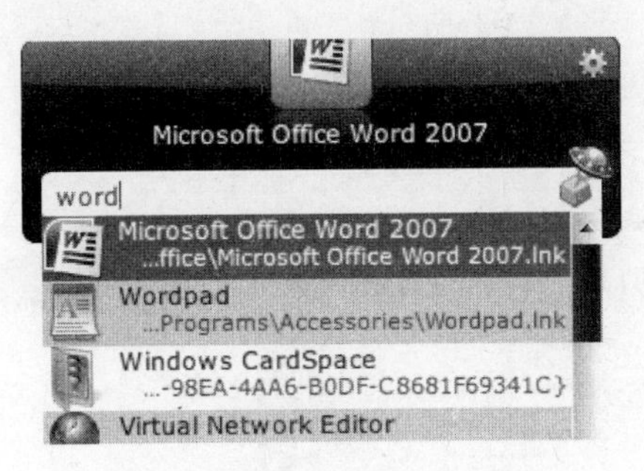

图 1-25 Launchy 启动器

1.5.2 Alfred

Alfred 是 Mac 下的一个程序启动加速器，它有两种版本。普通版完全免费，但是功能集合会小一些。收费版允许开发者自己开发工作流，从而更大程度地提高效率。

免费版本已经非常强大，我们来看它的一些基本的特性：

（1）找到并启动应用程序，如图 1-26 所示。

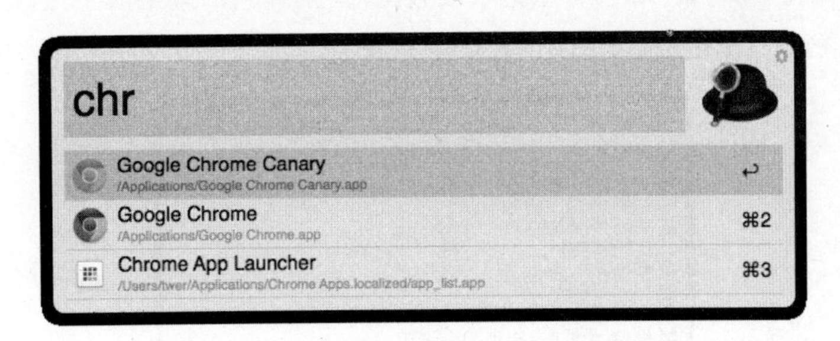

图 1-26 查找并启动

（2）快速查找/打开文件，如图 1-27 所示。

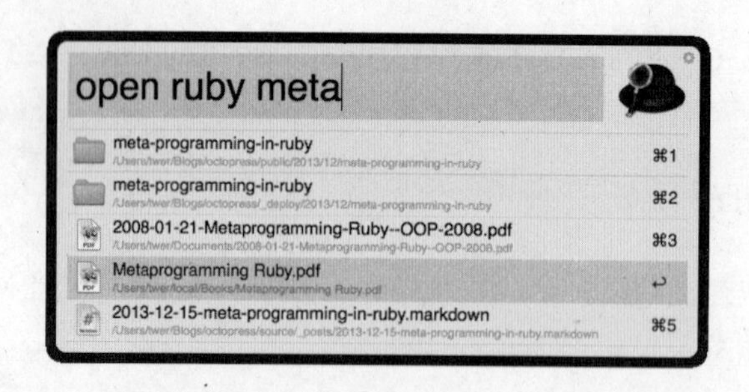

图 1-27 快速打开文件

（3）快速根据内容查找文件，如图 1-28 所示。

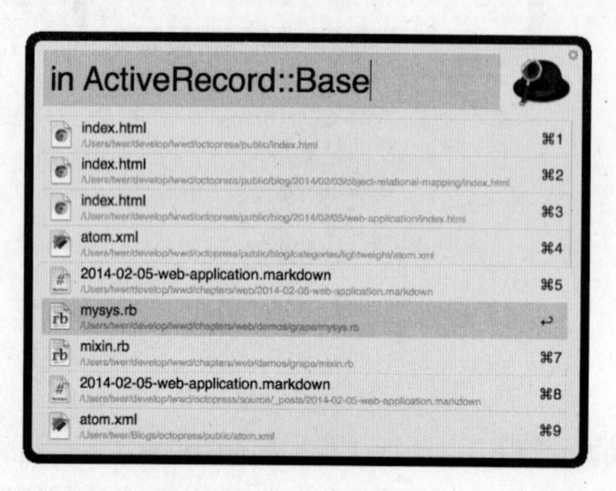

图 1-28 在文件中查找

（4）可以使用 option+command+c 来启动粘贴板记录器（需要安装 Alfred 的付费包 Powerpack），如图 1-29 所示，它可以记录最近使用的所有粘贴板记录，用户可以选择其中的一项，然后粘贴到指定位置：

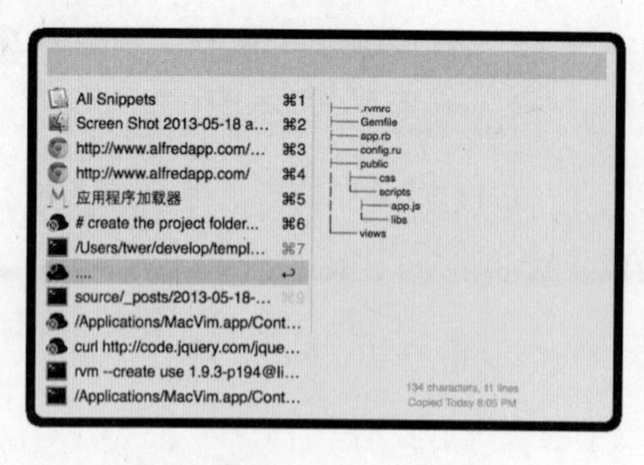

图 1-29 粘贴板记录器

比如当键入的 markdown（一种用于快速编写结构化文档的标记语言，可以被转化成 HTML 等）时，本地的应用程序中没有对应的匹配，Alfred 会提示是否要去网络上进行搜索，比如看看 Google 上有解释是什么等，如图 1-30 所示。

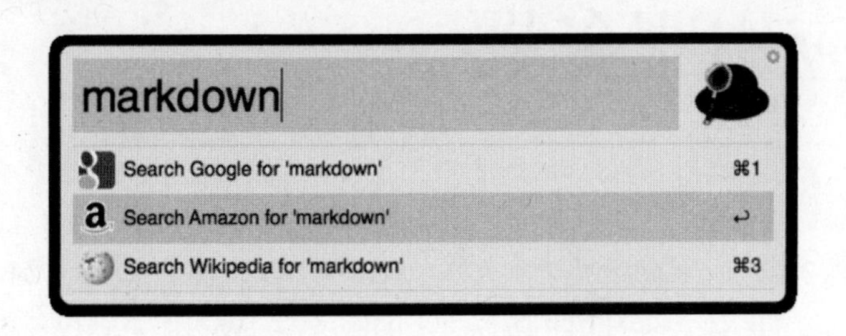

图 1–30 快速启动谷歌搜索

1.6 关于 Windows

从严格意义上来看，Windows 系统不适合做开发。Windows 是一个容易上手的操作系统，但是缺失了太多的支持高效开发的元素：没有 shell 环境，GUI 程序间无法通信，不是一个真正支持多用户的系统，也很难将其作为服务器来使用。在 Windows 系统上做开发，常常需要付出数倍的艰辛，但是为了获得 Linux 或者 Mac 系统的自带功能（而有时根本无法实现）。

有很多热心的程序员为方便在 Windows 系统上开发做了很多事情，比如 cygwin、mingw 等工具。有了这些工具，可以为 Windows 的先天不足提供一些帮助，但是涉及到操作系统功能的时候，如进程管理、进程调度时，又会出现很多问题（比如如何在 cmd 中将一个进程放到后台运行，然后在 5 分钟之后杀死该进程）。

一个最直接的解决方案就是放弃 Windows 作为开发环境：安装 Linux 的虚拟机，宿主机 Windows 可以用来娱乐，而 Linux 虚拟机用来做开发；将系统换成 Linux 或者 Mac OS，然后在系统中安装一个 Windows 的虚拟机用来娱乐等。

第 2 章 Web 应用服务器

Web 应用服务器是支持动态内容生成的 Web 服务器。通常来讲，Web 服务器指那些可以提供静态内容的、建立在 HTTP 协议之上的服务器。Web 服务器仅仅提供文档的映射或者说托管的能力，即客户端可以通过 HTTP 协议来请求一些文件资源，这些资源都是预先存在的，如果服务器需要根据客户端的请求来生成不同的资源，则需要应用程序来支持。

这里说的应用程序可以是任何语言，比如 C、Java、Python、Ruby，等等，我们这里选择 Ruby 来进行描述。一来是 Ruby 非常简单，已经存在很多的库来简化 Web 应用程序开发，二来 Ruby 对 DSL 的支持非常好，可以写出非常易读的代码。

2.1 Rack

Rack 是一个用于连接支持 Ruby 的 Web 服务器和 Web 框架的程序库，或者称为微框架。它非常小巧，可以说是轻量级框架/程序库中的典范。一方面，Rack 包含了不同的 Handler 来和 Web 服务器连接（如 WEBrick、Mongrel 等，这些 Web 服务器类似于 Apache httpd，但是又可以支持 Ruby 语言）。另一方面，Rack 包含了适配器，用以连接 Web 框架（Sinatra、Rails 等）。Rack 程序通常会扮演中间人的角色：当 HTTP 请求从 Web 服务器上发往 Web 应用程序时，Rack 可以做一些数据转化操作；同样，当响应从 Web 应用发往 Web 服务器时，Rack 又可以做一些其他的工作。

最简单的 Rack 应用程序就是一个 Ruby 对象。根据 Rack 的规范，这个对象上需要有一个 call 方法，并且这个方法接收一个参数（一个 Hash）。而 call 方法需要返回一个包含 3 个元素的数组：状态码、HTTP 头信息（一个 Hash）以及内容（通常这个内容是一个字符串数组，或者是一个文件对象）。

这个描述听起来非常拗口，但是用代码来表示的话就非常清晰了：

```
def proc(env)
  [200, {"Content-Type" =>"text/plain"}, ["Hello, world"]]
end
```

可以看到，方法 proc 接收一个参数，并返回一个包含三个元素的数组。但是此处的 proc 是一个 Ruby 的方法，我们需要将这个方法剥离出来，使其成为一个可以响应 call 的对象：

```
rack_proc = method(:proc)
```

method 方法会将一个 Ruby 的方法转换成一个对象，这个对象可以响应 call 方法。rack_proc 对象就是一个 Proc 对象的实例，它可以响应 call 方法，接收一个参数（一个 Hash），并且可以返回包含三个元素的数组。也就是说，它已经符合 Rack 应用程序的标准。事实上，使用 Ruby 的 lambda 表达式，我们可以以更简单的方式做到同样的事情：

```
rack_proc = lambda {|env| [200, {"Content-Type" =>"text/plain"}, ["Hello, world"]]}
```

Rack 本质上只是一个简单的接口规范，我们此处要讨论得更多的是 Rack 这个 gem：一个参考实现和一些方便开发的工具。Rack 的 gem 中包含了众多的助手函数，使用这些助手，我们可以很快创建出 Web 应用程序。

安装 rack 非常容易，在 Gemfile 中添加 rack，然后执行 bundle install：

```
source 'http://ruby.taobao.org'
gem 'rack'
```

安装好 rack 之后，我们就可以来编写第一个简单的 Rack 应用了，在 irb（Ruby 自带的一个交互式环境，可以在其中直接编写 Ruby 代码，并求值运行）中输入：

```
require 'rack'

rack_proc = lambda {|env| [200, {"Content-Type" =>"text/plain"}, ["Hello, world"]]}


Rack::Handler::WEBrick.run rack_proc
```

语句 Rack::Handler::WEBrick.run rack_proc 会启动一个 HTTP 服务器，并在 8080 端口监听。当请求到达时，Rack 会调用我们的应用程序，也就是函数 rack_proc 来产生响应。

```
[2014-02-05 23:54:44] INFO  WEBrick 1.3.1
[2014-02-05 23:54:44] INFO  ruby 1.9.3 (2012-10-12) [x86_64-darwin12.2.0]
```

```
[2014-02-05 23:54:44] INFO  WEBrick::HTTPServer#start: pid=45429 port=
8080
```

此时在浏览器地址栏键入“http://localhost:8080”就可以看到“Hello, world”的响应了。更方便的方法是可以通过命令行curl命令来查看：

```
$curl http://localhost:8080
Hello, world
```

相比之下，我更喜欢命令行方式，速度也更快。

2.1.1 rackup

好了，实验成功，接下来我们需要将这些代码保存到文件中，以便下次使用。上边提到过，Rack的gem中提供了一个很好用的工具rackup，可以用来启动符合Rack规范的应用程序。rackup需要一个配置文件，这个配置文件一般由.ru结尾。

我们可以将上面在irb中的实验代码存入config.ru文件：

```
require'rack'

rack_proc = lambda {|env| [200, {"Content-Type" =>"text/plain"}, ["Hello,
world"]]}

 run rack_proc
```

注意此处，我们去掉了run方法前面的对象Rack::Handler::WEBrick，rackup自己会知道需要运行在何种环境，默认的即为WEBrick。保存文件之后，执行rackup config.ru即可启动应用程序了。

```
$ rackup config.ru

[2014-02-06 00:15:07] INFO  WEBrick 1.3.1
[2014-02-06 00:15:07] INFO  ruby 1.9.3 (2012-10-12) [x86_64-darwin12.
2.0]
[2014-02-06  00:15:07]  INFO   WEBrick::HTTPServer#start:  pid=45801
port=9292
```

更进一步，我们可以简化config.ru，将应用程序从文件中移出去：

```
require'rack'
```

```
class App
  def call env
    [200, {"Content-Type" =>"text/plain"}, ["Hello, world"]]
  end
end
```

移出之后，我们定义了一个新的类 App，这个类的所有实例上都会包含方法 call，而且是符合 Rack 规范的 call 方法，因此 config.ru 就被简化成了：

```
require'./app'

run App.new
```

到目前为止，我们的应用程序还没有任何具体的功能，但是它已经具备了一个 Rack 应用程序所需的所有要素了。我们来对其做一下简单的扩展：返回客户端的请求中的所有 HTTP 头信息。

```
require'rack'
require'json'

class App
  def call env
    [200, {"Content-Type" =>"application/json"}, [env.to_json]]
  end
end
```

使用 rackup config.ru 启动服务之后，通过命令行的 curl 来进行测试，并通过 jq 命令将输出的 json 字符串格式化：

```
$ curl http://localhost:9292 | jq .
{
  "REQUEST_PATH": "/",
  "HTTP_VERSION": "HTTP/1.1",
  "rack.url_scheme": "http",
  "rack.run_once": false,
  "rack.multiprocess": false,
  "rack.multithread": true,
  "rack.errors": "#<Rack::Lint::ErrorWrapper:0x007fd1a2830380>",
  "rack.input": "#<Rack::Lint::InputWrapper:0x007fd1a2830448>",
  "SCRIPT_NAME": "",
```

```
  "REQUEST_URI": "http://localhost:9292/",
  "REQUEST_METHOD": "GET",
  "REMOTE_HOST": "localhost",
  "REMOTE_ADDR": "127.0.0.1",
  "QUERY_STRING": "",
  "PATH_INFO": "/",
  "GATEWAY_INTERFACE": "CGI/1.1",
  "SERVER_NAME": "localhost",
  "SERVER_PORT": "9292",
  "SERVER_PROTOCOL": "HTTP/1.1",
  "SERVER_SOFTWARE": "WEBrick/1.3.1 (Ruby/1.9.3/2012-10-12)",
  "HTTP_USER_AGENT": "curl/7.30.0",
  "HTTP_HOST": "localhost:9292",
  "HTTP_ACCEPT": "*/*",
  "rack.version": [
    1,
    2
  ]
}
```

可以看到，env中包含了客户端请求的所有信息，比如请求类型、客户端的User-Agent、查询字符串（Query String）以及一些rack自身的信息（这些属性都以rack.开头）。

Rack还提供了将这些信息解析为Request对象（类似于Java EE中的HTTPRequest对象）的功能，根据这个对象，我们可以获取请求类型，以及客户端发送请求时的参数信息：

```
class App
  def call env
      req = Rack::Request.new(env)
      p req.request_method
      p req.params['name']
      p req.params['address']
      [200, {"Content-Type" =>"application/json"}, [env.to_json]]
  end
end
```

此处使用函数 p 将解析出来的请求对象中的一些信息打印到控制台上。比如request_method可以得到请求类型，params['name']可以得到请求字符串中name对应的值。

```
$ curl http://localhost:9292?name=juntao&address=China
```

在服务器运行的窗口可以看到这样的输出：

```
$ rackup config.ru
[2014-02-06 00:45:05] INFO  WEBrick 1.3.1
[2014-02-06 00:45:05] INFO  ruby 1.9.3 (2012-10-12) [x86_64-darwin12.2.0]
[2014-02-06 00:45:05] INFO  WEBrick::HTTPServer#start: pid=46453 port=9292
"GET"
"juntao"
"China"
```

事实上，一旦我们可以获得这些信息，就可以做很多事情，比如查询数据库，生成用于校验的图片信息，或者删除某一个资源文件，等等。

对应的，Rack 提供了对响应的包装对象 Response，通过对 Respnose 对象的修改，可以生成最终应用程序的响应。

```
class App
  def call env
      resp = Rack::Response.new
      resp['Content-Type'] = 'application/json'
      resp.write "{}"
      resp.status = 200
      resp.finish
  end
end
```

上例中，我们先创建了一个空的 Rack::Response 对象，然后设置了头信息、状态码以及响应内容，最后调用 resp.finish 将生成最终的结果。事实上，与上例的代码相对应的，我们可以将整个过程内联到一行：

```
[200, {'Content-Type': 'application/json'}, [{}]]
```

但是如果我们写的不是空对象，或者需要添加的 HTTP 头信息又不止一个时，使用 Response 会更加地便利，而且代码的可读性也会提高很多。

2.1.2 Rack中间件

Rack中间件，本质上就是一个个的Rack应用程序，但是Rack支持将这些应用程序组成一个链（一个先进后出的栈结构）来调用。即请求经过一个中间件处理后，紧接着传递给下一个中间件处理，然后再传递给下一个，依此类推。这个机制从纵向将请求分离开，每个中间件都相互独立，而当请求从最后一个中间件流出之时，数据已经经过了完整的处理加工（编码转换、权限校验，等等）。

定义一个新的中间件事实上非常简单，无非就是对一个Rack应用程序的包装而已：

```
class MyMiddleware
    def initialize(app)
        @app = app
    end

    def call(env)
        status, headers, body = @app.call(env)
        new_body = []
        new_body <<"prefix..."
        new_body << body.to_s
        new_body <<"...suffix"
        [status, headers, new_body]
    end
end
```

这个中间件会为经过它的应用程序的内容加上头尾信息，在初始化这个中间件的时候，我们将一个Rack应用程序传递进来，并保存到实例变量@app上，而MyMiddleware本身又是一个合法的Rack应用程序（call方法，call方法的参数以及最后的返回值）。在中间件内部，先调用了@app.call(env)获得原始的输出，然后再修改这个结构，最后返回包装过的结果。

使用一个中间件非常简单，仅仅需要在config.ru中加入use语句即可：

```
require'./app'
require'./my_middleware'

use MyMiddleware
```

```
run App.new
```

使用 curl 测试，会得到这样的输出：

```
$ curl http://localhost:9292
prefix...["Hello, world"]...suffix
```

rackup 本质上会将 config.ru 中的内容包装成一个大的 Rack 应用程序，而完成这个动作的是 Rack::Builder，比如上例中定义的 config.ru：

```
use MyMiddleware
run App.new
```

会被 rackup 转换成类似于这样的代码：

```
app = App.new
builder = Rack::Builder.new do
    use MyMiddleware
    run app
end
Rack::Handler::WEBrick.run builder, :Port =>9292
```

当然，你可以同时使用多个中间件：

```
use MyMiddleware1
use MyMiddleware2
use MyMiddleware3

run App.new
```

在 rackup 中，另外一个强大的功能是路由，即将匹配到某个路径的请求分发到对应的 Rack 应用程序上：

```
require'./app'
require'./my_middleware'

use MyMiddleware

map '/' do
    run lambda {|env| [200, {}, ["root"]]}
end

map '/todos' do
    run lambda {|env| [200, {}, ["todo list"]]}
```

```
end
```

上例中，发送到/的请求会返回“root”，而/todos 会返回“todo list”。而且这些请求都会经过 MyMiddleware 这个中间件：

```
$ curl http://localhost:9292/
prefix...["root"]...suffix
$ curl http://localhost:9292/todos
prefix...["todo list"]...suffix
```

同样，在内部，上例中的 config.ru 会被 rackup 转换为：

```
builder = Rack::Builder.new do
   use MyMiddleware
   map '/' do
   run lambda {|env| [200, {}, ["root"]]}
end

map '/todos' do
   run lambda {|env| [200, {}, ["todo list"]]}
end
end

Rack::Handler::WEBrick.run builder, :Port =>9292
```

Rack::Cascade 可以将多个 Rack 应用程序串联起来。Rack::Cascade 会接受一个数组，数组中的每个元素都是一个 Rack 应用程序，请求会首先被第一个元素处理，如果第一个应用程序返回 404；请求会被转发给第二个元素（应用程序），并依此类推。

```
require'./app'

StaticApp = Rack::File.new("static")
MyApp = App.new

run Rack::Cascade.new [StaticApp, MyApp]
```

Rack::File 是一个 Rack 自带的应用，用以将一个目录作为 HTTP 服务器的根。Rack::File.new("static")即表示将当前目录下的 static 目录变为 HTTP 服务器的根，如果通过浏览器访问 http://localhost:9292/file.html，事实上访问的就是 static/file.html。这样上例中的代码表示，如果访问的文件存在，则返回文件内容，否则使用我们的 App 来响应。

Rack 的这些特性相对而言都比较底层，有很多框架都是构建在 Rack 之上的，它们有的关注于通用功能，如权限管理、用户管理、日志记录；有些关注于简化开发流程，比如如何快速搭建一个可用的 Web 应用程序，如何快速搭建基于 RESTFul 的 API，等等。我们在后边的小节中都会看到。

2.2 Sinatra

Sinatra 是构建在 Rack 之上的程序库，提供完全 HTTP 化的 DSL（领域特定语言），用 Sinatra 写出来的 Web 应用程序读起来非常流畅，就好像是读自然语言一样。

```
require 'sinatra'

get '/' do
  "Hello, world"
end
```

比如上面这个代码片段，读起来就是：当在/这个 URL 上接收到 HTTP 的 GET 请求时，返回一个字符串“Hello, world”作为响应。将代码保存为 app.rb，然后运行它：

```
$ ruby app.rb
== Sinatra/1.4.4 has taken the stage on 4567 for development with backup
from Thin
>> Thin web server (v1.5.1 codename Straight Razor)
>> Maximum connections set to 1024
>> Listening on localhost:4567, CTRL+C to stop
127.0.0.1 - - [06/Feb/2014 13:26:46] "GET / HTTP/1.1" 200 12 0.0065
```

默认的 Sinatra 会在 4567 端口上监听。只需要 4 行代码，我们就创建了一个 Web 应用程序！而且是一个完全可用的 Web 应用程序！这个应用当然会响应我们发往/的 GET 请求，那么如果请求一个不存在的 URL 会怎么样呢？

2.2.1 404 页面

Sinatra 会返回 404 错误码，并提供一个默认的 404 页面（如图 2-1 所示），页面中还给出了可能解决此错误的指示：

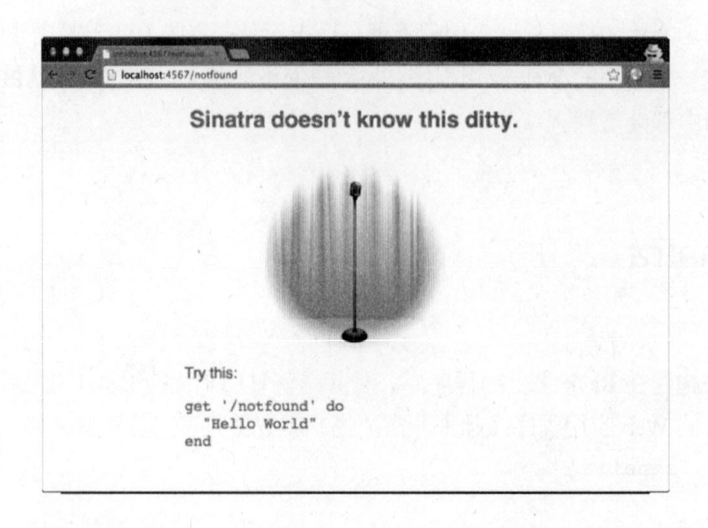

图 2-1 Sinatra 默认的 404 页面

```
get'/notfound' do
  "Hello World"
end
```

更进一步，我们看看如何用 Sinatra 处理来自客户端的数据请求。最简单的，如何获取请求字符串：

```
require'sinatra'

get '/' do
info = "#{params[:name]} from #{params[:address]}"
  "Hello, #{info}"
end
```

Sinatra 会将请求解析，并将请求字符串中的参数信息保存在 params 中。这样就可以通过 param[:name]来引用请求字符串中的 name 值了。

```
$ curl http://localhost:4567/?name=juntao&address=China
```

将会产生这样的输出：

```
Hello, juntao from China
```

使用 Sinatra，还可以将请求 URL 中的一部分解析为参数。比如目前很多支持 RESTFul 的 URL/users/1，表示访问编号为 1 的用户记录：

```
get '/users/:id' do
```

```
    "Detail for user #{params[:id]}"
end
```

注意此处，路由中的/users/:id，:id 表明它是一个参数，即/users/后边跟的具体值会被解析出来，并赋值给:id。在代码中，可以通过 params[:id]来获取此处的参数。这样，下面的请求就会得出这样的输出了：

```
$ curl http://localhost:4567/users/1
Detail for user 1
```

处理 POST 请求，也是一样容易，只需要定义这样一条路由：

```
post'/' do
  data = JSON.parse request.body.read
    data.to_json
end
```

这个路由的程序会将客户端的请求原封不动地返回，并且是以 JSON 的形式。我们这里还是可以使用 curl 来测试，curl 命令功能十分强大，对 HTTP 协议的各种请求都有很好的支持，比如-X POST 参数表示本次请求将使用 HTTP POST 来完成，如果不指定，默认按照 HTTP GET 请求来发送。参数-d ...表示需要被传输到服务器的数据，如果数据较小的话，可以使用一个字符串。而大的数据可以存储到一个本地文件中，然后使用-d @filename 来传输到服务器。

此处我们使用-d 加上 json 字符串来发送请求，可以看到，得到的响应正是我们发送过去的数据：

```
$ curl -X POST -d "{\"name\": \"juntao\", \"address\": \"Xi'an, China\"}"
http://localhost:4567/
{"name":"juntao","address":"Xi'an, China"}
```

另外，Sinatra 提供丰富的过滤条件，根据请求中带有的不同 HTTP 头信息，做不同的处理。比如，如果发现请求来自 IE 浏览器，则简单地返回一个拒绝服务响应：

```
get '/', :agent =>/.*MSIE.*/do
  "looks like you're using the stupid IE, get out of here."
end

get '/' do
  info = "#{params[:name]} from #{params[:address]}"
    "Hello, #{info}"
end
```

此处的:agent 引用的正是浏览器发来的请求中带的 User-Agent 头信息，我们可以通过 curl 来模拟这个请求：

```
$ curl -H "User-Agent: Mozilla/5.0 (compatible; MSIE 10.0; Windows NT 6.1;  WOW64;  Trident/6.0)"  http://localhost:4567/?name=juntao&address=China
looks like you're using the stupid IE, get out of here.
```

如果不带这个头信息的话，Sinatra 会执行第二个路由/的程序，即返回"Hello, ..."。

Sinatra 还支持根据客户端请求中的 Accept 头来响应不同格式的内容。如果客户端需要消费 json 格式的数据，则在发送的 HTTP 请求中包含这样的头 Accept: application/json，或者通过 Accept: text/html 来请求 HTML 格式的数据。这个功能通过 provides 来实现，:provides => html 对应的即为 Accept: text/html。

```
get '/', :provides =>'html' do
  "<div>This is root</div>"
end

get '/', :provides =>'json' do
  {:content =>"This is root"}.to_json
end

get '/' do
  "This is root"
end
```

可以通过 curl 来测试我们预设的这些条件，应该注意的是，默认情况下，HTTP 的客户端发送的请求中都会附加 Accept: */*，即接受任何形式的响应，我们可以显式地指定：

```
$ curl -H "Accept: application/json" http://localhost:4567/
{"content":"This is root"}

$ curl -H "Accept: text/html" http://localhost:4567/
<div>This is root</div>

$ curl -H "Accept: text/plain" http://localhost:4567/
This is root
```

毫无意外地，Sinatra 可以作为一个静态文件的 Web 服务器使用。也就是说，我们可以将一些静态内容（HTML 文件、JavaScript 文件、样式表、图片等）托管在 Sinatra 上。依照默认的配置，Sinatra 会在当前目录下的 public 子目录查找这些静态内容并响应，而用于展现的模板则默认放在当前目录下的 views 子目录中。

首先，我们创建一个名为 index.html 的 HTML 文件，注意其中包含了一张图片，图片的路径为/images/logo.png，Sinatra 实际上会在当前目录的 public/images/logo.png 来访问此图片。

比如创建一个新的 HTML 文件 views/index.html，内容如下：

```
<!DOCTYPE html>
<html>
<head>
    <title>The index page of Sinatra demo</title>
</head>
<body>
    <img src="/images/logo.png">
    <h2>Hello, I'm the index page of Sinatra demo</h2>
</body>
</html>
```

对应的，在 Sinatra 应用程序中，加上下面这条路由：

```
get'/index' do
    File.read("views/index.html")
end
```

这样，当我们在浏览器中请求 http://localhost:4567/index 时，就会看到浏览器中的页面如图 2-2 所示。

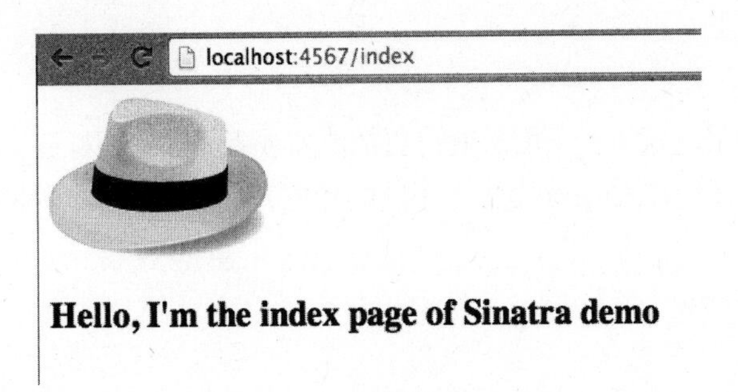

图 2-2 浏览器中的页面

2.2.2 使用模板引擎

Sinatra 提供与很多模板引擎集成的功能，比如原生的 erb，haml 等。我们在这里可以看一下 haml 的一个小例子。haml 是一个很小巧的模板引擎，通过缩进来表达元素间的层次关系：

haml 使用%加上标签名称来定义一个新的标签，比如%span 定义一个 span，%img 定义一个 img。然后通过一个 Hash 来定义元素的属性%span{:id => "container", :class => "container"}。另外由于 class 属性太过于频繁，因此可以简写为%span.container，这样就定义了<span class="container"></span>了。

```
!!!
 %html
   %head
       %title The index page of Sinatra demo
   %body
       %img{:src => '/images/logo.png'}
       %h2 Hello, I'm the index page of Sinatra demo
```

上边的 haml 与 HTML 比起来，层次关系更加清晰。重要的是，你再也不需要写闭标签了！当然，haml 需要一个额外的 gem 来解析，我们在 Gemfile 加上 gem "haml"然后执行 bundle install 即可：

```
require'haml'

get '/index' do
haml :index
end
```

使用模板的好处远远不止于层次变得更加清晰或者无需写闭标签，模板的本质是将静态页面变成动态。通过在 Sinatra 中传入不同的数据，模板引擎会将两者结合，生成最终的 HTML 页面：

```
get'/index' do
@user = {
:name =>"Juntao",
:address =>"Xi'an, China"
}
```

```
  haml :index
end
```

而在 haml 中，使用这里定义好的实例变量@user：

```
!!!
%html
  %head
    %title The index page of Sinatra demo
  %body
    %img{:src => '/images/logo.png'}
    %h2 Hello, I'm the index page of Sinatra demo
    %div
      %h3== Hello #{@user[:name]}, from #{@user[:address]}
```

haml 文件渲染结果如图 2-3 所示。

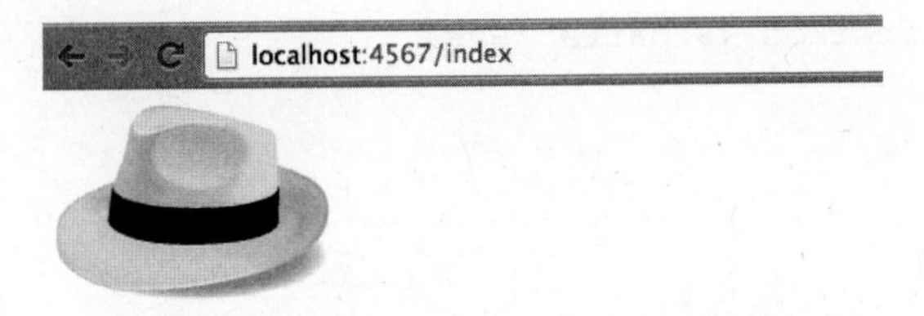

Hello, I'm the index page of Sinatra demo

Hello Juntao, from Xi'an, China

图 2-3　haml 文件渲染结果

注意此处使用==来将后边的字符串作为 Ruby 字符串来处理，即此处的#{@user[:name]}将会被当做 Ruby 字符串，而不是静态的字符串。

另外一个 Sinatra 提供的功能是过滤器（filter），借助于过滤器，我们可以在每个请求被处理之前，及每个请求被处理之后而还没有发送到客户端之前对数据做一些加工。

比如，对于所有的包含 admin 的 URL，我们需要做权限校验：

```
before '/admin/*' do
    unless authenticate @current_user
      halt 401, "Go away!"
  end
end
```

上面的例子中，我们介绍了 Sinatra 本身的一些有意思的特性。下面我们来讨论一下如何将 Sinatra 应用写的更模块化一些，也就是说，看起来更像一个专业的应用程序。上边的例子中，我们的路由信息都定义在应用程序的外部，事实上 Sinatra 默认的为我们生成了一个应用程序，然后将路由附加在这个应用上。

所以，我们的第一步就是定义自己的应用程序。这个步骤非常容易，只需要从 Sinatra::Base 上继承，然后将定义的路由移动到类 MyApplication 内即可：

```
class MyApplication <Sinatra::Base
#...
end
```

同时需要添加一个 config.ru：

```
require'./app'
run MyApplication
```

通常情况下，我们还会将这个类包装在一个模块中（module）中：

```
module MyModule
class MyApplication <Sinatra::Base
#...
end
 end
```

对应的，config.ru 也需要更新为：

```
require './app'
run MyModule::MyApplication
```

在 Sinatra 中，我们可以使用任意的基于 Rack 的中间件。比如用于记录日志的中间件，做用户权限校验的中间件等等。

2.2.3 简单认证中间件

来看一个最简单权限校验中间件 Rack::Auth::Basic。Rack::Auth::Basic 仅仅需要一组合法的（和预定义的相匹配）用户名、密码即可：

```
use Rack::Auth::Basic do |username, password|
  username == 'admin' && password == 'admin'
end
```

这样，当我们首次访问应用程序上的任何资源时，浏览器都会弹出一个登录框，如图 2-4 所示。

除非填入了正确的用户名和密码，否则用户将看不到应用程序的内容。如果通过 curl

来访问 index 页面，此处的-I 参数表示仅实现响应中的头信息，而不显示请求到的文档本身。会得到 401 未授权的错误。

```
$ curl http://localhost:9292/index -I
HTTP/1.1 401 Unauthorized
 Content-Type: text/plain
 Content-Length: 0
WWW-Authenticate: Basic realm=""
 X-Content-Type-Options: nosniff
 Connection: keep-alive
 Server: thin 1.5.1 codename Straight Razor
```

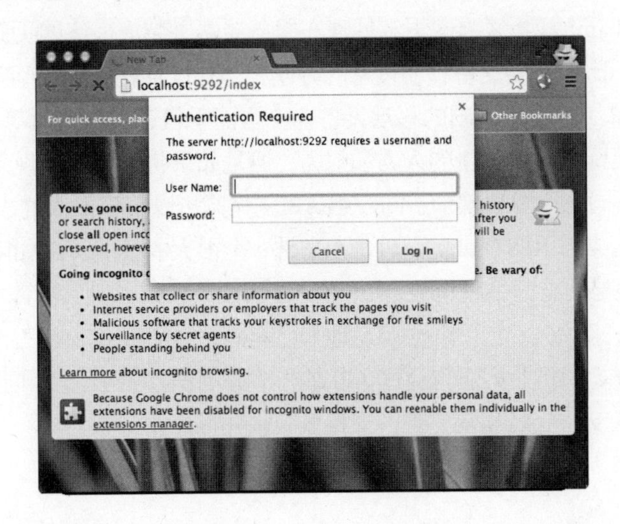

图 2-4 基本验证页面

2.3 Grape

在 Web 前端越来越独立的现代，越来越多的应用程序倾向于以这样一种形式部署：后台提供 RESTFul 的 API，前端独立出一个基于 JavaScript 的应用程序，两者通过 HTTP 协议来进行通信，数据交换使用最为通用的 JSON 格式。

这个模式有很多好处：

（1）接口统一，传输的数据人和机器都可以理解。

（2）前后端完全独立，各自可以使用相应的构建工具，测试框架等。

（3）部署互不依赖，前端代码完全可以放在静态的服务器上，访问速度会非常快。

（4）分工更加明确，前后端各自关注于不同的点上，更便于各自专注于自身的优化。

Grape 也是一个基于 Rack 的框架。它为生成 RESTFul 形式的 API 提供了极大的便利，Grape 通过提供一套领域特定语言来使这个过程更为简单。更为重要的是，Grape 的设计初衷之一是，可以容易地和已有的系统进行集成（如 Rails 应用、Sinatra 应用等）。

一般而言，一个 Web 应用程序在设计之初很难预见要以后到支持 RESTFul 的 API。所以更多的情况是，Web 应用程序会使用模板技术将一部分展现工作放到服务器上来做，比如使用 erb 或者 haml 模板来将数据和展现在服务器端拼装成最终的页面。而当应用程序发展到一定规模，比如需要支持移动设备的时候，这种设计就出现了问题：如何将现有的展现层移动到屏幕尺寸各自不同的移动设备上（智能手机，平板电脑等）。如果从头开发一套新的系统，无疑会耗费大量的人力和财力，但是如果将这些与展现无关的业务处理都形成 API，使得不同的客户端都消费同一组 API，无疑可以节省很多的成本。

从头开发一套支持 RESTFul 的 API，本来是一个很大的挑战。比如以何种数据形式来展现，如何容易地与既有的系统集成，如何在不同版本的 API 切换等等。这些通用的问题，都可以使用 Grape 来解决。它可以很容易地和已有的系统集成在一起工作，在对既有功能毫无影响的前提下，为将业务逻辑通过 API 的形式暴露给消费者提供了很大的便利，而且对各种展现形式的支持已经非常完善，支持多版本并存。

一个实例

我们可以通过一个例子来探索一下如何使用 Grape 进行 API 的设计和发布。比如我们已经有了一个应用程序：一个对商品信息进行管理的系统。这个管理系统使用了 ActiveRecord 作为 ORM 层来进行数据库访问，数据库为 sqlite3，简单起见，数据库中仅有一张表 products。在引入 Grape 之前，系统具有本地的增删改查的功能（当然，仅能通过 irb 来进行操作）。

现在我们需要将这个系统通过 HTTP 暴露出去，为外部提供 RESTFul 形式的 API。有了这套 API，不同的客户端可以自行开发对应的应用程序，比如一个纯前端的 MVC 框架可以使用这组 API，从而开发出一个全新的站点。而移动开发小组，也可以使用这套 API，来开发基于手机设备的应用程序。

我们将使用 Grape 来完成这个工作。grape 本身也是一个 gem 包，首先需要安装它，定义好 Gemfile，然后执行 bundle install 即可：

```
source"http://ruby.taobao.org"

gem 'grape'
```

安装完成之后，我们就可以来定义 API 本身了。一个最简单的 API：当访问/products 时，返回所有的商品信息，用 Grape 实现如下：

```
module MySys
    class API <Grape::API
        format :json
        resource :products do
        desc "get all prodcuts information"
        get do
            Product.limit(20)
        end
            end
        end
end
```

首先定义一个模块 MySys，这在 Grape 中并非必须，不过它可以使我们的代码更容易管理。MySys::API 继承了 Grape::API，这样我们的 API 就拥有了众多的 Grape 的强大功能。然后使用 format :json 来指定了这个 API 将返回 json 格式的数据。

接下来定义了一个资源（resource）products。在 RESTFul 的术语中，所有的需要暴露给用户的称为资源（resource），每个资源都提供增删改查四种操作，而这些操作对应于 HTTP 的动词中，分别为：

（1）查询操作对应于 GET 请求，不带参数的 GET 请求将返回所有的资源，带有 ID 的则返回指定的资源。

（2）创建操作对应于 POST 请求。

（3）更新操作对应于 PUT 请求。

（4）删除操作对应于 DELETE 请求。

如上例中，定义了一个名为 products 的资源，当收到 get 请求时，返回 Product 资源，且最多返回 20 条。定义资源很容易，使用 resource :resource_name block 即可。在这个块（block，可以简单理解为 Ruby 中的匿名函数）中，定义对资源的所有可能的操作。desc 是一个说明性的文字，用以描述这个端点（endpoint）的作用。然后在 get 中，返回了

Product.limit(20)，这是 ActiveRecord 提供的一个查询语句，相当于 SELECT * FROM products LIMIT 20;。

这样我们的第一个 API 的连接点就完成了。下面我们来启动这个 API 服务器，使其为外部提供服务。由于 Grape 是一个基于 Rack 的应用，在第一小节我们已经看到如何启动一个 Rack 应用，定义一个 rackup 的配置文件：

```
require './mysys'

run MySys::API
```

保存为 config.ru，再在命令行执行：

```
$ rackup config.ru
[2014-02-06 16:13:36] INFO  WEBrick 1.3.1
[2014-02-06 16:13:36] INFO  ruby 1.9.3 (2012-10-12) [x86_64-darwin12.
2.0]
[2014-02-06 16:13:36] INFO  WEBrick::HTTPServer#start: pid=52898
port=9292
```

这样，API 服务器就启动了。假设这时数据库中已经有了两条 Products 的数据，那么使用 curl 来请求我们的 API，会得到这样的结果：

```
$ curl http://localhost:9292/products -s | jq .
[
  {
    "user_id": 1,
    "updated_at": "2014-02-05T05:29:50Z",
    "created_at": "2014-02-04T14:04:29Z",
    "price": 12345.67,
    "name": "Mac Book Pro",
    "id": 1
  },
  {
    "user_id": 1,
    "updated_at": "2014-02-05T05:39:01Z",
    "created_at": "2014-02-05T05:38:54Z",
    "price": 4567.89,
    "name": "iPhone 5s",
    "id": 2
```

```
  }
]
```

此处我使用了 jq .来对返回的 JSON 数据进行了格式化，使其更加清晰易读。

在实际的业务场景中，我们还需要提供对某一个特定产品的查询，即根据请求中的条件来查询：

```
desc "return a product"
params do
  requires :pid, :type =>Integer, :desc =>"product id"
end
route_param :pid do
  get do
    Product.find(params[:pid])
  end
end
```

我们只需要在 resource :prodcuts 中定义一个新的端点（endpoint），这个端点需要一个整数作为参数，当得到这个参数后，Grape 会将其传递给 Product.find，并从数据库中获得该记录返回。

```
$ curl http://localhost:9292/products/2 -s | jq .
{
  "user_id": 1,
  "updated_at": "2014-02-05T05:39:01Z",
  "created_at": "2014-02-05T05:38:54Z",
  "price": 4567.89,
  "name": "iPhone 5s",
  "id": 2
}
```

例子中的代码使用了 requires 来声明，这个端点需要一个类型为整数的参数，这个参数被解析出来之后，会赋值给名为:pid 的变量以便使用。如果客户端发送的是一个字符串，那么 Grape 会报告一个错误：

```
$ curl http://localhost:9292/products/hello
{"error":"pid is invalid"}
```

那么，如何保存一条新的记录呢？一样简单，只需要定义一个新的端点，然后使用 ActiveRecord 来完成数据库操作即可。但是应该注意的是，此处我们定义的是 post 方式的请求端点，这样才符合 RESTFul 的约定。

```
desc"create a product"
params do
    requires :name, :type =>String, :desc=>"Product name"
    requires :price, :type =>Float, :desc=>"Product price"
end
post do
    product = Product.new(:name => params[:name], :price =>
params[:price])
    if product.save
        product
    else
        error! product.errors, 500
    end
end
```

上边的代码中，首先从请求中获取两个请求参数 params[:name]和 params[:price]。根据这两个参数创建出一个新的 Product 对象（这个对象是 ActiveRecord 对象，因此可以用于和数据库交互）。然后调用 product.save 进行保存。如果保存成功，则返回对象本身，否则如果 ActiveRecord 校验失败，则返回 ActiveRecord 的错误信息。比如当前的 Product 模型中设置的校验条件如下：

```
class Product <ActiveRecord::Base
    validates :name, :price, presence: true
    validates :name, length: { maximum: 128 }
    validates :price, numericality: true
end
```

即，保存记录时，name 和 price 都必须存在，并且，name 的长度必须小于 128，而 price 必须为数字类型。

同样我们可以使用 curl 来进行测试，我们在本地建一个新的文本文件，内容如下：

```
{
    "name": "iPad mini 3G",
    "price": 3456.78
}
```

将这个 json 保存到名字为 new_product 的文件中，然后使用 curl 来请求 API：

```
$ curl -X POST -H "Content-Type: application/json" -d @new_product
http://localhost:5678/products/ -s
```

```
{
  "user_id": null,
  "updated_at": "2014-02-06T06:30:38Z",
  "created_at": "2014-02-06T06:30:38Z",
  "price": 3456.78,
  "name": "iPad mini 3G",
  "id": 5
}
```

注意此处的-H "Content-Type: application/json"告诉服务器，请求中的数据为 JSON 格式，否则服务器会无法解析。保存成功之后，服务器会返回新创建的产品信息。

而如果我们将文件 new_post 中的信息修改一下，比如将 name 改为空字符串，则会得到服务器报告的错误：

```
$ curl -X POST -H "Content-Type: application/json" -d @new_product http://localhost:5678/products/ | jq .
{
  "error": {
    "name": [
      "can't be blank"
    ]
  }
}
```

作为 API 的提供者，每次的更新都需要精心设计。因为你无法预料客户端事实上以何种方式使用 API，当发生大的变化的时候，我们肯定不想影响 API 既有的消费者。解决这个问题的一个常见做法是为 API 加上版本信息，老的 API 用户不会受到任何影响，而新的用户又能得到最新的功能。Grape 提供了众多的版本方式，比如将版本信息加在路径，或者加在请求的 HTTP 头信息中：

```
module MySys
  class API <Grape::API
    format :json
    version 'v1', :using =>:path
  end
end
```

注意我们此处声明，本 APIMySys::API 为版本 1（v1），使用将版本号加入路径的方式来区别不同的请求，当发送请求到：

```
$ curl http://localhost:9292/v1/products/ -s | jq .
[
  {
    "user_id": 1,
    "updated_at": "2014-02-05T05:29:50Z",
    "created_at": "2014-02-04T14:04:29Z",
    "price": 12345.67,
    "name": "Mac Book Pro",
    "id": 1
  },
  ...
]
```

而发送到不带有版本信息的请求 http://localhost:9292/products/会得到 Not Found 的错误提示。另外一种方式是通过 HTTP 头来区分：

```
module MySys
    class API <Grape::API
        format :json
        version 'v1', :using =>:header, :vendor =>"mysys", :strict =>true
        end
end
```

通过:using => :header 指定通过 HTTP 头来区分，而请求对应的 URL 则不变。这样，请求中需要带有这样的信息 Accept: application/vnd.mysys-v1+json，与默认的 Accept: application/json 不同的是此处加上了 vnd.mysys-v1+。vnd.表示提供者（vendor），随后是版本号。

这样，只有约定好的客户端才可以访问此资源。最后的选项:strict => true 表明，这个头是必填选项。这是因为，默认的，如果请求中没有头信息，Grape 会返回第一个找到的版本号并使用之，:strict 选项会禁用此默认行为，并严格匹配 HTTP 头中的版本号。

我们在 Rack 那一小节已经讲过，如果要将 Sinatra 应用和 Grape 联合在一起使用，实现起来也非常简单。只需要使用 Rack::Cascade 即可：

```
require'./mysys'
require'./myapp'

run Rack::Cascade.new [MyModule::MyApplication, MySys::API]
```

其中 myapp.rb 的内容为：

```
require 'sinatra'
require 'json'
require 'haml'

module MyModule
    class MyApplication <Sinatra::Base

    get '/index' do
        @user = {
        :name =>"Juntao",
        :address =>"Xi'an, China"
    }
    haml :index
    end
      end
end
```

这样，当客户端访问 http://localhost:9292/index 时，响应的为 MyModule::MyApplication，对应的当客户端访问 http://localhost:9292/products 时，响应的是 MySys::API 模块。

第3章 数据库访问层

3.1 数据库的访问

早期，在一个稍具规模的Web应用程序中，开发人员需要自己定义数据库中表的结构，比如有哪些字段，字段有哪些含义，每个字段的类型是什么等等。开发人员需要熟知至少一种数据库的语法及特性，如具体的SQL语句如何编写，如何在数据库系统中使用函数（各个数据库系统都会实现很多助手类的函数，比如数据库日期的获取，将一个扁平的表结构生成一个树结构的对象等）。

大多数情况下，业务逻辑会使用一门面向对象的语言编写，如Java、C++或者Ruby等。业务逻辑所使用的面向对象的语言和数据本身的关系型数据库语言之间存在着一条难以逾越的鸿沟：业务代码中会嵌入很多的数据库操作字符串。换言之，我们需要以字符串拼接的形式在面向对象语言中嵌入另外一门语言的源码！

```
con = Database.connect("mysql://user:password@hostname/database")

 product = OpenStruct.new(:name =>'MyProduct', :price =>22.3)
 sql = "insert into products(name, price) values('#{product.name}',
#{product.price})"

if con.execute(sql)
  puts "record inserted"
end
```

这无疑会引入很多的问题，比如表结构的修改会直接导致业务代码的修改，而且毫无疑问，手工的字符串操作会引入很多细小的问题，而这些问题只有在运行时才能被发现。

后来，根据经验，人们在业务层和数据库层之间引入了一个额外的 ORM 层（Object Relational Mapping，对象-关系映射层）来解决此问题。这个层次对于业务逻辑而言，屏蔽了数据库的存取操作，使得业务逻辑中对数据的访问变得完全符合面向对象的编码风格，代码更加可读，比如下面的代码会完成相同的功能：

```
con = Database.connect("mysql://user:password@hostname/database")

product = Product.new(:name =>'MyProduct', :price =>22.3)

if product.save
  puts "record inserted"
end
```

代码的可读性得到了显著的提升，毕竟像 new 和 save 这样的方法看起来更加流畅。使用 ORM 之后，对于业务逻辑的开发人员而言，数据库的一切复杂性都被屏蔽了，代码编写也变得非常顺畅，而且犯错误的概率也降低了很多（相信我，纯手工的字符串拼接会产生大量的奇异的错误）。

比如粗心的程序员经常会犯的一个错误：

```
sql = "insert into products(name, price)"
sql += "values('#{product.name}', #{product.price})"

if con.execute(sql)
  puts "record inserted"
end
```

此处的字符串拼接的错误很难一眼看出来（关键字 values 前面少一个空格），而某些数据库仅仅会简单地报告一句第 1 行有错误，然后就退出会话，这给调试带来了极大的不便。在一个拼凑出来的、长达数行的 SQL 中找错误绝对不是一个好的体验。将这些反复而且容易出错的工作交给一个专司其职的层次来完成，则是一个很好的选择。如果这个层的实现比较好，并且经过良好的测试，那么可以将其复用在所有适合的场景下。

3.2 数据库方案（schema）的修改

ORM 解决的另外一个问题是对数据库方案修改的追踪。传统基于数据库的应用程序的开发模式中，数据库的设计需要非常谨慎，这个设计过程可能先于项目的实际开发而独立进行，参与的人员要么是业务专家，要么是经验丰富的程序员。一旦到了开发后期，如果系统中的某个表或者某些表的设计不合理，那么将会导致很多额外的工作（可能会有数个或者数十个文件需要改动，每一次的改动都可能会引入潜在的新的 bug），数据库的结构和上层的应用程序耦合在一起，而且结构十分的脆弱。

无论设计阶段如何仔细，设计人员经验如何丰富，数据库方案（schema）还是有可能在未来发生改变。所以，为这种变化设计一个新的解决方案才能真正解决问题。一种思路是，将对数据库方案的所有操作历史以某种形式追踪下来，然后通过工具可以很容易地将这些历史记录还原：

（1）创建了表 T1，T1 包含了 F1 和 F2 两个字段。

（2）字段 F1 的数据类型发生了变化（varchar(32)修改为了 varchar(64)）。

（3）添加了新的字段 F3，F4。

（4）删除了字段 F2。

这些记录可以分别保存在不同的文件中，如果有工具可以将其翻译为数据库能识别的语言，那么就完成了数据库方案的迁移：

```
create_table :t1 do |t|
  t.string f1
  t.string f2
end
```

会被翻译成：

```
CREATE TABLE T1(
    F1 varchar(255),
    F2 varchar(255)
 );
```

而

```
add_column :t1, f3, :float
add_column :t1, f4, :float
```

被翻译为：

```
alter table t1 add f3 float, f4 float
```

那么只需要保证这些历史记录按照时间的顺序执行，就可以在任何地方重新建立该数据库，理论上也可以将数据库方案回退到任何一个历史时刻。借助于版本控制，业务逻辑部分的代码可以很容易地回退到一个历史版本。这样，我们可以随时随地建立一个环境，使得代码和底层的数据库保持同步，毫无差错。有了这个保证，对数据库的修改才不至于传播到业务逻辑中，导致难以追踪的 bug。

3.3 ActiveRecord

ActiveRecord 是一个 Ruby 的 ORM 实现，最初 ActiveRecord 是 Rails 框架的一个组件。随着 Rails 的发展，ActiveRecord 被独立出来，作为一个通用的 ORM 层实现来使用。也就是说，我们可以在任意的 Ruby 程序中使用 ActiveRecord 来提供具体数据库层的屏蔽。

ActiveRecord 的功能十分强大，它提供了众多对开发人员友好的接口，完全屏蔽了数据库间的差异。即使底层的数据库实现更换了，上层应用程序也不需要做任何修改。ActiveRecord 支持众多的数据库系统，如 MySQL，Sqlite，Postgres，SQL Server, Oracle 等等。ActiveRecord 支持数据校验，数据迁移（Migration）脚本的追踪等，使得开发人员可以完全将精力集中在业务逻辑上。

3.3.1 和 Rails 一起使用

生成模型和数据迁移脚本。

ActiveRecord 是 Rails 框架的一个组件，我们可以先来看看在 Rails 中如何方便地使用它。可以使用 Rails 自带的生成器来生成一个新的模型 rails generate model ModelName：

```
$ rails generate model Product
create    db/migrate/20140204134014_create_products.rb
 create    app/models/product.rb
```

上边的命令用以生成一个名叫 Product 的模型（Model），这个命令会生成两个文件，一个为数据迁移脚本，一个是模型本身的定义。先来看迁移脚本 20140204134014_create_products.rb，这个文件名包含两部分：时间戳和表示迁移动作的名字。它的内容如下：

```
class CreateProducts <ActiveRecord::Migration
   def change
      create_table :products do |t|
      t.timestamps
     end
```

```
        end
    end
```

这个脚本定义了一个新类 CreateProducts，这个类继承自 ActiveRecord::Migration。方法 change 是用以定义数据表的地方，如果 change 被执行，Rails 会创建一个新表 products，这个表包含一个 id 的字段和两个关于时间的字段 created_at 和 updated_at，这个魔法是由 t.timestamps 完成的。一个真实的数据表当然不会不包含任何业务字段，我们可以在此处加上一些字段：

```
class CreateProducts <ActiveRecord::Migration
    def change
        create_table :products do |t|
            t.string :name
        t.float :price
        t.timestamps
        end
    end
end
```

定义好迁移脚本之后，可以执行 Rails 提供的一个 Rake 任务 db:migrate 来进行数据库迁移：

```
$ rake db:migrate
 == CreateProducts: migrating
==========================================
 -- create_table(:products)
   -> 0.0010s
 == CreateProducts: migrated (0.0011s)
==========================================
```

这样，表 products 就被创建了。根据 Rails 的设计哲学，惯例优于配置，这个新生成的数据库位于 db/development.sqlite3 中，这个魔法是在 config/database.yml 中完成的：

```
development:
  adapter: sqlite3
  database: db/development.sqlite3
  pool: 5
  timeout: 5000
```

默认的，Rails 会去读 config/database.yml 中读取数据库配置信息，并根据当前环境来决定使用哪个数据库配置，默认的环境为 development，因此生成的数据库位于

db/development.sqlite3。其他可用的环境还有 test 和 production，可以为它们分别指定不同的数据库配置。

如果使用 sqlite3 来查看刚才迁移的结果，可以看到 products 表的结构：

```
$ sqlite3 db/development.sqlite3
sqlite> .schema
CREATE TABLE "products" ("id" INTEGER PRIMARY KEY AUTOINCREMENT NOT NULL,
"name" varchar(255), "price" float, "created_at" datetime, "updated_at"
datetime);
```

而对于生成的第二个文件 product.rb，内容更为简单：

```
class Product <ActiveRecord::Base
end
```

类 Product 仅仅继承了 ActiveRecord::Base，就自然拥有了众多的超能力。我们可以通过 rails console 对生成的模型做一些测试。

```
$ rails console
Loading development environment (Rails 4.0.1)

1.9.3-p286 :001 > prod = Product.new(:name => "Mac Book Pro", :price =>
12345.67)
=>#<Product id: nil, name: "Mac Book Pro", price: 12345.67, created_at:
nil, updated_at: nil>

1.9.3-p286 :002 > prod.save
   (0.2ms)  begin transaction
  SQL (9.4ms)  INSERT INTO "products" ("created_at", "name", "price",
"updated_at") VALUES (?, ?, ?, ?)  [["created_at", Tue, 04 Feb 2014 14:04:29
UTC +00:00], ["name", "Mac Book Pro"], ["price", 12345.67], ["updated_at",
Tue, 04 Feb 2014 14:04:29 UTC +00:00]]
   (0.7ms)  commit transaction
=>true

1.9.3-p286 :003 > Product.all
  Product Load (0.5ms)  SELECT "products".* FROM "products"
=>#<ActiveRecord::Relation [#<Product id: 1, name: "Mac Book Pro",
price: 12345.67, created_at: "2014-02-04 14:04:29", updated_at: "2014-02-04
```

```
14:04:29">]>
```

rails console 会加载 rails 应用程序所需要的一切依赖包，如 ActiveRecord，以及我们的模型等。有了这些模块，我们就可以很方便地做相关测试了。比如可以通过 Product.new 来创建一条记录，prod.save 来将这条记录持久化到数据库中，Product.all 来查询 prodcuts 表中的所有记录。

而且重要的是，通过控制台上的输出，我们可以清晰地看到每个 ActiveRecord 方法调用的背后会做哪些数据库相关操作：比如 Product.all 会执行底层的 SELECT "products".* FROM "products"。这正是 ORM 层帮助开发人员做的事情。

如果这时去查看数据库，会看到数据库已经被更新：

```
sqlite> select * from products;
 1|Mac Book Pro|12345.67|2014-02-04 14:04:29.712155|2014-02-04 14:04:29.712155
```

表关联

关系型数据库的强大之处在于表和表之间的关联上，比如我们对上述例子做一个小的扩展，添加一个新的表 User：

```
$ rails generate model User name:string email:string
    create    db/migrate/20140205051751_create_users.rb
    create    app/models/user.rb
```

此处我们为新表添加了两个字段 name 和 email，且类型都是 string。生成的迁移脚本中自然会包含：

```
class CreateUsers <ActiveRecord::Migration
   def change
   create_table :users do |t|
        t.string :name
   t.string :email
   t.timestamps
   end
      end
end
```

假设我们想要关联 User 表和 Product 表，即每个 User 可以拥有多个 Product，那么可以使用 rails generate migration 来生成一个迁移脚本：

```
$ rails generate migration AddUserRefToProducts user:references
   create    db/migrate/20140205051910_add_user_ref_to_products.rb
```

注意此处迁移脚本的名字 AddUserRefToProducts，Rails 足够聪明，知道这个名字的含义！如果查看生成的脚本，可以看到，这个新的迁移脚本为 products 添加了对 user 的引用：

```
class AddUserRefToProducts <ActiveRecord::Migration
  def change
    add_reference :products, :user, index: true
  end
end
```

此时，运行 rake db:migrate，即可完成对底层数据库的迁移操作：

```
$ rake db:migrate
== CreateUsers: migrating
========================================
-- create_table(:users)
   -> 0.0089s
== CreateUsers: migrated (0.0090s)
========================================

== AddUserRefToProducts: migrating
========================================
-- add_reference(:products, :user, {:index=>true})
   -> 0.0016s
== AddUserRefToProducts: migrated (0.0018s)
========================================
```

使用 sqlite3 的客户端打开 db/development.sqlite3，从数据库的方案（schema）可以看出，users 表被创建了，而且 products 表多了一个 user_id 列，并且数据库中多了一条 INDEX。

```
sqlite> .schema
CREATE TABLE "products" ("id" INTEGER PRIMARY KEY AUTOINCREMENT NOT NULL,
"name" varchar(255), "price" float, "created_at" datetime, "updated_at"
datetime, "user_id" integer);

CREATE TABLE "users" ("id" INTEGER PRIMARY KEY AUTOINCREMENT NOT NULL,
"name" varchar(255), "email" varchar(255), "created_at" datetime,
"updated_at" datetime);

CREATE INDEX "index_products_on_user_id" ON "products" ("user_id");
```

这样在数据库层面，我们定义的两个模型就关联起来了，但是我们还需要 Ruby 代码知道两个类之间的关系。我们可以修改生成的模型，使得它们被关联起来：

```
class User <ActiveRecord::Base
  has_many :products
end
```

定义 User 包含多个（has_many）products，对应的

```
class Product <ActiveRecord::Base
  belongs_to :user
end
```

定义 Product 属于（belongs_to）user。这样，我们就可以在 rails console 中进行一些简单的测试：

```
$ rails console
 Loading development environment (Rails 4.0.1)

 1.9.3-p286 :001 > user = User.create(:name => "juntao", :email =>
"juntao.qiu@gmail.com")
 =>#<User id: 1, name: "juntao", email: "juntao.qiu@gmail.com",
created_at: "2014-02-05 05:26:15", updated_at: "2014-02-05 05:26:15">

 1.9.3-p286 :002 > user.products << Product.find(1)
 =>#<ActiveRecord::Associations::CollectionProxy [#<Product id: 1,
name: "Mac Book Pro", price: 12345.67, created_at: "2014-02-04 14:04:29",
updated_at: "2014-02-05 05:29:50", user_id: 1>]>

 1.9.3-p286 :005 > Product.find(1)
 =>#<Product id: 1, name: "Mac Book Pro", price: 12345.67, created_at:
"2014-02-04 14:04:29", updated_at: "2014-02-05 05:29:50", user_id: 1>
```

我们首先创建了一个用户 User 实例，然后为这个实例添加了一个 Product 实例，这样，这个产品就属于该用户了。反过来，我们可以创建一个新的产品，然后将该产品的用户设置为某个用户：

```
1.9.3-p286 :001 > prod = Product.new(:name => "iMac", :price => 13243)
 =>#<Product id: nil, name: "iMac", price: 13243.0, created_at: nil,
updated_at: nil, user_id: nil>
```

```
1.9.3-p286 :002 > user = User.new(:name => "Qiu Juntao", :email =>
"juntao.qiu@gmail.com")
=>#<User id: nil, name: "Qiu Juntao", email: "juntao.qiu@gmail.com",
created_at: nil, updated_at: nil>

1.9.3-p286 :003 > prod.user = user
=>#<User id: nil, name: "Qiu Juntao", email: "juntao.qiu@gmail.com",
created_at: nil, updated_at: nil>

1.9.3-p286 :004 > prod.save
=>true

1.9.3-p286 :006 > prod
=>#<Product id: 4, name: "iMac", price: 13243.0, created_at:
"2014-02-05 07:54:40", updated_at: "2014-02-05 07:54:40", user_id: 3>
```

应该注意的是，当调用 prod.save 的时候，ActiveRecord 会先保存 User，成功后得到新的 id，然后保存 prod，此时的 user_id 即为新生成的 id。

3.3.2 独立使用（在既有数据库中）

Rails 非常强大，配置也非常灵活，但是并不是适应所有场合，比如一个更轻量级的应用，或者一个建立在既有数据库上的 RestfulAPI。在这些场景下，单独的 ActiveRecord 就已经足够。轻量级的框架搭配起来，往往会发挥出非常巨大的威力。

独立使用 ActiveRecord 也非常方便，最简单的方式是通过 gem install 来安装：

```
$ gem install activerecord
```

安装完成之后，我们需要定义迁移脚本，以及数据模型本身。一个迁移（Migration）动作的命名通常会与此次迁移动作本身的行为一致，命名方法与程序开发中变量的命名相似，需要与其做的事情相关联，比如此处的 CreateProducts 就是一个很表意的好名字。我们需要手动为其添加建表语句：

```
class CreateProducts <ActiveRecord::Migration
  def change
    create_table :products do |t|
    t.string :name
```

```
            t.float :price
            t.text :detail

            t.timestamps
        end
    end
end
```

应该注意的是，这个文件的名字需要以一个时间戳开头，比如 20140204030536_create_products.rb。这样 ActiveRecord 才能知道应该以何种顺序执行多个迁移脚本。

定义完迁移脚本之后，我们还需要定义数据模型。定义一个数据模型的方法非常简单，仅仅需要将类名和数据库中表名对应起来，然后继承自 ActiveRecord::Base 即可。这样我们的模型就具有了一切魔力，使得对模型实例的操作会被映射到数据库中去。

比如定义 Product 模型，保存到 product.rb 中：

```
require'active_record'
class Product <ActiveRecord::Base
end
```

有了模型，我们就可以测试一下 ActiveRecord 给我们带来的方便。要测试数据库，首先当然需要一个数据库系统，此处我们使用最简单的 sqlite3：

```
$ gem install sqlite3
```

安装完成之后，进入 irb 环境（由于这里是独立的 ActiveRecord，所以就没有 rails console 的支持）：

```
require'./products'
```

先加载当前目录下的 products 文件，然后建立对数据库的连接：

```
ActiveRecord::Base.establish_connection(
    :adapter =>'sqlite3',
    :database =>'development.sqlite3'
)
```

数据库连接建立之后，执行数据迁移 ActiveRecord::Migrator.migrate "./"，这个语句会在当前目录（“./”）下查找所有的迁移脚本。这些脚本都以一个表示日期的时间戳作为开头，Migrator 会根据日期的顺序依次执行这些迁移脚本。我们这个例子里只有一个脚本。从控制台上的 log 可以看出，ActiveRecord 会创建 products 表：

```
1.9.3p286 :012 > ActiveRecord::Migrator.migrate "./", nil
 == CreateProducts: migrating
```

```
==============================
-- create_table(:products)
   -> 0.0020s
== CreateProducts: migrated (0.0026s)
==============================
```

```
=> [#<struct ActiveRecord::MigrationProxy name="CreateProducts", version=20140204030536, filename=".//20140204030536_create_products.rb", scope="">]
```

当然，所有的这些手工的动作 ActiveRecord::Base.establish_connection 及 ActiveRecord::Migrator.migrate "./"，在 Rails 中都是自动完成的。

我们可以通过 sqlite3 的命令行工具来查看这个表的结构：

```
$ sqlite3 development.sqlite3
SQLite version 3.7.13 2012-07-17 17:46:21
Enter ".help" for instructions
Enter SQL statements terminated with a ";"
sqlite> .schema
CREATE TABLE "products" ("id" INTEGER PRIMARY KEY AUTOINCREMENT NOT NULL, "name" varchar(255), "price" float, "detail" text, "created_at" datetime, "updated_at" datetime);
```

当然，我们还可以将这次对数据库的修改回滚（rollback）掉：

```
1.9.3p286 :014 > ActiveRecord::Migrator.rollback "./"
D, [2014-02-04T16:16:19.123988 #17370] DEBUG -- :  ActiveRecord::SchemaMigration Load (0.2ms)  SELECT "schema_migrations".* FROM "schema_migrations"
D, [2014-02-04T16:16:19.125358 #17370] DEBUG -- :  ActiveRecord::SchemaMigration Load (0.1ms)  SELECT "schema_migrations".* FROM "schema_migrations"
I, [2014-02-04T16:16:19.125577 #17370]  INFO -- : Migrating to CreateProducts (20140204030536)
D, [2014-02-04T16:16:19.140509 #17370] DEBUG -- :   (0.1ms)  begin transaction
== CreateProducts: reverting ======================================
-- drop_table(:products)
```

```
D, [2014-02-04T16:16:19.147268 #17370] DEBUG -- :   (1.7ms)  DROP
TABLE "products"
   -> 0.0022s
== CreateProducts: reverted (0.0067s) ==============================

D, [2014-02-04T16:16:19.153609 #17370] DEBUG -- :  SQL (2.8ms)  DELETE
FROM "schema_migrations" WHERE "schema_migrations"."version" =
'20140204030536'
D, [2014-02-04T16:16:19.155136 #17370] DEBUG -- :   (1.2ms)  commit
transaction
 => [#<struct ActiveRecord::MigrationProxy name="CreateProducts",
version=20140204030536, filename=".//20140204030536_create_products.rb",
scope="">]
```

从日志中可以看出，我们刚才创建表的操作被回滚，对应的数据库中的表结构也被删除了：DROP TABLE "products"。

有了数据库，也有了表结构，就可以创建模型实例了：

```
1.9.3p286 :013 > prod = Product.new(:name => "Mac Book Pro", :price =>
12345.67)
=>#<Product id: nil, name: "Mac Book Pro", price: 12345.67, detail:
nil, created_at: nil, updated_at: nil>

1.9.3p286 :015 > prod.save
=>true

1.9.3p286 :016 > prod
=>#<Product id: 1, name: "Mac Book Pro", price: 12345.67, detail: nil,
created_at: "2014-02-04 03:08:28", updated_at: "2014-02-04 03:08:28">
```

当调用了 prod.save 之后，如果查看数据库，就会看到新的记录已经被插入了：

```
sqlite> select * from products;
1|Mac Book Pro|12345.67||2014-02-04 03:08:28.033256|2014-02-04
03:08:28.033256
```

使用 ActiveRecord 创建模型有两种方式，一种就是上边例子中的创建然后保存的方式，另一种是使用 create 方法直接创建同时保存。如果查看控制台上打印出来的 log 信息，就会发现 ActiveRecord 会先创建一个事务，然后执行映射过的 SQL 语句：

```
INSERT INTO "products" ("created_at", "detail", "name", "price", "updated_at") VALUES ...
```

```
1.9.3p286 :018 > Product.create(:name => "iPhone 5s", :price => 4567.89, :detail => "iPhone 5s")
 =>#<Product id: 2, name: "iPhone 5s", price: 4567.89, detail: "iPhone 5s", created_at: "2014-02-04 03:11:34", updated_at: "2014-02-04 03:11:34">
```

一般而言，使用 Model.new 之后，用户还有机会对模型做一些可能的修改，然后再在适当的时机调用 save 来存储到数据库中。而 create 则将这些动作包装在同一个调用中。

查找记录

当然，ActiveRecord 提供的便利性远不止于此，比如我们可以通过 Product.first 从已有的记录中取出第一条记录：

```
1.9.3p286 :022 > Product.first
 =>#<Product id: 1, name: "Mac Book Pro", price: 12345.67, detail: nil, created_at: "2014-02-04 05:25:40", updated_at: "2014-02-04 05:25:40">
```

可以使用 Product.all 来获取所有的记录。

```
1.9.3p286 :021 > Product.all
 =>#<ActiveRecord::Relation [#<Product id: 1, name: "Mac Book Pro", price: 12345.67, detail: nil, created_at: "2014-02-04 05:25:40", updated_at: "2014-02-04 05:25:40">, #<Product id: 2, name: "iPhone 5s", price: 4567.89, detail: "iPhone 5s", created_at: "2014-02-04 05:25:43", updated_at: "2014-02-04 05:25:43">]>
```

当然，实际中我们使用更频繁的是查找符合某些条件的记录，比如 id 为 5 的记录，产品名称为 iPhone 5s 的记录等。

```
1.9.3p286 :024 > Product.find(1)
 =>#<Product id: 1, name: "Mac Book Pro", price: 12345.67, detail: nil, created_at: "2014-02-04 05:25:40", updated_at: "2014-02-04 05:25:40">
```

默认地，可以通过 find 函数来查找记录，条件为数据库中的 id。事实上，借助于 Ruby 的元编程特性，ActiveRecord 会根据数据库中的字段名称，生成很多的助手函数。比如我们可以使用 find_by_name 方法（即使这个方法在某种程度上来说并不存在）来按照名称查找记录：

```
1.9.3p286 :027 > Product.find_by_name("iPhone 5s")
  =>#<Product id: 2, name: "iPhone 5s", price: 4567.89, detail: "iPhone 5s", created_at: "2014-02-04 05:25:43", updated_at: "2014-02-04 05:25:43">
```

类似地，你也可以使用 find_by_price 来根据价格查找记录。甚至于在某些情况下，开发人员可以使用更加灵活的 where 方法来加入 SQL 语句本身：

```
1.9.3p286 :030 > Product.where("name like '%iPhone%'")
  =>#<ActiveRecord::Relation [#<Product id: 2, name: "iPhone 5s", price: 4567.89, detail: "iPhone 5s", created_at: "2014-02-04 05:25:43", updated_at: "2014-02-04 05:25:43">]>
```

不过在大多数情况下，我们都不需要使用 where 来编写 SQL 语句，ActiveRecord 提供的方法就已经足够。

3.3.3 校验

数据校验无疑是一个非常重要的问题。在一个健全的应用程序中，我们需要保证数据在存入数据库时符合业务需求，比如一个没有名称和价格的产品记录并不会有真正的业务价值。所以我们需要加入校验条件，如：

```
require'active_record'
class Product <ActiveRecord::Base
  validates :name, :price, presence: true
end
```

这里的 presence: true 表明，:name 和:price 字段是必须有的，如果该模型在保存时，这两个字段中任意一个为空，ActiveRecord 都会报错，记录不会被存储。类似地，如果我们需要的数据是数字型的，而客户端请求保存的是字符串类型，或者业务上需要某字段的长度必须控制在某一范围内等，ActiveRecord 也会报错，记录不会被存储。同样地，数据在存入数据库时也需要得到校验，ActiveRecord 同样支持这样的校验：

```
class Product <ActiveRecord::Base
  validates :name, :price, presence: true
  validates :name, length: { maximum: 128 }
  validates :price, numericality: true
end
```

这里限定了:name 字段的最长长度不能超过 128，:price 字段必须为数字类型。

比如当我们创建一条仅包含 name 字段的产品记录时，ActiveRecord 会报错，数据不会被保存：

```
1.9.3p286 :016 > prod = Product.create(:name => 'iPhone 4s')
 =>#<Product id: nil, name: "iPhone 4s", price: nil, detail: nil,
created_at: nil, updated_at: nil>
```

错误信息被附加到了 prod 对象的 errors 属性上，:price 不能为空，并且:price 不是一个数字：

```
1.9.3p286 :017 > prod.errors.messages
 =>{:price=>["can't be blank", "is not a number"]}
```

1. 更进一步（rvm 和 bundle）

实际 Web 应用开发中，经常会遇到多个 Ruby 版本并存的问题，比如某个项目在 Ruby-1.8 上工作良好，并且开发团队之前就是在该版本做的测试。而另一个项目则依赖于 Ruby-2.0 的某些特性。在开发者的机器上，这种情形再正常不过了。那么如何处理这个问题呢？

好在我们有 rvm！简而言之，rvm 是一个用以管理多个 Ruby 环境的工具（使用 rvm，你可以很容易地安装、卸载，在不同版本的 Ruby 环境间切换）。rvm 的安装非常简单：

```
$ curl -sSL https://get.rvm.io | bash -s stable
```

如果你的机器上没有安装 Ruby，可以使用下面的命令安装 rvm 和一个稳定版本的 Ruby：

```
$ curl -sSL https://get.rvm.io | bash -s stable --ruby
```

安装完成之后，可以通过 rvm list 命令来查看当前系统被 rvm 管理起来的 Ruby 环境：

```
$ rvm list

rvm rubies

   ree-1.8.7-2012.02 [ i686 ]
   ruby-1.8.7-p334 [ i686 ]
   ruby-1.9.3-p194 [ x86_64 ]
=* ruby-1.9.3-p286 [ x86_64 ]
   ruby-2.0.0-p0 [ x86_64 ]

# => - current
# =* - current && default
#  * - default
```

你会得到一个类似的输出列表。注意输出中的说明：如果某一行以=>开头，说明该行显示的 Ruby 版本为当前的环境；如果以=*开头，则表明该行的版本不但是当前的环境，而且是默认的环境；如果以*开头，表示默认的 Ruby 版本。

可以使用 rvm use ruby-2.0.0-p0 这样的命令来切换 Ruby 环境：

```
$ rvm use ruby-2.0.0-p0
Using /Users/twer/.rvm/gems/ruby-2.0.0-p0

$ rvm list

 rvm rubies

   ree-1.8.7-2012.02 [ i686 ]
   ruby-1.8.7-p334 [ i686 ]
   ruby-1.9.3-p194 [ x86_64 ]
 * ruby-1.9.3-p286 [ x86_64 ]
=> ruby-2.0.0-p0 [ x86_64 ]

# => - current
# =* - current && default
#  * - default
```

可以看到，默认的 Ruby 为 ruby-1.9.3-p286，而当前的 Ruby 为 ruby-2.0.0-p0。

当创建一个新项目时，如果需要指定特定的 Ruby 版本，可以定义一个.rvmrc 文件，在这个文件中写入项目使用的 Ruby 版本号。rvm 会读取这个文件，并根据这个文件中的配置自动切换到相应的 Ruby 版本。如果该版本的 Ruby 不存在，则可以通过 rvm install ruby-x.x.x 来进行安装。

具体做法是：在当前目录下创建一个 rvm 的配置文件.rvmrc，每次当你从其他路径下切换到当前目录的时候，rvm 都会检查这个文件是否存在，如果存在，那么 rvm 会根据其中的配置来切换不同版本的 Ruby，并且重新设置 gemset 的搜索路径，比如一个.rvmrc 的内容如下：

```
rvm use --create ruby-1.9.3-p286@orm
```

这条配置告诉 rvm 做两件事：

如果存在版本 ruby-1.9.3-p286 的 Ruby，则使用，否则 rvm 会报告该版本的 Ruby 没有找到并退出；

如果 orm 这个 gemset 存在，则使用这个 gemset，否则创建一个空的 gemset。

创建此文件之后，可以尝试切换到当前目录，你会得到一个下面的提示：

```
$ cd .
```

rvm 探测到.rvmrc 之后的提示信息如图 3-1 所示。

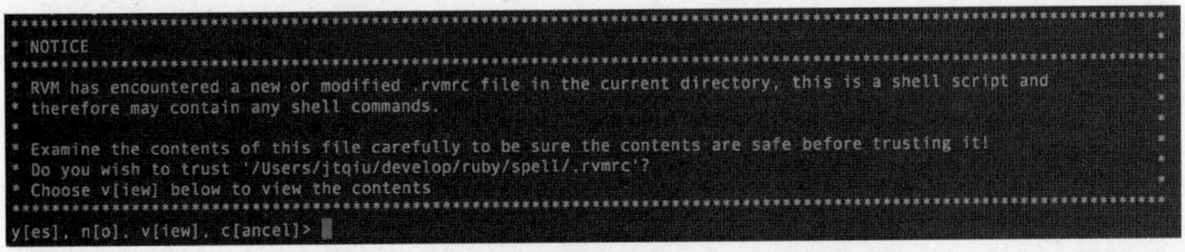

```
* NOTICE
* RVM has encountered a new or modified .rvmrc file in the current directory, this is a shell script and
* therefore may contain any shell commands.
*
* Examine the contents of this file carefully to be sure the contents are safe before trusting it!
* Do you wish to trust '/Users/jtqiu/develop/ruby/spell/.rvmrc'?
* Choose v[iew] below to view the contents
y[es], n[o], v[iew], c[ancel]>
```

图 3-1 rvm 探测到.rvmrc 之后的提示信息

本质上.rvmrc 是一个 shell 脚本，它里面可以包含任意的命令组合，所以会有一些潜在的风险。你可以选择查看.rvmrc 内容（选择 v），如果没有问题，就可以选择使用该.rvmrc（选择 y）。

当然，这个选择过程会发生在.rvmrc 被创建或者被修改时。如果没有修改，再次进入该目录时，rvm 只会提示当前的 ruby 版本和 gemset 的位置信息：

```
$ cd standalone
Using /Users/twer/.rvm/gems/ruby-1.9.3-p286 with gemset orm
```

2. bundler

在 Ruby 世界中，函数库或者工具通过 gem 来发布和管理，gem 类似于 Java 世界中的 jar 包，是相对独立的功能单元。每个 gem 都符合一个统一的规范。规范定义了 gem 本身的元数据信息，如版本、描述信息、项目主页等等。重要的是，如果本 gem 依赖于其他的 gem，那么依赖关系也会记录在这个规范文件中。

比如，ActiveRecord 这个 gem 依赖于：

```
<activesupport>, ["= 4.0.2"]
<activemodel>, ["= 4.0.2"]
<arel>, ["~> 4.0.0"]
<activerecord-deprecated_finders>, ["~> 1.0.2"]
```

而 activemodel 又依赖于：

```
<activesupport>, ["= 4.0.2"]
<builder>, ["~> 3.1.0"]
...
```

而 activesupport 又依赖于：

```
<i18n>, [">= 0.6.4", "~> 0.6"]
<multi_json>, ["~> 1.3"]
<tzinfo>, ["~> 0.3.37"]
<minitest>, ["~> 4.2"]
<thread_safe>, ["~> 0.1"]
```

有了这些元数据的定义，我们可以很容易地将一个给定 gem 的所有依赖关系找出来。换言之，我们可以很容易地安装一个 gem，而且无需考虑关于这个 gem 的依赖（可以借助一个工具来追溯所有依赖，并依次安装）。

这个帮助我们的工具正是 bundler。bundler 本身就是一个 gem，因此它的安装需要使用 gem 命令：

```
$ gem install bundler
```

安装完成之后，我们就可以使用 bundler 来安装开发所需要的 gem 了。bundler 会在当前目录查找一个名为 Gemfile 的文件，并根据这个文件的描述来安装所需的 gem。

比如下面这个例子，我们要使用 bundler 安装 ActiveRecord，可以在 Gemfile 中做以下定义：

```
source 'http://ruby.taobao.org'
gem 'activerecord'
```

首先通过 source "http://ruby.taobao.org"来告诉 bundler 从"http://ruby.taobao.org"下载所有的 gem。然后指定我们需要的 gem 名字为 activerecord。另外，你还可以指定该 gem 的版本，如果不指定，则默认下载最新版本。

定义好这个文件之后，就可以使用 bundle install 来完成安装：

```
$ bundle install
Fetching gem metadata from http://ruby.taobao.org/.
Fetching full source index from http://ruby.taobao.org/
 Installing i18n (0.6.9)
 Installing minitest (4.7.5)
 Installing multi_json (1.8.4)
 Installing atomic (1.1.14) with native extensions
 Installing thread_safe (0.1.3)
 Installing tzinfo (0.3.38)
 Installing activesupport (4.0.2)
 Installing builder (3.1.4)
 Installing activemodel (4.0.2)
```

```
Installing activerecord-deprecated_finders (1.0.3)
Installing arel (4.0.1)
Installing activerecord (4.0.2)
Using bundler (1.2.1)
Your bundle is complete! Use `bundle show [gemname]` to see where a bundled gem is installed.
```

可以看到，bundler 会帮助我们查找依赖链，然后依次安装，最后安装 activerecord 本身，至此安装过程就完成了。作为一个数据库应用程序，我们需要数据库的支持，简单起见，我们选择了 sqlite3 作为数据库系统。很简单，只需要在 Gemfile 中加一行：

```
source 'http://ruby.taobao.org'
gem 'activerecord'
gem 'sqlite3'
```

然后再次执行 bundle install 即可完成安装。

Gemfile 中还可以定义分组信息。比如在本地开发时，我们使用 sqlite3 作为数据库系统，而在产品环境中，数据库系统为 MySQL。另外，在本地开发时，我们需要一些用于测试的 gem，而在产品环境里，这些 gem 则完全不需要。对于这种情况，我们可以在 Gemfile 中做以下定义：

```
Source 'http://ruby.taobao.org'
gem 'activerecord'
group :development, :test do
  gem 'sqlite3'
  gem 'rspec'
end

group :production do
  gem 'mysql'
end
```

然后在产品环境中，只需要执行：

```
$ bundle install --without test development
```

bundler 就会跳过 test 和 development 分组中的所有 gem。

3.4 DataMapper

DataMapper 是另一个功能强大的 ORM，使用起来也非常方便。和 ActiveRecord 一样，DataMapper 提供对多种数据库的支持，上层业务逻辑开发时，开发人员可能完全感觉不到它的存在。和 ActiveRecord 不同的是，在 DataMapper 中，表结构定义在模型本身上，而不是单独的迁移脚本中：

```
class User
    include DataMapper::Resource
    property :id, Serial
    property :name, String, :required =>true
    property  :email,  String,  :format  =>:email_address,  :required
=>true, :unique =>true
    property :created_at, DateTime
    property :updated_at, DateTime
end
```

模型 User 定义了 5 个字段，这 5 个字段也就定义了底层数据库的结构。

使用 DateMapper

使用 DataMapper 非常简单，只需要在 Gemfile 中指定需要 datamapper 即可：

```
source'http://ruby.taobao.org'
gem 'datamapper'
group :test, :development do
    gem 'sqlite3'
    gem 'dm-sqlite-adapter'
end
```

我们同时指定了，在本地开发环境和测试环境中，使用 sqlite3 作为底层的数据库系统。

1. 指定底层的数据库类型

在 DataMapper 中，对底层数据库的设置非常容易，比如，我们需要对 sqlite3 的支持，只需要使用 DataMapper.setup 即可：

```
DataMapper.setup(:default, 'sqlite:///path/to/project.db')
```

同样，如果需要支持 MySQL，则需要指定：

```
DataMapper.setup(:default, 'mysql://user:password@hostname/database')
```

2. 定义模型

定义一个模型很简单，如果不包含 include DataMapper::Resource 语句，模型就可以看作一个简单的 Ruby 类。引入了 DataMapper::Resource 之后，这个模型就有了神奇的魔力：

```
class User
    include DataMapper::Resource
    property :id, Serial
    property :name, String, :required =>true
    property :email, String, :format =>:email_address, :required =>true, :unique =>true
    property :created_at, DateTime
    property :updated_at, DateTime
end
```

在 DataMapper 中，使用 property 方法来定义模型的属性，同时也是在定义数据库中的表字段。Serial 类型表明:id 为一个序列，换言之，就是一个可以自增的主键。另外还有 String 和 DateTime 等数据类型。而使用:require => true 表明该列是必填项，如果使用该模型时，其值为空，保存这条记录会报错。类似地，:format => :email_address 表明:email 列的格式应该符合邮件格式。

3. 使用模型

定义好模型之后，我们需要建立底层真正的数据表，可以在 irb 中测试一下：

```
require'data_mapper'
require'./models/user'
DataMapper.setup(:default, "sqlite3://#{Dir.pwd}/notes.db")
DataMapper.finalize.auto_upgrade!
```

注意此处的 DataMapper.finalize，调用之后，DataMapper 会检查模型的依赖关系，比如表 T1 的 F1 引用了 T2 的 F2，则 T2 必须限于 T1 初始化等。随后我们调用了 auto_upgrade!，这个调用会在数据表不存在的情况下创建表结构，如果存在则跳过创建过程。另外，DataMapper 还提供一个 auto_migrate!的方法，这个方法会清空已有的数据库结构，重新建立新的结构。

```
User.create(:name =>"juntao", :email =>"juntao.qiu@gmail.com")
p User.all
```

会打印：

```
[#<User @id=1 @name="juntao" @email="juntao.qiu@gmail.com" @created_at
=#<DateTime:  2014-02-05T17:42:38+11:00  ((2456694j,24158s,0n),+39600s,
2299161j)> @updated_at=#<DateTime: 2014-02-05T17:42:38+11:00 ((2456694j,
24158s,0n),+39600s,2299161j)>>]
```

4. 表关联

和 ActiveRecord 一样，DataMapper 也支持表关联。比如每个用户 User 都可以拥有多个笔记 Note：

```
class User
    include DataMapper::Resource
    property :id, Serial
    property :name, String, :required =>true
    property :email, String, :format =>:email_address, :required
=>true, :unique =>true
    property :created_at, DateTime
    property :updated_at, DateTime
    has n, :notes
end
```

与此相对应，笔记 Note 是属于用户 User 的：

```
class Note
    include DataMapper::Resource
    property :id, Serial
    property :content, Text, :required =>true, :lazy =>false
    property :complete, Boolean, :required =>true, :default =>false
    property :created_at, DateTime
    property :updated_at, DateTime
    belongs_to :user
end
```

5. 数据校验

上例中已经看到，像:required => true，:format => :email_address 以及:unique => true 等都是数据校验的条件，当然，DataMapper 提供了很多常用的校验条件，如长度校验、格式校验等。

我们可以通过测试来验证：

```
user = User.new(:name =>'name')
res = user.save
p user.errors[:email]
```

会得到：

```
["Email must not be blank"]
```

第 4 章 客户端框架

4.1 富客户端

客户端是指浏览器端，浏览器是一个最为流行的 HTTP 客户端应用程序，它是所有应用程序中最为通用的软件之一。在 2000 年之后，软件开发的模式由之前的 C/S 结构不断地向 B/S 结构演化，浏览器端的技术不断完善、进化。

随着浏览器能力的增强（JavaScript 脚本引擎、CSS 渲染引擎等），有越来越多的计算可以放到前端来处理，客户端可以展现炫目的用户界面，而且可以处理复杂的应用逻辑，客户端的概念随之诞生。

（1）前端代码的模块化。

（2）前端 MVC 框架 Backbone.js/Angular.js。

模块化 RequireJS

随着前端代码量的增多，已经不可能将众多的逻辑放在一个或者几个文件中，我们需要和众多文件打交道。如何组织文件，使得代码的结构更加清晰，维护/扩展更加方便变成了一个很重要的问题。而另一方面，由于浏览器对资源的请求是串行的，因此在编写这样的代码时

```
<script src="ModuleA.js" type="text/javascript"></script>
<script src="ModuleB.js" type="text/javascript"></script>
<script src="ModuleC.js" type="text/javascript"></script>
```

需要注意文件的次序，如果 ModuleB 对 ModuleA 有依赖关系，那么它必须出现在 ModuleA

模块之后。另外一个问题是：浏览器请求这些资源时，虽然会有一些并发的线程，但是总体上来说是阻塞式的，即假设有 10 个 JavaScript 文件需要下载，而浏览器一般会启用 2 ~ 6 个线程（此处假设为 6 个）来并发下载，那么第 7 个资源需要等到之前的 6 个线程中的任意一个完成之后才能开始。

这样会造成页面空白等待。当模块增多时，这些问题也会更加明显。

RequireJS 正是用来解决这个问题的一个库。简而言之，RequireJS 可以定义模块间的依赖关系，并异步地加载这些模块，当所有的依赖都满足之后，RequireJS 会执行预定义的回调函数。

我们可以通过一个小例子来获得 RequireJS 的基本概念。

首先假设我们有一个不依赖于任何其他模块的模块，这个模块中保存了一些城市的信息（城市名称和人口信息），假设这个文件名为 city-population.js:

```
define(function() {
    return [
            {
                address: "Melbourne, VIC 3121",
                population: 3707530
            },
            {
                address: "Sydney, Australia",
                population: 4336374
            }
    ]
});
```

此处的 define 是一个函数，它用来定义一个模块。默认地，RequireJS 会使用文件名（不带扩展名）作为模块的名称，因此这个模块在 RequireJS 的上下文中就是 city-population。

然后，我们的应用程序入口 app.js 依赖于 city-population 这个模块：

```
require(['underscore', 'city-population'], function(_, population) {
    var numbers = _.pluck(population, "population");
    console.log(numbers);
});
```

require 函数用来加载依赖，require 的第一个参数是一个数组，第二个参数是一个函数。数组中的每一项都是一个模块的名称，比如此处的 underscore 和 city-population。而第二个参数是一个函数，这个函数本身的参数和前边的数组相对应，比如 underscore 模块被加载之后，就是此处的_，而 city-population 则对应的是 population。

应该注意的是，require 会保证所有的依赖（数组中的模块）被加载完成之后才会执行回调函数。

如果说 RequireJS 可以通过文件名找到 city-population 的话，那么 underscore 这个模块是如何被找到的呢？其实 RequireJS 提供了 config 方法来方便配置模块名称和实际模块之间的映射关系：

```
require.config({
    paths: {
            'underscore': 'libs/underscore/underscore'
    },
    shim: {
            'underscore': {
               exports: '_'
    }
            }
});
```

关于这段配置，有两点需要注意：在 paths 中定义了 underscore 这个模块对应的脚本为 libs/underscore/underscore.js，但是依照 RequireJS 的惯例，文件的扩展名是省略不写的。shim 中则定义了 underscore 会导出“_”这个符号。事实上，shim 的主要作用是将那些不符合 AMD 规范的 JavaScript 库加上一个垫层，使之符合 AMD 规范。

AMD 规范是指异步模块定义（Asynchronous Module Definition），所有的模块都是异步加载，且不影响后续代码的执行。当模块完成异步加载之后，通过回调的方式来执行，而不是同步的阻塞方式。

有了上边的定义之后，我们就可以使用 RequireJS 来启动整个应用程序了：

```
<script src="libs/requirejs/require.js" data-main="app"></script>
```

RequireJS 会查找 data-main 属性指定的文件名（省略扩展名）。启动之后，我们可以在浏览器的加载顺序中看到：

app.js 先被加载，但是直到所有的依赖加载之前，打印人口信息的代码并不会执行。当然，此处的例子是一个非常简单的场景，当你的工程开始变得复杂，使用 RequireJS 来管理模块是一个很好的选择。它可以帮助你节省很多用来调试“诡异”错误的时间，也可以帮助你更好地规划自己的代码结构。

Chrome 开发者工具中看到的请求列表如图 4-1 所示。

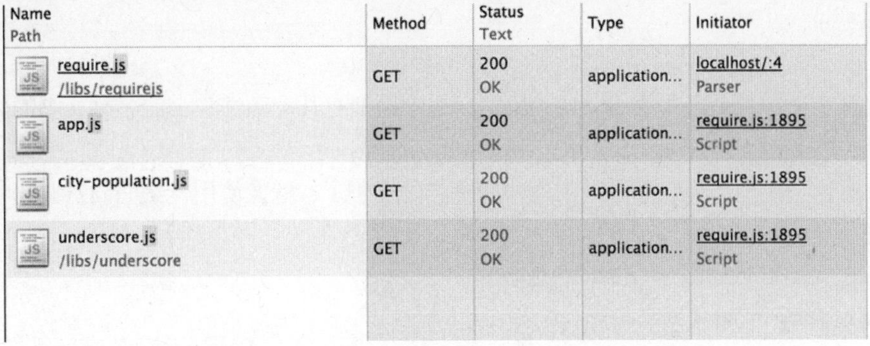

Name Path	Method	Status Text	Type	Initiator
require.js /libs/requirejs	GET	200 OK	application...	localhost/:4 Parser
app.js	GET	200 OK	application...	require.js:1895 Script
city-population.js	GET	200 OK	application...	require.js:1895 Script
underscore.js /libs/underscore	GET	200 OK	application...	require.js:1895 Script

图 4-1 Chrome 开发者工具中看到的请求列表

4.2 Backbone.js 简介

Backbone 是一个非常轻量级的前端 MVC 框架，Backbone 可以帮助开发人员编写结构化更加良好的代码。它使用 Model/Collection 来管理数据，使用 Views 来响应事件，渲染模板等。

Backbone 还提供了路由、模板编译、同步数据到后台等的支持，使得编写轻量级的前端应用变得非常方便。结合 RESTFul 的后端 API，使用 Backbone 可以很容易地编写出非常健壮，并且易于扩展、维护的客户端应用。

4.2.1 模型

Backbone 中使用模型来管理基本的数据，模型中定义了数据的基本属性，如何校验，如何获取数据——与后端的服务器同步等。另外，模型还提供了“发布-订阅”模式的支持，即当模型上的数据发生变化时，可以注册对该变化的监听器，从而更新视图。

在 Backbone 中定义一个模型非常容易，只需要使用 Backbone.Model.extend 方法即可：

```
var Book = Backbone.Model.extend({
   defaults: {
      name: 'Notitle',
      author: 'Nobody',
      keywords: []
```

```
    }
});
```

这里定义了一个名字为 Book 的模型，这个模型有几个属性：书的名称，书的作者，书的相关的关键字列表。

有了这个模型，我们就可以创建一些书名的实例了，就像使用传统面向对象语言中的类一样：

```
var placeholder = new Book();
var jscp = new Book({
    name: "JavaScript Core Concepts and Practices",
    author: "Juntao Qiu",
    keywords: ["JavaScript", "Node.js"]
});

console.log(placeholder.toJSON());
console.log(jscp.toJSON());
```

将会分别打印：

```
{
    "name": "Notitle",
    "author": "Nobody",
    "keywords": []
}
```

和

```
{
    "name": "JavaScript Core Concepts and Practices",
    "author": "Juntao Qiu",
    "keywords": ["JavaScript", "Node.js"]
}
```

另外，还可以通过 get 方法来获取某个属性的值，通过 set 来修改某个属性的值：

```
console.log(placeholder.get('author'));
placeholder.set('author', 'Bill');
console.log(placeholder.get('author'));
```

每个模型都有一个 initialize 的方法，在初始化模型时，这个方法会被调用：

```
var Book = Backbone.Model.extend({
    defaults: {
```

```
        name: 'Notitle',
        author: 'Nobody',
        keywords: []
      },

      initialize: function() {
        console.log("Book is initialized");
      }
});
```

在这个方法中，我们可以注册一些事件监听器：

```
var Book = Backbone.Model.extend({
   defaults: {
      name: 'Notitle',
      author: 'Nobody',
      keywords: []
   },

initialize: function() {
   console.log("Book is initialized");
   this.on("change", function() {
   console.log("model is changed");
   })
      }
});
```

这样当模型的值发生变化时，模型本身会探测到这一变化：

```
var placeholder = new Book();
placeholder.set("name", "Python programming language");
//model is changed
```

4.2.2 视图

在 Backbone 中，用来负责操作 DOM 元素，以及绑定事件的部分被包装到了视图中，视图提供了丰富的特性来简化对用户界面的开发。定义一个视图非常容易，和定义模型非常类似，只需要调用 Backbone.View.extend 方法，然后传入一个有一定格式的 JSON 即可：

```
var BookView = Backbone.View.extend({
    tagName: "div",

    initialize: function() {
        this.render();
    },

    render: function() {
        this.$el.html("<h1>I'm book view</h1>");
        return this;
    }
});
```

tagName 属性表示该视图最后的展现会是一个 div 元素，initialize 方法会在初始化的时候被自动调用，而 render 方法就是实际的绘制。Backbone 提供了两种方式来在视图中引用自身的 DOM 元素，this.el 表示自身的 DOM 元素，而 this.$el 表示被 jQuery 包装过的 this.el。比如下面的例子中，我们可以看到 el 的用法：

```
var bv = new BookView();
console.log(bv.el);
```

这段代码会打印：

```
<div>
    <h1>I'm book view</h1>
</div>
```

如果视图只是对 DOM 的操作的包装，那还不足以展示 Backbone 的强大之处，它与数据模型结合起来才渐渐展现出 MVC 的威力，在视图中使用模型非常容易，只需要将其作为初始化参数传入即可：

```
var BookView = Backbone.View.extend({
    tagName: "div",
    initialize: function() {
        this.render();
    },
    render: function() {
        this.$el.html("<h1>"+this.model.get('name')+"</h1>");
        return this;
    }
```

```
});

var book = new Book({
name: "Python programming language"
});

var bv = new BookView({model: book});

console.log(bv.el);
```

会生成：

```
<div>
    <h1>Python programming language</h1>
</div>
```

Backbone 的一个依赖库 underscore 提供了一个简洁的模板功能，使用这个模板工具，可以很容易地将视图扩展为更加简洁清晰的形式，比如我们在页面上插入这样一段模板：

```
<scripttype="text/template" id="book-template">
    <h4 class="media-heading"><%= name %></h4>
    <p><%= author %></p>
    <% _.each(keywords, function(keyword) { %>
        <spanclass="badge"><%= keyword %></span>
    <% }); %>
</script>
```

注意此处的 script 的 type 是 text/template，遇到这种 type，浏览器不会尝试解析其中的内容，换言之，这些内容会被当作纯粹的文本，而不会展示在页面上。

"<%=" 和 "%>" 之间的内容会被动态内容替换掉，注意此处的_.each，它是 underscore 提供的迭代器，可以遍历一个列表，列表中的每个元素被取出来，并传递给一个匿名函数。

另一方面，我们在视图类中可以通过这段模板的 ID 来获取：

```
var BookView = Backbone.View.extend({
    tagName: "div",

    tmpl: _.template($('#book-template').html()),

    initialize: function() {
        this.render();
```

```
    },

    render: function() {
        this.$el.html(this.tmpl(this.model.attributes));
    return this;
    }
});
```

这样，当调用 render 的时候，Backbone 会获取模板内容，并将 model 的值传入，最后生成最终的 HTML 片段，然后插入到 this.$el 中。

在入口的 JavaScript 中，我们会有这样的代码：

```
$(function() {
    var jscp = new Book({
        name: "JavaScript Core Concepts and Practices",
        author: "Juntao Qiu",
        keywords: ["JavaScript", "Node.js"]
    });

    var view = new BookView({
        model: jscp
    });
        $("#books").html(view.el);
});
```

对应的 HTML 文档是这样的：

```
<body>
<scripttype="text/template" id="book-template">
    <h4 class="media-heading"><%= name %></h4>
    <p><%= author %></p>
<% _.each(keywords, function(keyword) { %>
    <spanclass="badge"><%= keyword %></span>
<% }); %>
</script>

<div class="container">
    <div class="row">
```

```
        <div class="col-lg-12 col-md-12" id="books"></div>
      </div>
    </div>
    <script  type="text/javascript"  src="lib/jquery/dist/jquery.min.js">
</script>
    <script   type="text/javascript"   src="lib/underscore/underscore.js">
</script>
    <script type="text/javascript" src="lib/backbone/backbone.js"></script>
    <script type="text/javascript" src="lib/bootstrap/dist/js/bootstrap.
min.js"></script>
    <script type="text/javascript" src="scripts/app.js"></script>
    </body>
```

最终效果如图 4-2 所示。

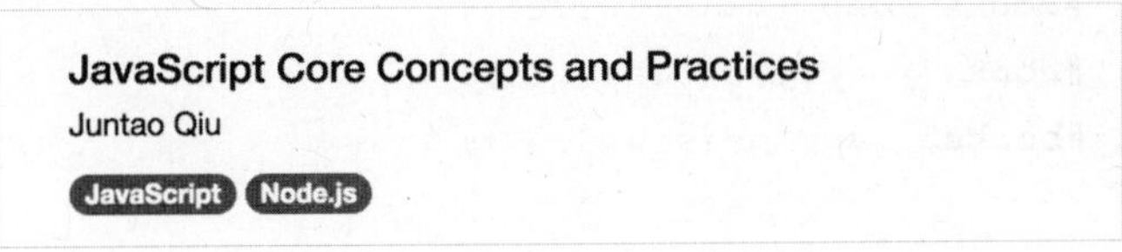

JavaScript Core Concepts and Practices
Juntao Qiu
JavaScript Node.js

图 4-2　页面上的一条书籍记录

当我们需要创建多个视图对象时，框架的作用才真正可以显现出来：

```
$(function() {
    var jscp = new Book({
        name: "JavaScript Core Concepts and Practices",
        author: "Juntao Qiu",
        keywords: ["JavaScript", "Node.js"]
     });

    var qpb = new Book({
        name: "The Quick Python Book",
        author: "Naomi R. Ceder"
    });
    var refactor = new Book({
        name: "Refactoring",
        author: "Martin Fowler",
        keywords: ["Agile", "Clean code", "Refactoring"]
```

```
    });

    var view1 = new BookView({
        model: jscp
    });

    var view2 = new BookView({
        model: qpb
    });

    var view3 = new BookView({
        model: refactor
    });

        $("#books").append(view1.el);
        $("#books").append(view2.el);
        $("#books").append(view3.el);
});
```

页面上的多条书籍记录如图 4-3 所示。

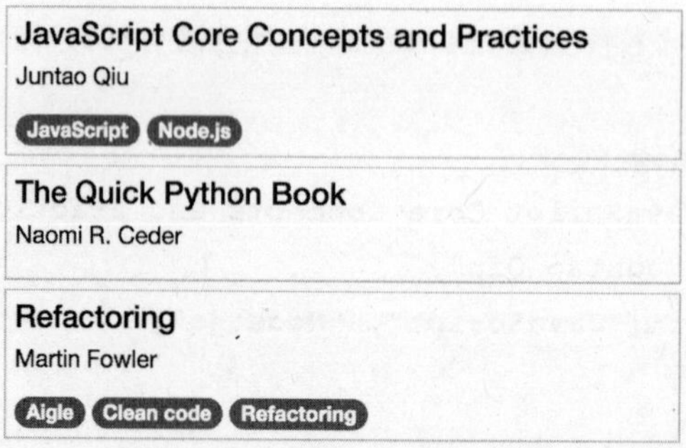

JavaScript Core Concepts and Practices
Juntao Qiu
JavaScript Node.js
The Quick Python Book
Naomi R. Ceder
Refactoring
Martin Fowler
Aigle Clean code Refactoring

图 4-3 页面上的多条书籍记录

当然，对于这种多条记录的情况，Backbone 提供了更为自然，也更加强大的方式：集合。

4.2.3 集合

集合是一组模型，很多情况下，我们都需要将模型整组地操作，比如一个书籍的列表比单独的书模型的应用场景更加广泛。集合同样可以注册对感兴趣的事件的监听等。定义一个集合非常容易，只需要指定集合中存储的模型是哪种类型即可：

```
var Books = Backbone.Collection.extend({
    model: Book
});
```

使用集合也非常容易，将一个平坦的 JSON 对象传入：

```
var books = new Books([
    {
        name: "JavaScript Core Concepts and Practices",
        author: "Juntao Qiu",
        keywords: ["JavaScript", "Node.js"]
    }, {
        name: "The Quick Python Book",
        author: "Naomi R. Ceder"
}, {
        name: "Refactoring",
        author: "Martin Fowler",
        keywords: ["Agile", "Clean code", "Refactoring"]
    }
]);
```

在视图中使用集合同样容易，我们可以定义一个新的视图 BooksView，然后在该视图中调用子视图 BookView 的 render，最后展现为完整的结果：

```
var BooksView = Backbone.View.extend({
    tagName: "ul",
    className: "media-list",
    initialize: function() {
        this.render();
    },
    render: function() {
        var view;
        this.collection.forEach(function(book) {
```

```
            view = new BookView({model: book});
            this.$el.append(view.el);
             }, this);
        }
    });
```

注意此处的 className，该属性表示创建的元素会自动添加一个名叫“media-list”的CSS类。而对应的每个子视图，我们做了一些简单的修改如下：

```
var BookView = Backbone.View.extend({
    tagName: "li",
    className: "media",
    tmpl: _.template($('#book-template').html()),
    initialize: function() {
        this.render();
     },

    render: function() {
        this.$el.html(this.tmpl(this.model.attributes));
        return this;
     }
});
```

最后，入口代码变得更加简洁：

```
$(function() {
    var books = new Books([
         {
        name: "JavaScript Core Concepts and Practices",
               author: "Juntao Qiu",
               keywords: ["JavaScript", "Node.js"]
         }, {
               name: "The Quick Python Book",
               author: "Naomi R. Ceder"
        }, {
               name: "Refactoring",
               author: "Martin Fowler",
               keywords: ["Aigle", "Clean code", "Refactoring"]
```

```
            }
        ]);

    var view = new BooksView({
        collection: books
    });

    $("#books").html(view.el);
});
```

我们还对页面上的模板做了一些修改，使得可以展示一个 64×64 像素的占位图片，如图 4-4 所示。

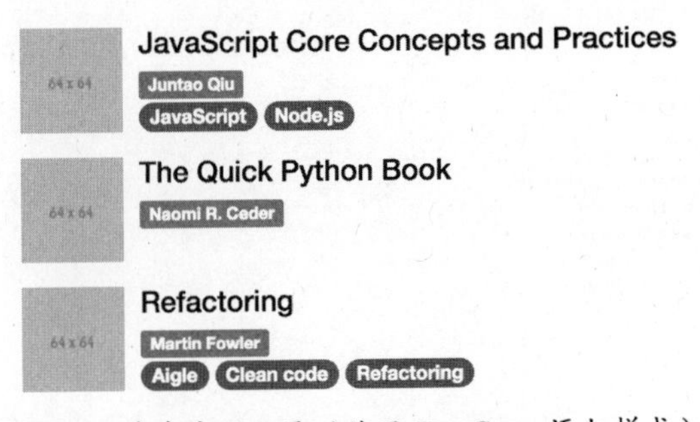

图 4-4　多条书目记录（使用 BootStrap 添加样式）

```
<scripttype="text/template" id="book-template">
    <a class="pull-left"href="#">
        <img class="media-object"src="http://placehold.it/64x64">
    </a>
    <divclass="media-body">
        <h4class="media-heading"><%=name%></h4>
        <div>
            <spanclass="label label-success"><%=author%></span>
        </div>
        <%_.each(keywords,function(keyword){%>
            <spanclass="badge"><%=keyword%></span>
        <%});%>
        </div>
</script>
```

4.2.4 与服务器交互

现实世界中，数据不可能仅仅来源于一个静态的 JavaScript 数组，大多数情况下，数据都会以 HTTP 方式从后台获取，对于这种情况，我们如何处理呢？

现在假设后台已经有了一个非常完善的服务器，你可以通过向/books 这个 URL 发送 HTTP 的 GET 请求，就可以获得一个 JSON 格式的数据，如图 4-5 所示。

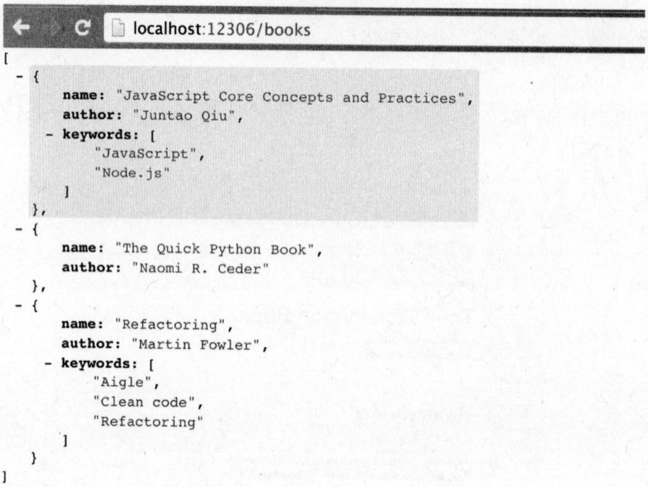

localhost:12306/books

```
[
  - {
        name: "JavaScript Core Concepts and Practices",
        author: "Juntao Qiu",
      - keywords: [
            "JavaScript",
            "Node.js"
        ]
    },
  - {
        name: "The Quick Python Book",
        author: "Naomi R. Ceder"
    },
  - {
        name: "Refactoring",
        author: "Martin Fowler",
      - keywords: [
            "Aigle",
            "Clean code",
            "Refactoring"
        ]
    }
]
```

图 4-5 后台服务提供的数据

这种情况下，我们如何使得前后台一起协同工作呢？非常简单，我们需要修改的地方仅仅只有两处，首先为 Books 集合添加一个 url 的属性，该属性指向从何处获取数据：

```
var Books = Backbone.Collection.extend({
    model: Book,
    url: "/books"
});
```

然后，在入口处，我们修改了获取数据的方式：

```
$(function() {
    var books = new Books();
    books.fetch({
        success: function(data) {
            var view = new BooksView({
                collection: data
```

```
                    });

                    $("#books").html(view.el);
                }
            });
        });
```

注意此处的 books.fetch，这个操作是一个异步操作，当获取数据之后，我们再将集合传入 BooksView 来创建视图。如果代码写成同步的方式

```
$(function() {
    var books = new Books();

    books.fetch();

    var view = new BooksView({
        collection: books
    });

    $("#books").html(view.el);
});
```

则会得到一个空白的页面，因为当创建 BooksView 视图时，数据还没有实际返回。

4.2.5 路由表

在构建较为复杂的前端应用程序时，我们往往需要在多个页面之间切换。产品列表页面中的每个条目都应该可以连接到一个详情页面，由于引用逻辑都在前端，我们就没有理由非要通过请求服务器才能完成页面的跳转。使用 Backbone.js 的路由表可以完全在客户端控制应用程序的状态，而无需真正发送请求来刷新页面。

创建路由表只需要扩展 Backbone.Router 即可，路由表本质上来说就是一张 Hash 表，键为路由，值为当匹配到该路由时需要调用的函数。

我们来创建一个简单的路由表，其中有两项规则：

```
var BookRouter = Backbone.Router.extend({
    routes: {
        "": "books",
        "about": "about",
```

```
        "search/:query": "search"
    },

    books: function() {
        var books = new Books();
        books.fetch({
                success: function(books) {
                    var view = new BooksView({
                                collection: books
                                });

                                $("#about").hide();
                                $("#books").html(view.el).show();
                        }
                });
            },
        about: function() {
                var view = new AboutView();
                $("#books").hide();
                $("#about").show();
            },

        search: function(query) {
                console.log(query);
            }
});
```

routes 中定义了一个 Hash 表，当 URL 为根路径时，调用 books 函数；当请求 about 时，调用 about 函数，最后当请求 search/时，调用 search 函数。注意此处的:query，它表示将 search/之后的字符串作为参数传递给 search 函数，参数名称为 query。

这里我们定义了一个关于页面：

```
var AboutView = Backbone.View.extend({
    el: "#about",
    tmpl: _.template($('#about-template').html()),

    initialize: function() {
```

```
        this.render();
        },

    render: function() {
        this.$el.html(this.tmpl());
        return this;
        }
});
```

模板内容为：

```
<scripttype="text/template" id="about-template">
    <h3>This is a book shelf</h3>
    <p>...</p>
</script>
```

这样当访问 index.html#/about 时，浏览器上可以看到如下的页面，如图 4-6 所示。

注意此处的 URL，哈希符（#）之后的内容浏览器不会将其发送到服务器端，而 Backbone.js 可以感知到哈希符（#）之后内容的变化，然后查找路由表，并执行相关的动作。

这样我们的入口部分代码就变成了：

```
$(function() {
    var bookRouter = new BookRouter();
    Backbone.history.start();
});
```

图 4-6 “关于”页面

Backbone.history.start()函数会启动 Backbone.js 对页面 URL 的监听。你还可以通过调用 Backbone.history.stop()来停止监听。

4.3 Angular.js

AngularJS 是另一个非常强大，非常灵活的前端 MVC 框架。AngularJS 提供双向绑定（操作数据模型会自动刷新 DOM 元素，反之亦然）、路由控制、拦截器。另外，AngularJS 对 RESTFul 的后端也有非常好的支持。

AgnularJS 的强大之处在于关注点分离。事实上这个原则贯穿在所有开发的过程中，但是 AngularJS 在机制上对关注点分离做了集成。比如 Angular 中将负责数据提供的组件抽象为 Service，页面展现则包装在指令（Directive）中，视图之间的逻辑被抽象为 Controller。所有的 DOM 操作，事件处理都会放入指令，与展现无关的逻辑放在 Service 中，而 Controller 则负责展现相关的数据组织。

4.3.1 数据双向绑定

AngularJS 支持数据的双向绑定：当 JavaScript 上的变量发生变化时，对应的 HTML 元素中的内容会发生同步更新，而 HTML 元素中的变化也会使得 JavaScript 上的变量同步更新。

一个简单的例子：

```
<!DOCTYPE HTML>
<html ng-app="SimpleApp">
<head>
    <meta charset="UTF-8">
    <title>Simple App</title>
</head>
<body>
    <div ng-controller="SimpleController">
        <input type="text" name="name" ng-model="name" />
```

```
        <span>{{name}}</span>
    </div>

    <script type="text/javascript" src="libs/angular.min.js"></script>
    <script type="text/javascript" src="scripts/app.js"></script>
    </body>
    </html>
```

这是一个典型的包含了AngularJS指令的HTML文档，粗略地看一眼，几乎就是一篇正常的HTML。但是仔细看就会发现html元素的ng-app属性，body里的第一个div的ng-controller属性，input元素的ng-model属性，以及span元素中的{{name}}。

属性ng-app定义了一个AngularJS的应用程序，它是AngularJS中顶级的对象类型。而ng-controller则定义了一个Controller，Controller上可以附带供展现的数据，也可以定义一些事件响应的函数等。AngularJS中的Controller比较轻量级，它主要负责与展现相关的一些状态信息。ng-model指定定义在Controller上的一个变量名。表达式{{name}}表示将变量name的值输出。

我们来看一下Controller的定义：

```
var app = angular.module('SimpleApp', []);

app.controller('SimpleController', ['$scope', function($scope) {
    $scope.name = "Juntao QIU";
}]);
```

第一句定义了一个AngularJS的模块，模块名为SimpleApp。然后第二行定义了一个名字叫SimpleController的Controller。注意此处的：

```
['$scope', function($scope) {
    $scope.name = "Juntao QIU";
}]
```

是AngularJS中，用来注入依赖关系的一个简写。首先它是一个数组，数组的最后一个元素是函数，在AngularJS中，这种写法表示，将数组的前几项作为依赖，当这些依赖都完成时，执行最后一项的函数，并将之前的依赖项作为参数传递给该函数。

比如此处，$scope是一个AngularJS内置的一个服务。当这个服务被找到并加载之后，执行匿名函数，并将$scope传入。

事实上，当AngularJS解析页面时，会动态地创建一个scope，并为scope的name属性赋值。这样页面上就可以获得该变量的值了，如图4-7所示。

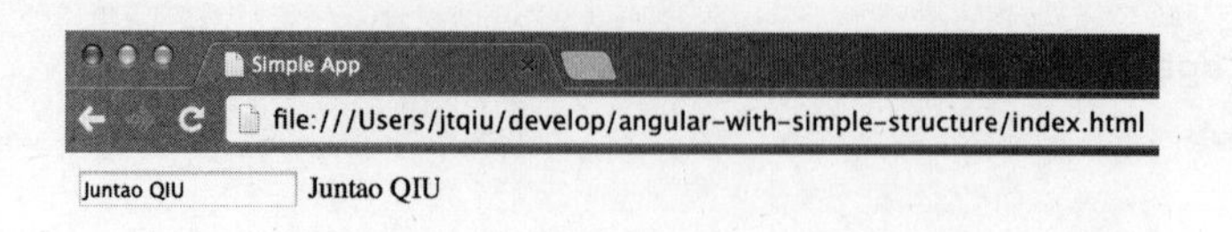

图 4-7　AngularJS 中的数据双向绑定

页面加载之后，可以看到两处的 name 的值都为 Juntao QIU。此时，如果修改输入框中的内容，则输入框后边的 span 中的文本会同时变化，如图 4-8 所示。

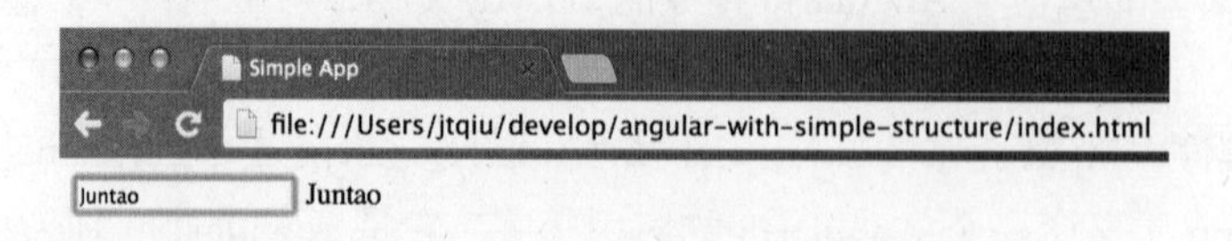

图 4-8　AngularJS 中的数据双向绑定

4.3.2　内置指令

AngularJS 内置的一些指令可以方便日常的前端开发，比如使用频率很高的 ng-repeat。ng-repeat 接受一个迭代表达式：

```
<div ng-controller="SimpleController">
    <ul ng-repeat="framework in frameworks">
        <li>{{framework}}</li>
    </ul>
</div>
```

如果对应的 Controller 中定义了 frameworks 为这样的内容：

```
$scope.frameworks= [
    'Backbone.js',
    'Angular.js',
    'Ember.js',
    'Knockout.js'
];
```

那么，ng-repeat 生成的列表，如图 4-9 所示。

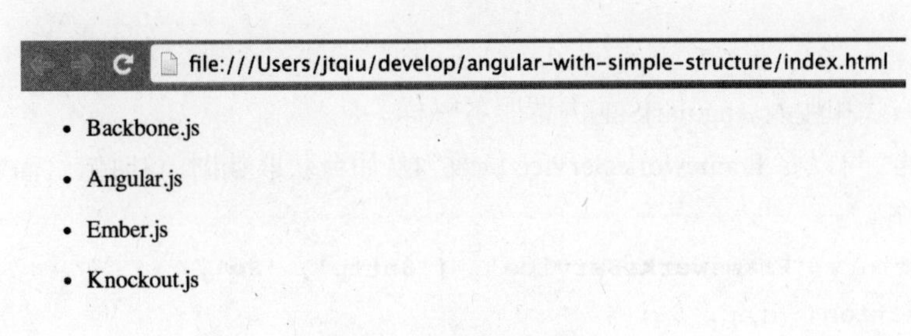

图 4-9 ng-repeat 指令

4.3.3 AngularJS 中的服务

如果一个前端应用完全不和后台交互，那么会非常无聊。AngularJS 完成与后端的交互非常容易，只需要定义一个服务（Service）即可。虽然 Service 的用途不局限在与后端交互，但是通常人们会这样做。

定义一个 Service 非常容易，和定义 Controller 类似：

```
app.factory('FrameworksService', ['$http', '$q',
    function($http, $q) {
        return {
            getFrameworks: function() {
                return [
                'Backbone.js',
                'Angular.js',
                'Ember.js',
                'Knockout.js'
            ];
            }
        };
    }]);
```

factory 是 AngularJS 支持的 Service 定义的一种。我们定义的这个 Service 名叫 FrameworksService，它依赖于$http 服务和$q 服务（当然，目前这一步还不需要），它定义了一个方法 getFrameworks，当调用时，它会返回一个静态的数组。

要在 Controller 中使用这个 Service，只需要“注入”它即可：

```
app.controller('SimpleController', ['$scope', 'FrameworksService',
    function($scope, FrameworksService) {
        $scope.frameworks = FrameworksService.getFrameworks();
```

```
}]);
```

注入的方式和注入 AngularJS 的内置服务一样。

更进一步，可以将 FrameworksService 修改为从后台获取数据，这时候就需要用到$http 服务和$q 服务：

```
app.factory('FrameworksService', ['$http', '$q',
    function($http, $q) {
        return {
            getFrameworks: function() {
                var deferred = $q.defer();

                var param = {
                    type: "client"
                };

                    $http.post('/action.do', param).success(function(result){
    deferred.resolve(result);
                    }).error(function(result) {
    deferred.reject(result);
                    });

    return deferred.promise;
                }
            };
    }]);
```

$http 服务用以向后台发送请求，并获取响应。这个与 jQuery 的 Ajax 方法非常类似。这里的$q 是 AngularJS 提供了另一个服务。用以简化异步事件的编写，$q 可以用来创建一个 defer 对象，defer 有两个状态：接受（resolve）和拒绝（reject）。这里的$http 不直接返回异步操作的结果，而是返回一个对 defer 对象的引用。这样，当实际的事件（网络请求返回）发生之后，FrameworksService 的调用者可以用一个相对优雅的方式来处理结果：

```
app.controller('SimpleController', ['$scope', 'FrameworksService',
    function($scope, FrameworksService) {
            FrameworksService.getFrameworks().then(function
(frameworks) {
                $scope.frameworks = frameworks;
```

```
        });
    }]);
```

如果采取上例中直接赋值的方式，则$scope.frameworks 会为空（因为网络调用是异步的），所以需要将赋值操作放到一个回调函数中。

这个操作模型被称为 promise 模型，简而言之，可以分为这样几步：

（1）异步请求发生时，直接返回一个 promise 对象。

（2）调用者在 promise 上调用 then。

（3）当实际的事件发生时，then 中的回调会被执行。

在测试环境中，我们无需真正创建一个后台的服务器应用程序。可以使用 moco 来快速搭建一个假的服务器。

要运行 moco，需要为其提供一个简单的配置文件：moco.conf.js

```
{
    "request": {
        "method": "post",
        "uri": "/action.do",
        "json_paths": {
            "$.type": "client"
    }
        },
        "response": {
            "status": 200,
            "file": "spec/fixtures/frameworks.json"
        }
}
```

这个配置文件定义了：对于发往/action.do 的 POST 请求中，如果请求里包含了 type=client 这样的参数，则返回状态码 200，并将 spec/fixtures/frameworks.json 的内容作为响应返回给客户端。

由于我们的前端应用需要请求后台服务，那么前端应用本身需要被托管在一个 Web 服务器上，moco 也提供静态文件的托管：

```
{
    "mount": {
        "dir": "./",
        "uri": "/"
```

```
    }
}
```

mount 指令表示将当前目录挂载（映射）为 Web 根目录，这样如果我们在项目的根目录启动 moco，则所有的 AngularJS 脚本都可以正确地寻址。

moco 的独立服务器是一个 Jar 包，可以通过下列命令来启动：

```
$ java -jar ./libs/moco-runner-1.0-SNAPSHOT-standalone.jar start \
 -p 12306 -c conf/moco.conf.json
```

启动之后，我们可以在 12306 端口来访问整个应用程序，如图 4-10 所示。

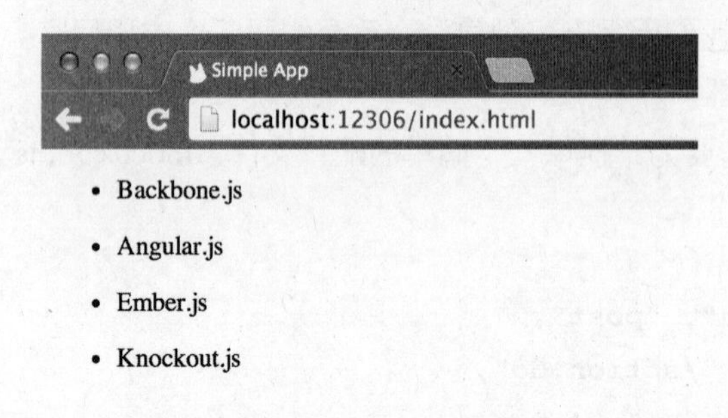

图 4–10 与 moco 集成

默认的，moco 会在控制台上打印详细的请求/响应信息，这些信息有时候会有用，但是大部分时候我们不需要看到它，因此可以通过下列命令将 moco 变为一个后台进程，这样我们就可以重用这个控制台了：

```
$ nohup java -jar $MOCO_BIN start -p 12306 -c moco.conf < /dev/null >
moco.std.log 2>&1 &
```

其中环境变量 MOCO_BIN 为 moco 的 standalone 版本的 jar 包的路径即可。这样 moco 的输出被重定向到了 moco.std.log 文件中，以备我们调试时使用。

4.3.4 与 RESTFul 的 API 集成

当后端已经有一个现成的 RESTful 的 API 时，使用 AngularJS 可以快速地搭建出一个前端应用程序。比如在第 2 章使用 Grape 搭建了一个支持 RESTful 的 API 应用，如图 4-11 所示。

localhost:9292/products

localhost:9292/products

```
[
  - {
        id: 1,
        name: "Mac Book Pro",
        price: 12345.67,
        created_at: "2014-02-04T14:04:29.712Z",
        updated_at: "2014-02-05T05:29:50.307Z",
        user_id: 1
    },
  - {
        id: 2,
        name: "iPhone 5s",
```

图4-11 与真实的RESTFul服务器集成

首先我们需要定义一个基于这个API的service：

```
app.factory('ProductsService', ['$resource', function($resource) {
    return $resource('/products', {}, {
        query: { method: 'GET', isArray: true }
    });
}]);
```

AngularJS提供的$resource服务用来与标准的RESTFul形式的API结合。比如此处的query操作，会使用GET方法来从/products获取数据，通过isArray选项来选择是否可以获取多条记录。

我们在Controller中来获取该API暴露的数据：

```
var app = angular.module('ProductsApp');
app.controller('ProductsController', ['$scope', 'ProductsService',
    function($scope, ProductsService) {
            $scope.products = ProductsService.query();
    }]);
```

对应的页面上的元素为：

```
<div ng-controller="ProductsController" class="row">
    <div ng-repeat="product in products" class="col-xs-12">
        <h4>{{product.name}}</h4>
        <span>{{product.price}}</span>
        <button>Save</button>
    </div>
</div>
```

由于我们一次性可以获取多条记录，因此使用了 ng-repeat 来迭代 products 列表，如图 4-12 所示。

Online Shop

Mac Book Pro

12345.67 Save

iPhone 5s

4567.89 Save

iPad mini 3G

3456.78 Save

图 4–12　ng-repeat 迭代 products 列表

当然，这里只是一个简单的 query 操作，我们可以很容易地将对应的服务扩展，使其支持增删查改所有操作，而使其变成一个完整的应用程序。

4.3.5　与 moko 集成

有时候，当我们做前端开发时，关注点主要集中在如何使用后端的 RESTFul 的 API 上，也就是说，我们并不想被后台的 bug 所阻塞，或者有时候当开始开发前端时，后台的服务还没有完全就绪，这时候我们就需要一个“假的”后端服务器。

moko 是一个 Ruby 的 gem，是对 moco 服务器的一个简单包装，使用 moko 可以在几分钟内搭建一个假的服务器。

安装 moko 非常容易：

```
$ gem install moko
```

安装之后，本地会有一个 mokoup 的命令：

```
$ mokoup
 Commands:
   mokoup generate          # generate moco configuration and restful resources
   mokoup help [COMMAND]  # Describe available commands or one specific command
   mokoup server          # startup the underlying moco server
```

你需要在本地目录创建一个 moko.up 的配置文件，这个文件定义了一个简单的 DSL。比如你需要暴露的 RESTFul 的 API 提供对资源 user 的访问，那么可以这样定义：

```
resource :user do |u|
  u.string :name
```

```
    u.integer :age
    u.string :type
    u.datetime :created_at
    u.datetime :updated_at
end
```

这样资源就定义好了，这时候如果执行：

```
$ mokoup generate
```

就可以生成 moco 服务器的配置文件了，然后启动 moco 服务器：

```
$ mokoup server
```

同样，如果你不想看到命令行打印的请求/响应信息，只需要带上-d 选项：

```
$ mokoup server -d
```

启动之后，我们可以通过 curl 来测试：

```
$ curl -X POST -d "{}" http://localhost:12306/users | jq .

{
    "updated_at": "2014-02-12 00:16:29 +1100",
    "created_at": "2014-02-12 00:16:29 +1100",
    "type": "default String Value",
    "arg": 1,
    "name": "default String Value"
}
```

有了后台的 API，编写 AngularJS 来访问这些 API 就变得容易多了，这些“静态”的数据可以认为是没有 bug 的真实服务器程序，后期的集成也会变得容易。

第5章 CSS框架简介

在前人工作的基础上工作是一件好事情，你可以避免很多可能犯的错误，做更少量的工作，得到更好的结果。

优秀的设计师和前端开发人员从大量项目界面中发现了很多共性，比如页面常用的布局方式，基本的组件抽象（页眉，页脚，分页器，多标签页等等），常用的色彩搭配等等。

为了避免进入一个新项目时又将这些工作重新做一遍，人们发布了很多框架。这些框架都有良好的结构，漂亮的界面，容易定制的代码，使得开发人员在一个新项目上工作时，只需要少量的修改即可得到一套完整而且漂亮的界面。

随着多种显示终端的流行，响应式界面设计成为 CSS 框架的一个必备特性，人们需要页面在不同分辨率的终端设备上都可以很好地展现。页面在大显示器上展示为大的字体，大的图片，大的列表；在平板电脑上则显示较小的字体，较小的图片，列表则被折叠起来；而在诸如手机等小屏幕上，则将会使用更小的图片，并且将很多不重要的元素隐藏起来。

目前业界已经有很多 CSS 框架，这一章将介绍其中非常优秀的两个框架：Foundation 和 Bootstrap。

5.1 Foundation 简介

Foundation 是一个非常简洁的响应式设计的 CSS 框架，它强调移动设备优先，又可以完美地运行在平板设备以及桌面上。Foundation 可以帮助设计、开发人员快速搭建原型，迅速调整布局等。

安装 Foundation 有两种方式，一种是直接下载主页上的 zip 包，然后解压使用，另一种方式是使用命令行工具安装。第二种方式更加方便，对开发人员更加友好，这里我们使用第二种方式。首先安装 Foundation 的 Gem 包：

```
$ gem install foundation
```

安装之后，可以运行 foundation 命令来创建一个新的工程：

```
$ foundation new project
```

如图 5-1 所示。

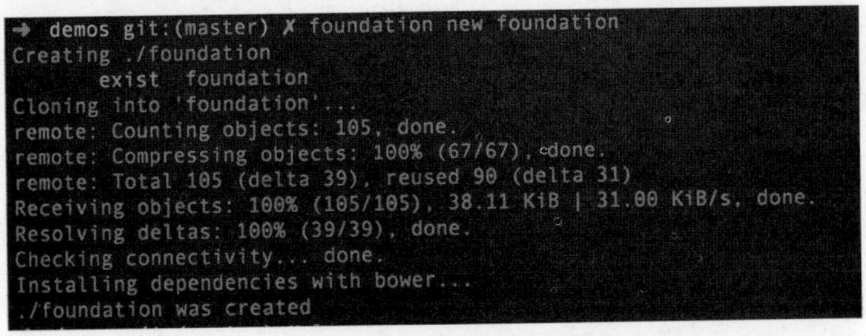

```
➜ demos git:(master) ✗ foundation new foundation
Creating ./foundation
      exist  foundation
Cloning into 'foundation'...
remote: Counting objects: 105, done.
remote: Compressing objects: 100% (67/67), done.
remote: Total 105 (delta 39), reused 90 (delta 31)
Receiving objects: 100% (105/105), 38.11 KiB | 31.00 KiB/s, done.
Resolving deltas: 100% (39/39), done.
Checking connectivity... done.
Installing dependencies with bower...
./foundation was created
```

图 5-1　使用 foundation 命令行工具创建工程

在新创建的目录中，会有很多文件，如图 5-2 所示。

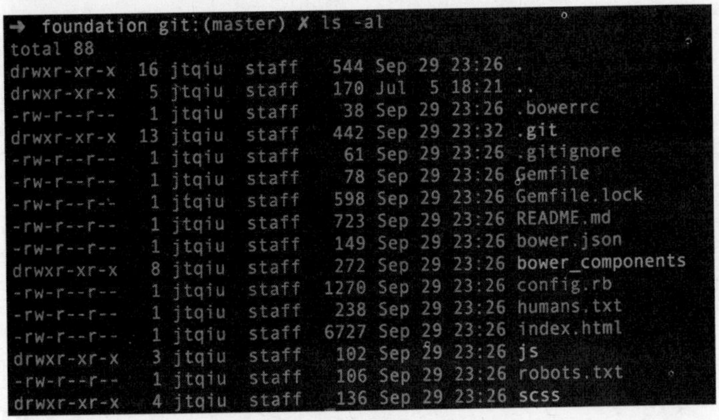

```
➜ foundation git:(master) ✗ ls -al
total 88
drwxr-xr-x  16 jtqiu  staff   544 Sep 29 23:26 .
drwxr-xr-x   5 jtqiu  staff   170 Jul  5 18:21 ..
-rw-r--r--   1 jtqiu  staff    38 Sep 29 23:26 .bowerrc
drwxr-xr-x  13 jtqiu  staff   442 Sep 29 23:32 .git
-rw-r--r--   1 jtqiu  staff    61 Sep 29 23:26 .gitignore
-rw-r--r--   1 jtqiu  staff    78 Sep 29 23:26 Gemfile
-rw-r--r--   1 jtqiu  staff   598 Sep 29 23:26 Gemfile.lock
-rw-r--r--   1 jtqiu  staff   723 Sep 29 23:26 README.md
-rw-r--r--   1 jtqiu  staff   149 Sep 29 23:26 bower.json
drwxr-xr-x   8 jtqiu  staff   272 Sep 29 23:26 bower_components
-rw-r--r--   1 jtqiu  staff  1270 Sep 29 23:26 config.rb
-rw-r--r--   1 jtqiu  staff   238 Sep 29 23:26 humans.txt
-rw-r--r--   1 jtqiu  staff  6727 Sep 29 23:26 index.html
drwxr-xr-x   3 jtqiu  staff   102 Sep 29 23:26 js
-rw-r--r--   1 jtqiu  staff   106 Sep 29 23:26 robots.txt
drwxr-xr-x   4 jtqiu  staff   136 Sep 29 23:26 scss
```

图 5-2　生成的新目录结构

这是一个简单的 Ruby 工程，其中包含了 Gemfile，我们可以执行 bundle install 来安装项目的依赖。由于这个应用默认发布的是 SCSS 格式的样式文件，所以我们需要将其预编译为 CSS 文件。完成预编译工作只需要执行：

```
$ compass compile
```

这个命令可以把 scss/目录中的 app.scss 文件编译到 stylesheets 目录中的 app.css 文件。有了这个文件，我们就可以在命令行来启动一个 HTTP 服务，并在浏览器中查看：

```
$ python -m SimpleHTTPServer 9999
```

基础元素展现页面如图 5-3 所示。

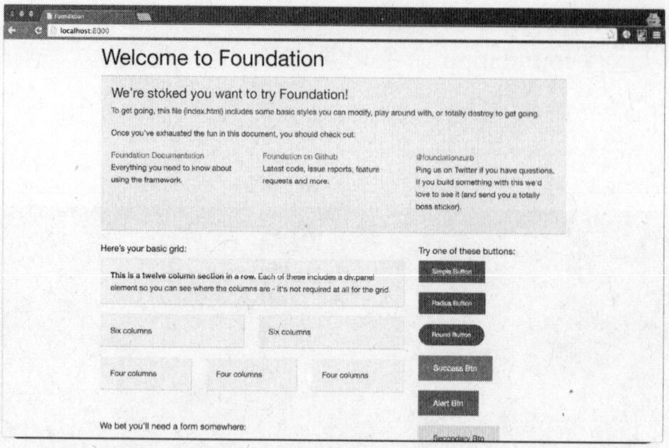

图 5-3 基础元素展现页面

首先需要学习的是 Foundation 提供的布局功能，和 BootStrap 一样，每行分为 12 列。Foundation 的 CSS 类非常语义化，读起来也非常自然：

```
<div class="row">
    <div class="large-6 medium-6 columns">
        <div class="callout panel">
            <p>Six columns</p>
        </div>
</div>
<div class="large-6 medium-6 columns">
    <div class="callout panel">
        <p>Six columns</p>
            </div>
    </div>
</div>
```

每一个行有对应的 row 作为 CSS 类，在每一个行内，类名被定义为“尺寸-列数”的格式，比如 large-6 表示当页面展示在大的屏幕时，该元素占用 6 列，而 medium-4 则表示在较小的设备中，该元素占用 4 列。

上边的片段绘制之后，看起来如图 5-4 所示。

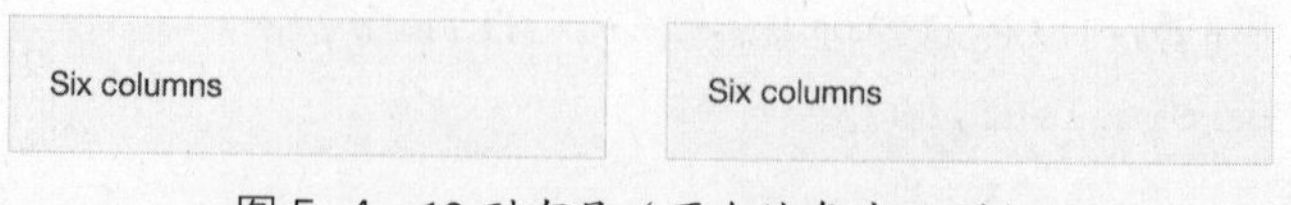

图 5-4 12 列布局（两个块各占 6 列）

如果略做修改，将布局变为第一个元素占 4 列，第二个元素占 8 列：

```
<div class="row">
    <div class="large-4 medium-6 columns">
        <div class="callout panel">
            <p>Six columns</p>
        </div>
    </div>
    <div class="large-8 medium-6 columns">
        <div class="callout panel">
            <p>Six columns</p>
        </div>
        </div>
</div>
```

则页面效果如图 5-5 所示。

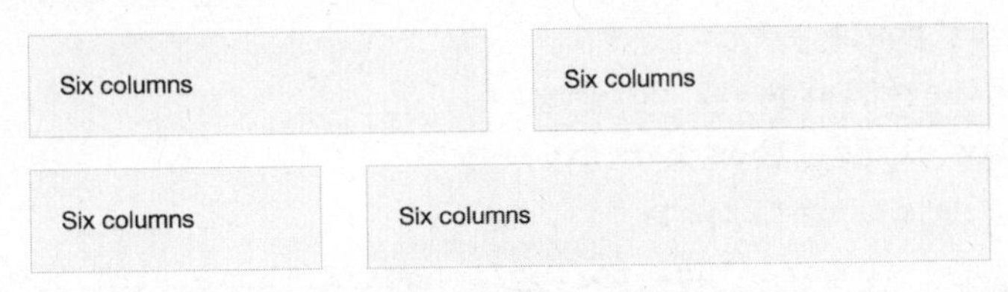

图 5–5　12 列布局（6 列-6 列和 4 列-8 列）

常用组件

Foundation 提供了比较常用的组件的包装，比如按钮、输入框、面板、列表、表单、导航栏等等。这些基础组件可以极大地简化开发者的工作量，也方便开发者很容易从头搭建一个美观、专业的页面。

按钮

按钮是最常见的页面元素之一，Foundation 对它有很好的支持。我们来看一些按钮的例子：

```
<div class="row">
    <div class="large-12 columns">
        <a href="#" class="small button">Simple Button</a>
```

```
    <a href="#" class="small radius button">Radius Button</a>
        <a href="#" class="small round button">Round Button</a>
        <a href="#" class="medium success button">Success Btn</a>
        <a href="#" class="medium alert button">Alert Btn</a>
        <a href="#" class="medium secondary button">Secondary Btn</a>
    </div>
</div>
```

如图 5-6 所示。

图 5-6 各种样式的按钮

1. 图标栏

图标栏可以用做页面上的单级菜单，也可用做工具栏。

```
<div class="row">
    <div class="large-12 columns">
        <div class="icon-bar five-up">
            <a class="item">
                <imgsrc="assets/img/images/fi-home.svg" >
                <label>Home</label>
            </a>
            <a class="item">
                <imgsrc="assets/img/images/fi-bookmark.svg" >
                <label>Bookmark</label>
            </a>
            <a class="item">
                <imgsrc="assets/img/images/fi-info.svg" >
                <label>Info</label>
            </a>
            <a class="item">
                <imgsrc="assets/img/images/fi-mail.svg" >
                <label>Mail</label>
            </a>
            <a class="item">
```

```
                <imgsrc="assets/img/images/fi-like.svg" >
                <label>Like</label>
            </a>
        </div>
    </div>
</div>
```

渲染效果如图 5-7 所示。

图 5-7 横向排列的图标栏

Foundation 还提供选项可以将图标栏以垂直方式布局，如图 5-8 所示。

图 5-8 纵向排列的图标栏

要做到这一点只需要为整个图标栏加上一个 vertical 的类即可：

```
<div class="icon-bar vertical five-up">
...
</div>
```

2. 走马灯

走马灯/画廊是一个非常常见的组件，大多数网站会用它来展示多个产品，通常是一些拍摄得非常吸引人的图片，每隔数秒，图片都会切换一次，而且用户可以自己点击来查看图片。在 Foundation 中实现这种效果需要使用 orbit 类。

只需要找出合适的图片，然后定义如下结构的 HTML 即可：

```
<div class="row">
    <div class="large-6 columns">
        <ul class="example-orbit" data-orbit>
            <li>
                <imgsrc="images/cube-resized.jpg" alt="cube" />
                <div class="orbit-caption">
                        Cube
                </div>
            </li>
            <liclass="active">
                <imgsrc="images/clover-resized.jpg" alt="clover" />
                <div class="orbit-caption">
                        Clover
                </div>
            </li>
            <li>
                <imgsrc="images/light-resized.jpg" alt="light" />
                <div class="orbit-caption">
                        Light
                </div>
            </li>
        </ul>
    </div>
</div>
```

走马灯效果如图 5-9 所示。

图 5-9 走马灯效果

另一个相关的有趣的特性是可缩放的视频，使用 Foundation 的 flex-video 包装起来的视频会根据浏览器尺寸自动调节画面，比如：

```
<divclass="flex-video">
    <iframewidth="420" height="315" src="//localhost/~jtqiu/
     bossgao/index. html" frameborder="0" allowfullscreen></iframe>
</div>
```

这样，即使页面缩小到比较小的页面，也可以看到完整的视频，如图 5-10 所示。

图 5-10 可缩放的视频

3. 块网格（block-grid）

很多时候，我们需要展现很多重复的块，比如多张图片、多个产品的描述等。又需要将这些块根据不同的屏幕尺寸进行不同的排列，那么就可以使用 Foundation 提供的块网格来实现。

```
<div class="row">
    <div class="large-12 columns">
```

```
        <ul class="small-block-grid-3 medium-block-grid-4 large-block-
         grid-5">
            <li><img src="images/cube-resized.jpg" /></li>
            <li><img src="images/leaf-resized.jpg" /></li>
            <li><img src="images/luban-resized.jpg" /></li>
            <li><img src="images/light-resized.jpg" /></li>
            <li><img src="images/umbrella-resized.jpg" /></li>
        </ul>
    </div>
</div>
```

上面这个列表中有5张图片，当屏幕较大时，我们可以展示5张图片，如图5-11所示。

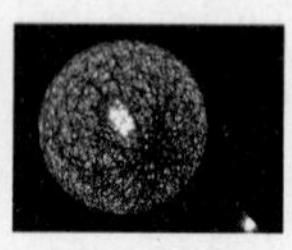

图5-11 大屏幕下的块网格

而缩小屏幕，则每行显示4张，另外一个换行显示，如图5-12所示。

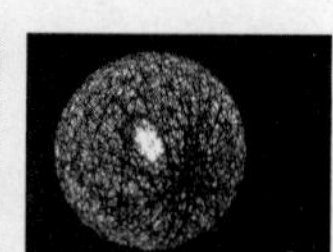

图5-12 较小屏幕下的块网格

继续缩小，每行显示三张，另外两个换行显示，如图5-13所示。

图5-13 小屏幕下的块网格

5.2 BootStrap 简介

Bootstrap 是 Twitter 推出的一个开源框架，也是目前最为流行的 CSS 框架。使用 Bootstrap 可以让开发人员在很短的时间内搭建出非常专业的界面。

Bootstrap 可以通过 bower 来安装：

```
$ bower install bootstrap
```

下载的包中包含了这样一些文件，如图 5-14 所示。

```
➜ bootstrap git:(master) ✗ tree src/vendor/bootstrap/dist
src/vendor/bootstrap/dist
├── css
│   ├── bootstrap-theme.css
│   ├── bootstrap-theme.css.map
│   ├── bootstrap-theme.min.css
│   ├── bootstrap.css
│   ├── bootstrap.css.map
│   └── bootstrap.min.css
├── fonts
│   ├── glyphicons-halflings-regular.eot
│   ├── glyphicons-halflings-regular.svg
│   ├── glyphicons-halflings-regular.ttf
│   └── glyphicons-halflings-regular.woff
└── js
    ├── bootstrap.js
    └── bootstrap.min.js
```

图 5-14 基本文件布局

其中，css 目录中包含了 bootstrap 定义的基本样式以及主题样式，fonts 目录中是一些字体图标，默认样式中的很多小图标其实就是使用这些字体的特殊字符渲染的。

打开该字体文件，可以看到其中的内容正是一个个图标，如图 5-15 所示。

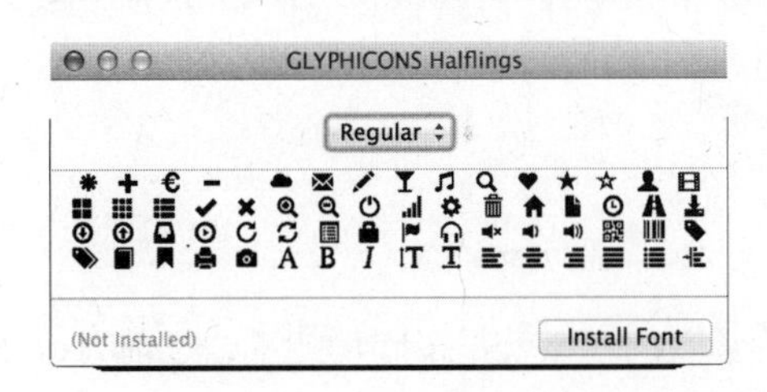

图 5-15 子图图标

这种图标使得页面可以无限制放大，而不会产生模糊。js 目录中是 JavaScript 代码，Bootstrap 中的一些效果，比如下拉菜单等，需要 JavaScript 的支持。

将 Bootstrap 加入到页面非常容易，只需要引入 CSS 和对应的 JavaScript 即可：

```
<!DOCTYPE HTML>
<html>
<head>
    <meta charset="utf-8">
    <meta http-equiv="content-type" content="text/html; charset=utf-8" />
    <meta http-equiv="X-UA-Compatible" content="IE=edge">
    <meta name="viewport" content="width=device-width, initial-scale=
1">
    <title>Page title</title>
    <link rel="stylesheet" href="src/vendor/bootstrap/dist/css/bootstrap.
css" />
</head>
<body>
    <div class="container">
    </div>

<script src="src/vendor/jquery/dist/jquery.js" type="text/javascript">
</script>
<script src="src/vendor/bootstrap/dist/js/bootstrap.js" type="text/
javascript"> </script>
</body>
</html>
```

我们在文件头部引入了bootstrap.css，在底部引入了JavaScript代码，然后就可以在body中使用 Bootstrap 来样式化我们的界面了。

5.2.1 布局

CSS 框架中使用最为频繁的应该就是布局功能了，之前有很多 CSS 框架使用的是 960 网格布局（12 列）方式，这也是众多设计师从长期的工作中找到的一种非常灵活易用的网格系统。

基本上来说，这种布局方式定义页面的宽度为 960 像素，然后页面分为 12 列，每一列为 60 像素，列之间的空白为 20 像素，而两边分别有 10 像素的空白。在这种布局方式下，页面可以很容易地分为 6-6（左右各一半）、7-5（左边占 7，右边占 5）、8-4、9-3 等划分，而只要页面上的其他元素也按照这种方式计算，则元素自然是对齐的，如图 5-16 所示。

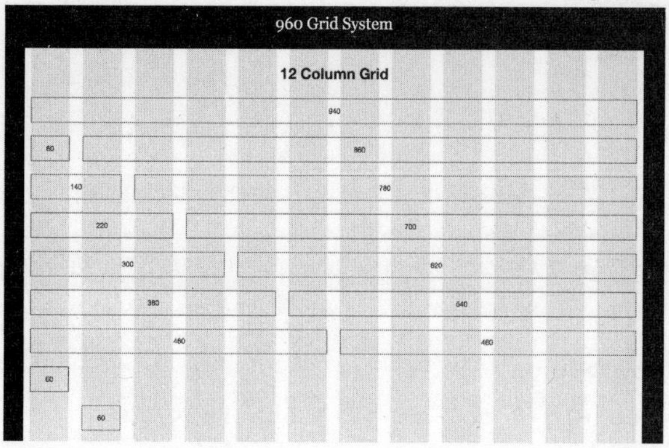

图 5-16 960 网格布局

在 Bootstrap 中，每一行也分为 12 列，行由 CSS 的类 row 来表示，然后列由 col-size-number 形式来表示，比如 col-sm-6 表示在小屏幕下，该元素占 6 列，而 col-lg-8 则表示在大屏幕中该元素占 8 列，以此类推。

比如我们要在页面上的一行并列展示 4 个元素，则可以使用这样的代码：

```
<div class="row">
    <p class="col-lg-3">Bootstrap</p>
    <p class="col-lg-3">Bootstrap</p>
    <p class="col-lg-3">Bootstrap</p>
    <p class="col-lg-3">Bootstrap</p>
</div>
```

绘制在页面上如图 5-17 所示。

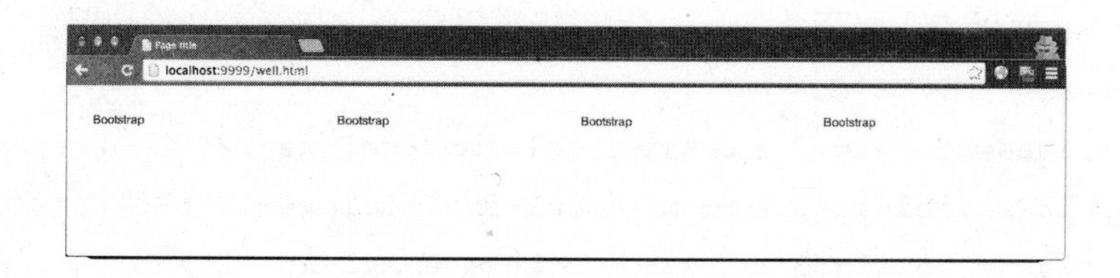

图 5-17 4 个三列的段落元素

这时候，如果缩小窗口，则界面会自动变化为一列一条，如图 5-18 所示。

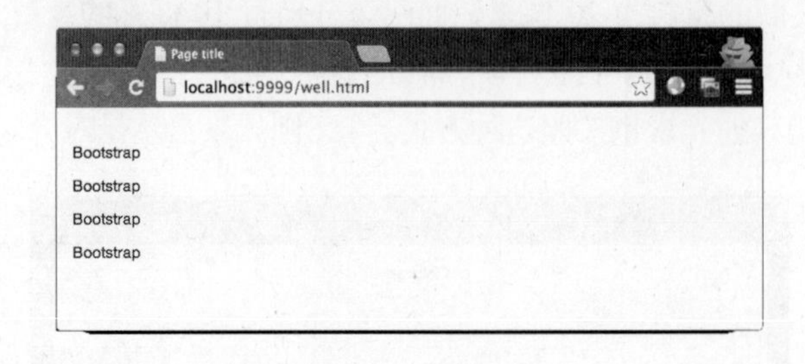

图 5-18 缩小窗口之后，每行均占用 12 列

我们当然不愿意看到这样的极端情况，因此可以使用这样的代码来完成响应式的设计：

```
<div class="row">
    <p class="col-lg-3 col-md-4">Bootstrap</p>
    <p class="col-lg-3 col-md-4">Bootstrap</p>
    <p class="col-lg-3 col-md-4">Bootstrap</p>
    <p class="col-lg-3 col-md-4">Bootstrap</p>
</div>
```

这样，当页面缩小为较小尺寸时，页面元素会自动调整自己的位置，如图 5-19 所示。

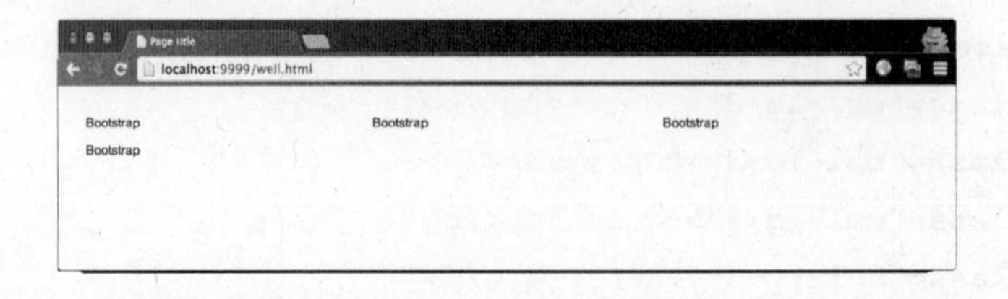

图 5-19 响应式的段落布局

同样，我们可以为小屏幕（col-sm-*）和极小屏幕（col-xs-*）分别配置：

```
<div class="row">
    <p class="col-lg-3 col-md-4 col-sm-6 col-xs-12">Bootstrap</p>
    <p class="col-lg-3 col-md-4 col-sm-6 col-xs-12">Bootstrap</p>
    <p class="col-lg-3 col-md-4 col-sm-6 col-xs-12">Bootstrap</p>
    <p class="col-lg-3 col-md-4 col-sm-6 col-xs-12">Bootstrap</p>
</div>
```

5.2.2 常用组件

Bootstrap 不但提供了极为方便的布局支持，而且提供了非常多的常用组件，比如页眉页脚、走马灯、表单、导航栏、分页器、进度条等等。这些元素都非常容易使用，大部分仅仅需要标记为某个 CSS 的类即可。

1. 分页器

当页面元素太多时，我们需要分页显示。分页器在 Bootstrap 中非常容易实现：

```
<ul class="pagination">
    <li><a href="#">&laquo;</a></li>
    <li><a href="#">1</a></li>
    <li><a href="#">2</a></li>
    <li><a href="#">3</a></li>
    <li><a href="#">4</a></li>
    <li><a href="#">5</a></li>
    <li><a href="#">&raquo;</a></li>
</ul>
```

展现在页面上的效果如图 5-20 所示。

图 5-20 分页器效果

如果要禁用某个页签，比如当前为第一页，向前的按钮不可用，只需要为该元素加上 disabled 的类即可：

```
<li class="disabled"><a href="#">&laquo;</a></li>
<li><a href="#">1</a></li>
<li class="disabled"><a href="#">2</a></li>
```

这样当鼠标移动到该元素之上时，鼠标会显示为一个不可点击的图标。

2. 缩略图

缩略图是一个常用的表示横向列表的组件，比如展示同类产品的页面，如图 5-21 所示。

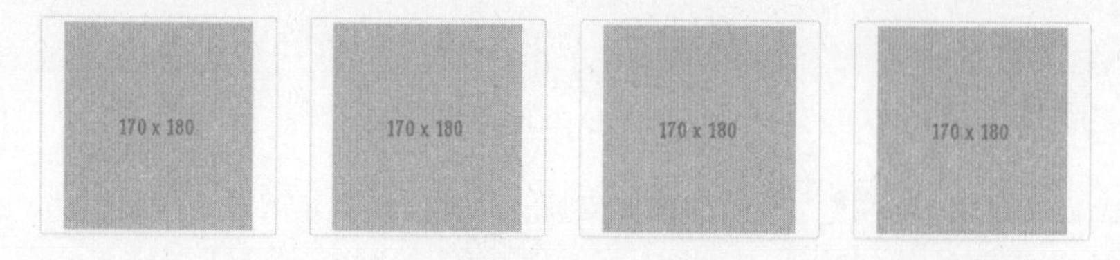

图 5-21 缩略图效果

代码如下：

```
<div class="row">
    <div class="col-lg-3 col-md-3">
        <a href="#" class="thumbnail">
            <img src="http://placehold.it/170x180" alt="170x180">
        </a>
    </div>
    <div class="col-lg-3 col-md-3">
        <a href="#" class="thumbnail">
            <img src="http://placehold.it/170x180" alt="170x180">
        </a>
    </div>
    <div class="col-lg-3 col-md-3">
        <a href="#" class="thumbnail">
            <img src="http://placehold.it/170x180" alt="170x180">
        </a>
    </div>
    <div class="col-lg-3 col-md-3">
        <a href="#" class="thumbnail">
            <img src="http://placehold.it/170x180" alt="170x180">
        </a>
    </div>
</div>
```

注意此处的图片的 src 属性，我们指向了一个专门提供图片占位符的服务，只需要指定图片的尺寸：以“宽度×长度”的格式，就可以得到一张缩略图，比如访问地址：http://placehold.it/320×100 会得到如图 5-22 所示的效果。

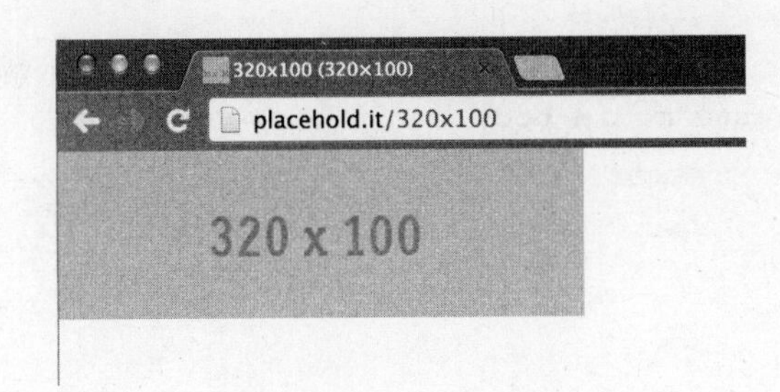

图 5-22 占位图片服务

当然，缩略图略经修改，就可以变为一个产品卡，如图 5-23 所示。

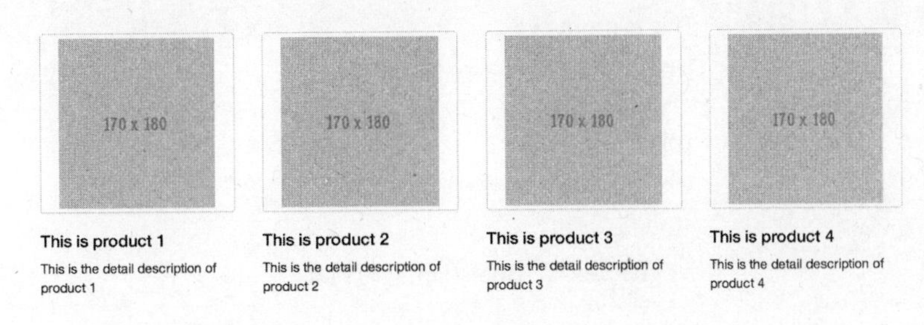

图 5-23 多个占位符组成的产品页面

代码非常简单，对于每一个条目，我们添加了一个抬头和一个简短的描述信息：

```
<div class="col-lg-3 col-md-3">
   <a href="#" class="thumbnail">
      <img src="http://placehold.it/170x180" alt="170x180">
   </a>
   <h4>This is product 1</h4>
   <p>This is the detail description of product 1</p>
</div>
```

3. 实体元素

实体元素是另外一种用以展示同类元素的组件，比如 Gtalk 中的联系人列表，邮件中的邮件列表等，在 Bootstrap 很容易实现实体元素，如图 5-24 所示。

实现列表在 Bootstrap 中也非常容易，只需要将列表元素定义在 HTML 的列表中即可：

```
<ul class="media-list">
   <li class="media">
      <a class="pull-left" href="#">
         <!-- image -->
```

```
        </a>
        <div class="media-body">
            <!-- content -->
        </div>
    </li>
</ul>
```

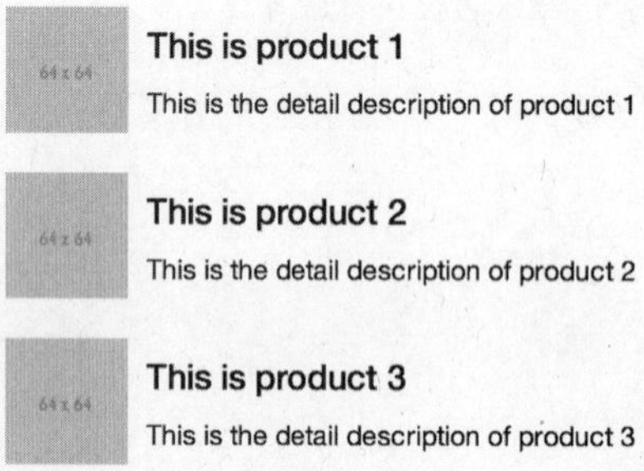

This is product 1
This is the detail description of product 1
This is product 2
This is the detail description of product 2
This is product 3
This is the detail description of product 3

图 5-24 Bootstrap 中的列表

image 部分填写一个图片描述，content 部分可以是任意复杂的 HTML 片段，事实上 Bootstrap 只是保证将图片显示在左边，内容显示在右边而已。图 5-24 对应的代码为：

```
<ul class="media-list">
    <li class="media">
        <a class="pull-left" href="#">
            <img  class="media-object"  src="http://placehold.it/64x64"
alt="64x64">
            </a>
        <div class="media-body">
            <h4>This is product 1</h4>
            <p>This is the detail description of product 1</p>
        </div>
    </li>
    <!---->
</ul>
```

4. 列表

一个最简单的列表只需要包含本身的文字即可，为 ul 元素加上 list-group 类，然后 li 元素加上 list-group-item 类：

```
<ul class="list-group">
    <li class="list-group-item">Inbox</li>
    <li class="list-group-item">Very Important</li>
    <li class="list-group-item">Already Sent</li>
    <li class="list-group-item">Draft</li>
    <li class="list-group-item">Junk Mails</li>
</ul>
```

列表效果如图 5-25 所示。

图 5-25 列表效果

而事实上列表元素的内容区完全可以是任何其他内容，比如添加一些标签和徽标，如图 5-26 所示。

图 5-26 加入徽标和标签的列表

```
<ul class="list-group">
    <li class="list-group-item">
        <span class="badge">32</span>Inbox
    </li>
    <!--...-->
    <li class="list-group-item">Already Sent
        <div class="pull-right">
```

```
                <span class="label label-danger">Already Sent</span>
            </div>
        </li>
        <!--...-->
    </ul>
```

5. 表单

表单应该算是应用最为广泛的组件了。几乎所有的 Web 应用上都会有一些表单：用户注册、用户登录、商品信息录入、将细节分享给好友、高级搜索等。

使用 Bootstrap 可以快速而轻松地创建很漂亮的表单，如图 5-27 所示。

图 5-27　多个输入框组成的表单

表单中的输入框（input）元素，当焦点切换到表单中的 input 元素上之后，整个框会高亮起来。

```
<form role="form">
    <div class="form-group">
        <label for="username">Your Name</label>
        <input   type="email"   class="form-control"   id="username"
placeholder="Name">
    </div>
    <div class="form-group">
        <label for="password">Password</label>
        <input  type="password"  class="form-control"  id="password"
placeholder= "Password">
    </div>
    <div class="form-group">
        <label for="password-confrim">Confrim Password</label>
```

```
            <input          type="password"          class="form-control"
id="password-confrim" placeholder="Password">
        </div>
        <div class="checkbox">
            <label>
                <input type="checkbox"> Remember me for 2 weeks
            </label>
        </div>
        <button type="submit" class="btn btn-primary">Submit</button>
    </form>
```

另一方面，如果输入有非法值，input 元素还可以很容易地通过不同的颜色来标注为非法。比如一个长度不够的密码输入框，当该元素失焦之后，可以通过设置 has-error 类来标注这个错误：

```
    <div class="form-group has-error">
        <label for="password">Password</label>
        <input    type="password"    class="form-control"    id="password"
placeholder= "Password">
    </div>
```

效果如图 5-28 所示。

Your Name

Name

Password

Password

图 5-28 高亮的输入框

6. 表格

表格元素是最基本的元素之一，可以将多条类似的记录以直观的形式展现出来。Bootstrap 对表格的支持也非常全面，最基本的用法就是给 table 元素加上 table 类：

```
    <table class="table">
        <thead>
            <tr>
                <th>Framework</th>
                <th>Vendor</th>
```

```
                <th>Responsive</th>
                <th>Less/Sass Support</th>
                <th>license</th>
            </tr>
            </thead>
            <tbody>
                <tr>
                    <td>Foundation</td>
                    <td>ZURB</td>
                    <td>Yes</td>
                    <td>Yes</td>
                    <td>MIT</td>
                </tr>
                <tr>
                    <td>Bootstrap</td>
                    <td>Twitter</td>
                    <td>Yes</td>
                    <td>Yes</td>
                    <td>MIT</td>
                </tr>
                <tr>
                    <td>Semantic-ui</td>
                    <td>Twitter</td>
                    <td>Yes</td>
                    <td>Kind of</td>
                    <td>MIT</td>
                </tr>
        </tbody>
    </table>
```

Bootstrap 会设置基本的属性，比如去掉边框，调整下边框的线条粗细等，如图 5-29 所示。

Framework	Vendor	Responsive	Less/Sass Support	license
Foundation	ZURB	Yes	Yes	MIT
Bootstrap	Twitter	Yes	Yes	MIT
Semantic-ui	Twitter	Yes	Kind of	MIT

图 5-29 基本表格样式

当表格中的数据稍微多一些的时候，加上不同背景色的条纹会更加易读，这时候只需要为 table 添加一个新的类 table-striped 即可，如图 5-30 所示。

Framework	Vendor	Responsive	Less/Sass Support	license
Foundation	ZURB	Yes	Yes	MIT
Bootstrap	Twitter	Yes	Yes	MIT
Semantic-ui	Twitter	Yes	Kind of	MIT

图 5-30 带有条纹的表格样式

这里列出的组件只是 Bootstrap 提供的强大组件集合中的一小部分，其余的组件我们在用到的时候再做进一步的介绍。

第6章 客户端测试框架

从软件的最终交付的角度来看，软件测试是最重要的开发技能之一。如果代码不经过验证，那谁又有信心将其发布呢？

前端之所以称之为前端，就是因为它在部署中处在整个系统的最前端，它是用户与系统交互的接口，如果系统有任何错误或者异常，总是要通过前端展现出来的。所以对前端代码的测试就显得更加重要。

6.1 Jasmine 简介

Jasmine 是一个 JavaScript 的 BDD（行为驱动开发，Behavior Driven Development）测试框架。它在代码编写上与 Ruby 的 RSpec 非常类似，用 Jasmine 运行的测试代码看起来是这样的：

```
describe("Book list", function() {
    it("should return empty if none matches", function() {
        //...
        });

    it("should return matched items", function() {
        $("#query").val("JavaScript");
        $("#search").click();

        expect($("#results").find("li")).toEqual(5);
    });
});
```

这样的测试代码直接可读，不熟悉代码的人可以从类似于注释一样的文本中获得足够的说明，从而理解代码的逻辑。事实上，使用 Jasmine 的 HTML 插件，在运行时会生成 HTML 报表，可以非常清晰地看到哪些功能通过了测试，哪些没有，以及错误发生的原因。

这里先简单介绍一下 Jasmine 中的一些基本概念，在随后的章节中我们会使用 Jasmine 编写前端测试代码。

Jasmine 中，测试用例被组织成测试套件。简而言之，就是把相关的测试归为一组，比如测试登录页面的逻辑就应该放在一个套件中：

```
describe("login page", function() {
//...
});
```

在每一个套件中，需要编写一个个特定用例：

```
describe("login page", function() {
    it("should show error when no password given", function () {

    });

    it("should enable login button after validation", function() {

   });
});
```

注意这里的 describe 和 it 函数的第一个参数中的字符串只是说明性的文字，不会影响代码的运行。但是一个好测试一定要注意这些文字的编写，这样一旦发生错误就可以快速定位，而且可以立刻得知这个错误会影响哪些功能点。

6.1.1 Spy 功能

作为一个完善的测试框架，Jasmine 除了基本的断言和用例的支持外，它提供更为强大的 spy 功能。

比如实际代码中有对外部应用的依赖：

```
var realBusiness = function(callback) {
    $.ajax({
      url: 'business.do',
            success: function(data) {
```

```
            callback(data);
        }
    })
};

realBusiness(function(list) {
    $('#map').html(list);
});
```

RealBusiness 函数依赖于后台的 business.do，它会发送请求到 business.do，得到数据之后回到传入的 callback 来更新 id 为 map 的 DOM 元素的内容。

但是在测试中，我们肯定不期望真正发送这个请求，因为后台未必实时都是就绪的，并且后台的依赖也可能不能实时满足（比如数据库中没有数据）。这时候可以使用 spy 来解决这个问题：

```
describe('realBuesiness', function() {
    it('should send request to server', function() {
        spyOn($, 'ajax');
        realBusiness(undefined);
        expect($.ajax).toHaveBeenCalled();
    });
});
```

此处 spy 在$.ajax 上，那么在后边的代码中，无论何处调用$.ajax，jasmine 都不会真实地调用 ajax，而是调用这个 spy，并且会记录所有的调用记录。

因此这里可以预期$.ajax 被调用了（toHaveBeenCalled）。当然，仅仅被调用了还不足以说明程序的正确性，因此 jasmine 提供了更多的方法：

```
it('should call callback when success', function() {
var callback = function() {};
    spyOn($, 'ajax').andCallFake(function(e) {
        e.success({});
    });
    realBusiness(callback);
    expect($.ajax.mostRecentCall.args[0].url).toEqual('business.
     do');
});
```

6.1.2 自定义匹配器

这一小节我们来看一个实例：如何自定义一个匹配器，以及匹配器是如何使得代码的可读性更高，更容易理解。

JSONPath 是类似于 XPath 的一种表达式，用来定位 JSON 中的一个或者一组节点，比如对于这样的一个对象：

```
obj= {
languages: [
        {
            type: "Dynamic",
            samples: ["Ruby", "Python"]
        },
        {
            type: "Static",
            samples: ["Java", "C"]
        },
        {
            type: "Dynamic",
            samples: ["JavaScript"]
        }
    ]
 };
```

对应的 JSONPath：

```
$.languages[?(@.type=="Dynamic")]
```

表示，从 languages 数组中，找到 type 为 Dynamic 的节点，可以看到，这个表达式会找到两个节点。

我们来编写一个自定义的匹配器，以方便写出这样的代码：

```
it("should be able to deteming a path is existing", function() {
    expect(obj).toHasJsonPath('$.languages[0].type');
    expect(obj).toHasJsonPath('$.languages[?(@.type=="Static")]');
});
```

在 Jasmine 中完成这个操作很容易，只需要在所有的测试之前调用 addMatchers 即可：

```
    beforeEach(function () {
        this.addMatchers({
            toHasJsonPath: function (path) {
                var actual = this.actual;
                var result = jsonPath(actual, path);

            this.message = function () {
                return 'Expected ' + JSON.stringify(actual, null, 2) + ' to
has path ' + path;
                };

            return result || result === null;
            }
        });
    });
```

这样，在实际执行每个测试用例时，toHasJsonPath 这个匹配器已经被定义好了。注意在匹配器中，我们可以通过 this.actual 来引用传入的那个对象。比如：

```
expect(obj).toHasJsonPath('$.languages[0].type');
```

obj 就是这个的 this.actual。而如果出错的话，可以定义一个 this.message 的函数，这个函数通常打印详细的错误信息，如图 6-1 所示。

```
PhantomJS 1.9.7 (Mac OS X) jasmine jsonpath should be al
        Expected {
          "type": "build"
        } to has path $.languages[0].type
PhantomJS 1.9.7 (Mac OS X): Executed 5 of 5 (1 FAILED)
```

图 6-1 控制台中打印的错误提示

最后，匹配器需要返回一个 boolean 值，表示是否匹配。

6.2 Mocha

Mocha 是另一个测试框架，它对异步事件测试的支持更好，也更简单。Mocha 是一个基于 Node.js 的模块，也就是说，你的本地机器上需要安装 Node.js。

如果是 Mac OSX，安装过程十分简单：

```
$ brew install node
```

如果是 Linux，可以通过安装预编译包，或者源代码编译的方式。但是一般来说，预编译包的版本都会比较低，所以推荐使用源码编译的方式安装。安装完成之后，你会得到一个 npm 的可执行脚本。npm 是 Node 的包管理器（Node Package Manager），用来安装基于 Node 的程序包。

可以通过 npm 来安装 mocha：

```
$ npm install mocha
```

Mocha 通常会和 Chai 搭配使用，Chai 是一个断言库，它使得测试用例在语法上更易读。Chai 也是一个 Node.js 模块，同样使用 npm 安装：

```
$ npm install chai
```

安装之后，我们就可以在本地建立一个测试环境来进行测试。

6.2.1 Mocha 的基本用法

首先创建源代码目录和测试目录：

```
$ mkdir -p src
$ mkdir -p test
```

然后编写测试和源代码。我们这里举一个很简单的例子来查看如何运行 mocha，并生成 HTML 格式的报告。

首先可以定义一个 HTML 文档，其中包含了 mocha.css 样式文件，mocha.js 以及 chai.js 文件：

```
<html>
<head>
    <meta charset="utf-8">
    <title>Mocha Tests</title>
    <link rel="stylesheet" href="node_modules/mocha/mocha.css" />
</head>
<body>
    <div id="mocha"></div>
<script src="node_modules/mocha/mocha.js"></script>
<script src="node_modules/chai/chai.js"></script>
```

```
<script>
    mocha.setup('bdd');
    mocha.reporter('html');
</script>
<!-- Tests -->
<script src="src/calc.js"></script>
<script src="test/calc-spec.js"></script>
<script>
    mocha.run();
</script>
</body>
</html>
```

注意此处的 node_modules 目录就是 npm 安装完 mocha 和 chai 生成的目录。在中间的 script 标签中，我们加载了 src/calc.js 和 test/calc-spec.js 文件，calc.js 为计算器的实现，calc-spec.js 为测试代码。

其中，calc-spec.js 的代码如下：

```
var expect = chai.expect;
describe("Calculator", function() {
    it("should return 5 when add 2 and 3", function() {
        var calc = new Calculator();
        expect(calc.add(2, 3)).to.equal(5);
    });

    it("should return -1 when sub 2 and 3", function() {
        var calc = new Calculator();
            expect(calc.sub(2, 3)).to.equal(-1);
        });
});
```

其实，如果不是第一行的 expect，这个测试看起来和 Jasmine 别无二致。Mocha 会根据执行情况生成报告，如图 6-2 所示。

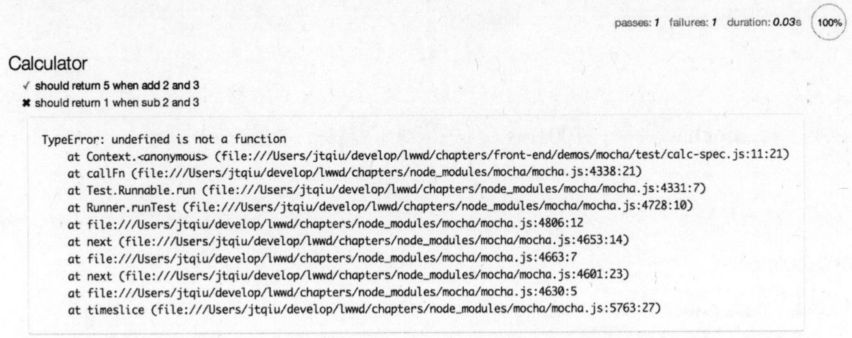

passes: 1 failures: 1 duration: 0.03s 100%

Calculator

✓ should return 5 when add 2 and 3

✖ should return 1 when sub 2 and 3

```
TypeError: undefined is not a function
    at Context.<anonymous> (file:///Users/jtqiu/develop/lwwd/chapters/front-end/demos/mocha/test/calc-spec.js:11:21)
    at callFn (file:///Users/jtqiu/develop/lwwd/chapters/node_modules/mocha/mocha.js:4338:21)
    at Test.Runnable.run (file:///Users/jtqiu/develop/lwwd/chapters/node_modules/mocha/mocha.js:4331:7)
    at Runner.runTest (file:///Users/jtqiu/develop/lwwd/chapters/node_modules/mocha/mocha.js:4728:10)
    at file:///Users/jtqiu/develop/lwwd/chapters/node_modules/mocha/mocha.js:4806:12
    at next (file:///Users/jtqiu/develop/lwwd/chapters/node_modules/mocha/mocha.js:4653:14)
    at file:///Users/jtqiu/develop/lwwd/chapters/node_modules/mocha/mocha.js:4663:7
    at next (file:///Users/jtqiu/develop/lwwd/chapters/node_modules/mocha/mocha.js:4601:23)
    at file:///Users/jtqiu/develop/lwwd/chapters/node_modules/mocha/mocha.js:4630:5
    at timeslice (file:///Users/jtqiu/develop/lwwd/chapters/node_modules/mocha/mocha.js:5763:27)
```

图 6-2 Mocha 的页面输出

这个失败的用例是因为 sub 函数并没有实现：

```
var Calculator = function() {
        this.add = function(a, b) {
                return a + b;
        }
}
```

事实上，Mocha 的优势在于异步测试。

6.2.2 测试异步场景

比如上例的计算器中有一个耗时很长的计算 longAdd：

```
this.longAdd= function(a, b, cb) {
        var self = this;
        setTimeout(function() {
                cb(self.add(a, b));
        }, 1000);
}
```

mocha 提供一个简单的方式来完成对异步函数的测试，即在 it()函数的回调函数指定一个参数，然后在代码中调用这个回调函数。

```
it("should return 5 after a while", function(done) {
        var calc = new Calculator();
        calc.longAdd(2, 3, function(x) {
                expect(x).to.equal(5);
```

```
            done();
        });
    });
```

可以看到，mocha 等待了 1001ms 之后得到了结果，如图 6-3 所示。

passes: 3 failures: 0 duration: 1.02s

Calculator

✓ should return 5 when add 2 and 3
✓ should return 1 when sub 2 and 3
✓ should return 5 after a while 1001ms

图 6-3 异步测试

默认地，Mocha 会等待 2000ms 的超时时间。如果需要更长的时间，可以在测试套件中配置：

```
describe("Calculator", function() {
        this.timeout(6000);

    it("should return 5 after a while", function(done) {

        var calc = new Calculator();
        calc.longAdd(2, 3, function(x) {
            expect(x).to.equal(5);
            done();
          });
    });
});
```

实际开发中，会有一些已经想到但是没有实现的功能点。对于这种情况，一种做法就是编写一些说明性的测试：

```
it("should return 6 when mul 2 and 3");
it("should return 1.5 when div 3 and 2");
it("should throw exception when div by 0");
```

比如我们发现做出可以计算乘法除法的计算器很重要，但是又不知道如何实现，可以写成这样的形式，这些“测试”会执行，但是在最终的报告中，会以一种不同的形式展现出来，如图 6-4 所示。

passes: 3 failures: 1 duration: 0.02s 

Calculator

✓ should return 5 when add 2 and 3
✓ should return 1 when sub 2 and 3
✓ should return 5 after a while
◦ should return 6 when mul 2 and 3
◦ should return 1.5 when div 3 and 2
◦ should throw exception when div by 0

图 6-4 测试报告

另外，对于每个测试，还可以在最终的报告中看到代码，只需要点击对应的测试描述即可，如图 6-5 所示。

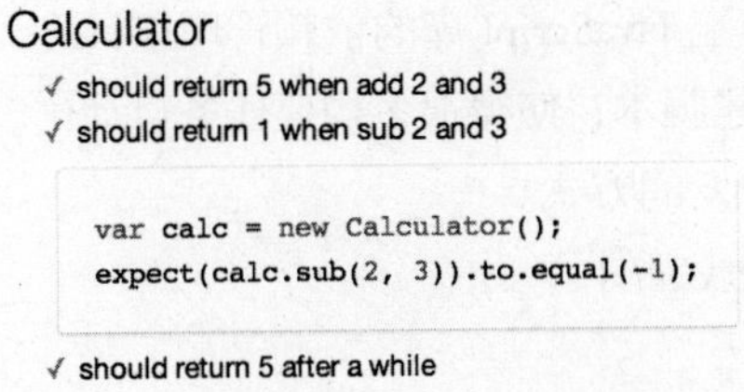

Calculator

✓ should return 5 when add 2 and 3
✓ should return 1 when sub 2 and 3

```
var calc = new Calculator();
expect(calc.sub(2, 3)).to.equal(-1);
```

✓ should return 5 after a while

图 6-5 运行结果报告及对应代码

第 7 章 现代的前端开发方式

在这一章结束的时候，你会学会下面这些技术：

（1）使用 Karma 测试运行器来自动执行 JavaScript 测试。

（2）使用 bower 作为前端 JavaScript 库的依赖管理工具。

（3）使用 Gulp 作为构建脚本，使得很多构建任务自动化。

（4）简单的测试驱动开发的方式。

（5）如何开发一个 jquery 插件。

7.1 Karma 简介

Karma 是一个 JavaScript 的测试运行器，使用 Karma 可以很方便地运行测试（方便到你感觉不到它的实际存在）。运行器的意思是，Karma 本身不会执行具体的测试，而是用来启动浏览器和测试框架，然后由测试框架去执行预先定义好的测试套件。

Karma 的优势在于：

（1）基于真实的浏览器，并且支持多个浏览器。

（2）自动监听测试/实现文件的变化，并在变化之后运行测试。

（3）支持多种测试框架，比如 Jasmine、Mocha 等。

（4）容易调试。

（5）可以方便地与持续集成服务器集成。

本章会使用 Jasmine 作为测试框架和 Karma 一起运行。当然，首先需要安装 Karma。Karma 是一个 Node.js 包，可以通过 npm 来安装 Karma：

```
$ npm install karma
```

安装完成之后，当前目录下会多出一个 node_modules 目录，里边会有 Karma 包。我们可以再安装一个 karma-cli 包，-g 参数表示将 Karma 安装在全局环境中，以便其他项目使用。

```
$ npm install karma-cli -g
```

karma-cli 会在当前目录的 node_modules 中查找 karma 包，并尝试启动这个 Karma。如果当前目录没有，则会向全局目录查找。这样做的好处是，每个项目都可以使用不同版本的 Karma。

安装完成之后可以通过下面这条命令来查看 Karma 的版本：

```
$ karma --version
Karma version: 0.10.10
```

7.2 前端依赖管理

Bower 是一个基于 Node.js 的依赖管理工具，它也是一个 npm 包，安装十分简单，由于我们的其他项目也会用到 bower，因此将其安装在全局环境中：

```
$ npm install -g bower
```

安装完成之后，可以通过 bower search 来搜索需要的包，比如：

```
$ bower search backbone.js
```

通常你会得到类似于这样的结果：

```
Search results:

    jquery.backbone.js git://github.com/fanlia/jquery.backbone.js.git
```

典型应用场景可能会是这样的，首先新建一个项目目录，然后在该目录中运行 bowerinit 命令：

```
$ mkdir -p listing
$ cd listing
$ bower init
```

Bower 会问你一些问题，比如项目名称，项目入口点，作者信息之类，然后生成一个 bower.json 文件：

```
{
  "name": "listing",
  "version": "0.0.0",
```

```
  "authors": [
    "Qiu Juntao <juntao.qiu@gmail.com>"
  ],
  "main": "src/app.js",
  "license": "MIT",
  "ignore": [
    "**/.*",
    "node_modules",
    "bower_components",
    "test",
    "tests"
  ]
}
```

如果项目中需要安装 jQuery 和 underscore.js，简单的运行 bower install 命令即可：

```
$ bower install jquery
$ bower install underscore
```

而且，使用 bower 可以安装指定版本的包，比如先通过 info 子命令查看

```
$ bower info jquery#1.10.*
```

```
bower cached         git://github.com/jquery/jquery.git#1.10.2
bower validate         1.10.2 against git://github.com/jquery/jquery.
git#1.10.*

{
  name: 'jquery',
  version: '1.10.2',
  description: 'jQuery component',
  keywords: [
    'jquery',
    'component'
  ],
  main: 'jquery.js',
  license: 'MIT',
  homepage: 'https://github.com/jquery/jquery'
}
```

然后执行：

```
$ bower install jquery#1.10.*
```

即可安装 1.10.2 版本的 jQuery，默认的 bower 会下载安装最新版本的 jQuery。

如果需要团队中的其他成员在本地恢复我们的环境，需要在 bower.json 中指定 dependencies 小节：

```
"dependencies": {
    "jquery": "1.10.*",
    "underscore": "~1.5.2"
}
```

默认地，所有 JavaScript 包都被安装到本地的 bower_components 目录下。当然可以通过下面的方式来修改。

在当前目录创建一个.bowerrc 文件，修改该文件的内容为：

```
{
    "directory": "vendor"
}
```

然后执行 bower install，bower 会自动创建目录 vendor，并将内容下载到该目录中。

有了 bower.json 文件，即使本地的 bower_components 目录（或者在.bowerrc 中自定义的目录）不存在，或者其中的包内容过期了，也可以使用 bower install 将其更新。

7.3 搭建工程

首先创建基本的目录结构，我们将第三方库放到一个单独的目录 vendor 中，将测试文件放到另一个 spec 目录中：

```
$ mkdir -p todo
$ cd todo
$ mkdir -p src/vendor
$ mkdir -p spec/
```

然后创建一个基本的 HTML 文件，这个文件将作为最终展示的入口：

```
$ touch index.html
```

在使用 Karma 之前，需要告诉 Karma，哪些文件是源代码，哪些文件是测试代码，这样 Karma 才可以动态地加载这些文件，并监听文件的改动。这个动作可以通过 init 子命令来完成：

```
$ karma init
```

Karma 会问一些问题，比如使用哪种浏览器，哪种测试框架等，如图 7-1 所示。

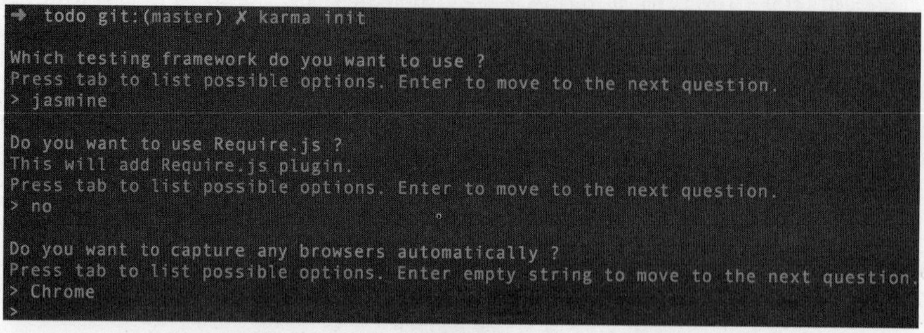

```
➜ todo git:(master) ✗ karma init

Which testing framework do you want to use ?
Press tab to list possible options. Enter to move to the next question.
> jasmine

Do you want to use Require.js ?
This will add Require.js plugin.
Press tab to list possible options. Enter to move to the next question.
> no

Do you want to capture any browsers automatically ?
Press tab to list possible options. Enter empty string to move to the next question.
> Chrome
>
```

图 7-1　使用 Karma 命令行工具初始化

填写完成之后，Karma 会在当前目录下生成一个 karma.conf.js 文件，这是一个可以被 Node.js 执行的 JavaScript 文件。事实上，karma.conf.js 中只是为 config 设置了一些配置：

```
module.exports= function(config) {
    config.set({


    });
};
```

Karma 会在执行时读取这些定义，并应用这些配置。比如这里有一些常见的选项：

```
{
    frameworks: ['jasmine'],
    files: [
        "src/vendor/underscore/underscore.js",
        "src/vendor/jquery/jquery.js",
        'src/vendor/jasmine-jquery/lib/jasmine-jquery.js',
        "src/todoify.js",
        "spec/**/*-spec.js"
    ],
        exclude: [

        ],
```

```
    reporters: ['progress'],
    port: 9876,
    colors: true,
    logLevel: config.LOG_INFO,
    autoWatch: true,
    browsers: ['Chrome'],
    singleRun: false
  }
```

frameworks 来配置测试框架（比如 Jasmine、Mocha 等）；files 来指定测试中需要加载哪些文件；autoWatch 选项指定是否监听文件变化，值为 true 时，当 files 中指定的任何文件有变化时，karma 会被触发，然后执行所有的测试。你可以在随后编辑这个文件的内容。

我们可以做一个简单的测试，来验证 Karma 的安装情况。执行 start 子命令，如图 7-2 所示。

```
→ todo git:(master) ✗ karma start
INFO [karma]: Karma v0.12.16 server started at http://localhost:9876/
INFO [launcher]: Starting browser Chrome
INFO [Chrome 35.0.1916 (Mac OS X 10.9.3)]: Connected on socket 0jzU9N290xa_zVns1E88
Chrome 35.0.1916 (Mac OS X 10.9.3): Executed 0 of 0 ERROR (0.006 secs / 0 secs)
```

图 7-2　启动 Karma 服务器

这时候会看到一个错误，Karma 抱怨找不到任何测试，我们暂时不用管这个错误。Karma 还会启动配置过的（通过 browsers 选项）浏览器，如图 7-3 所示。

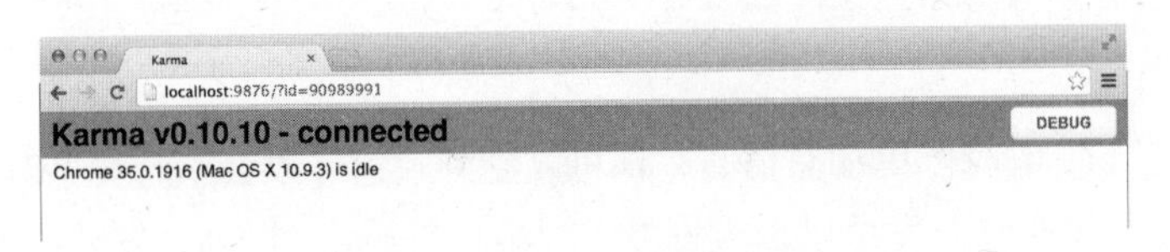

图 7-3　Karma 在浏览器中的页面

接下来，我们需要安装 jquery 和 underscore 到当前目录的 src/vendor 文件夹下，因此需要编辑.bowerrc 文件：

```
{
  "directory": "src/vendor"
}
```

然后运行 install：

```
$ bower install jquery underscore
```

当前的目录结构如图 7-4 所示。

▼ todo	Today, 9:05 AM
index.html	Today, 8:47 AM
karma.conf.js	Today, 8:53 AM
▶ spec	Today, 8:47 AM
▼ src	Today, 9:09 AM
▼ vendor	Today, 9:09 AM
▶ jquery	Today, 9:09 AM
▶ underscore	Today, 9:09 AM

图 7–4　目录结构

有了这些基础设施之后，我们就可以开始真正的开发工作了。

7.4 测试驱动开发

简而言之，测试驱动开发是这样一种开发模式：

（1）在编写任何产品代码之前，先编写测试代码。

（2）运行该测试，这时候测试必然会失败。

（3）用最简单的方式来修复这个失败。

（4）重构代码，使得代码更加清晰，容易扩展。

这种开发方式的初衷是以最小的付出来完成功能，并且会获得很多额外的好处：

（1）编写完善的测试。

（2）避免过度设计。

（3）在修复 bug 的时候更加有信心，你可以立刻知道修改会引起哪些其他的影响。

通常来看，测试驱动开发可以很大程度上提高代码质量，提高开发效率，降低修复 bug 的成本。但是测试驱动开发对开发人员的要求也比较高，特别是在环境配置上需要花费一些“额外”的时间。

比如：

（1）如何快速运行测试。

（2）如何在发生错误时快速定位。

（3）测试代码需要用哪种语言编写。

（4）在持续集成环境中是否容易执行测试。

这些问题在服务器端开发中已经得到了很好的解决，但是前端开发，直到最近才有了改善。我们这里使用的 Karma 运行器、Jasmine 测试框架等，都为在前端使用测试驱动开发提供了极大的便利。

7.5 实例 Todoify

Web 前端现在正处在类似于生物学上的寒武纪：众多框架不断被开发出来，有偏重于大而全的“重量级”框架，有强调只做一件事情的工具包，有严格遵循 MVC 的小巧框架，又有为客户端做过适配改进的 MVVM。

在进入这些令人眼花缭乱的世界之前，我们一起看一个简单的实例，在这个例子中，我们关注于功能以及小巧两个方面。我们将开发一个 jQuery 插件，这个插件可以将一个普通的 HTML 输入框变成一个待办事项控件，使用这个控件，用户可以输入一条待办事项，或者删除待办事项列表中的一条记录等。如果用户预先已经有一组待办事项的数据（一个数组或者列表对象），这个控件还可以用可视化的方式将他们展现出来。

在这个实例中，我们会用到最常用而且非常轻量级的两个 JavaScript 库：jQuery 和 underscore。

比如用户已经有了这样几条数据：

```
var mydata = [
    "Hello, darkness",
    "Tomorrow is another day",
    "Never say never"
];
```

那么，当使用了这个插件之后：

```
$("#item-input").todoify({
    data: mydata,
    container: "#item-todos"
});
```

会得到这样一个列表，如图 7-5 所示。

如果你之前没有任何的 jQuery 开发经验，不必担心，我们会从头开始介绍所有的知识。

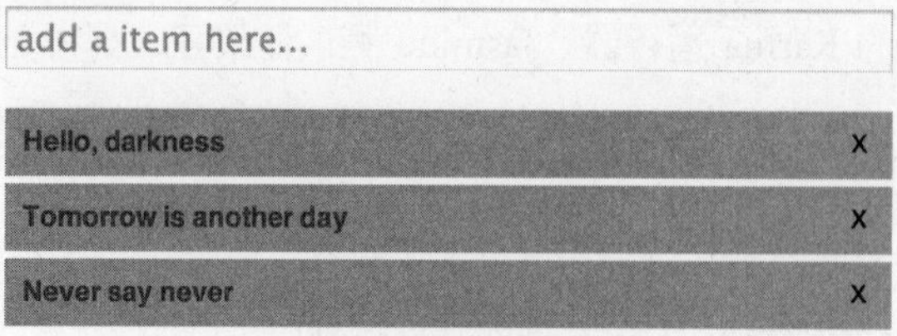

图7-5 待办事项列表

jQuery 是一个 JavaScipt 函数库，体积小巧且功能强大，它提供非常简洁的方式来选择或者操作 DOM 元素，注册事件，实现元素的动画，发送 ajax 请求等。事实上，jQuery 已经成为前端开发的标准，我们已经很难见到一个不使用 jQuery 的网站了。

underscore 是另一个小巧的函数库，它更关注 JavaScript 中对数据的操作。使用 underscore 可以极大程度上精简对集合的操作，比如从集合中选择出符合某个条件的子集，去掉数组中的重复项，将数组中的所有元素都转化成另外一个形式等。

7.5.1 underscore 的一些特性

underscore 对外暴露的对象名是一个下划线（_），也就是 underscore 这个单词本身的意义。

抽取出对象数组中的某个属性，并组成一个新的数组，这个特性在很多情况下非常有用。一般后台返回的数据可能包含很多与展现无关的部分，或者对当前组件无关的数据：

```
var vendors = [
    {
      id: 1,
      name: "Dell",
      address: "U.S"
    }, {
      id: 2,
      name: "HP",
      address: "U.S"
    }, {
      id: 3,
      name: "Lenovo",
      address: "China"
```

```
    }
];
var vendorNames = _.pluck(vendors, "name");
//["Dell", "HP", "Lenovo"]
var vendorIds = _.pluck(vendors, "id");
//[1, 2, 3]
```

取出一个对象的所有键组成的数组：

```
var vendor = {
    id: 3,
    name: "Lenovo",
    address: "China"
};
var keys = _.keys(vendor);
var values = _.values(vendor);
```

keys(vendor)会得到["id", "name", "address"]，而.values(vendor)会得到[3, "Lenovo", "China"]。

tempalte 方法提供一个简单的模板：模板定义 HTML 的结构，以及一些占位符。_.template()会将这个静态模板编译成一个函数。在这个生成函数上，将数据以参数的形式传入，就会得到最终的字符串（也就是视图）：

```
var tmpl = "<p>Vendor <%= name %>, from <%= address %></p>";
var tmpl_func = _.template(tmpl);
tmpl_func({name: "Lenovo", address: "China"});
```

比如，这个例子中，模板 tmpl 中定义了一个<p>元素，而且预期传入的对象中包含 name 和 address 两个属性。调用 template 之后得到的函数为 tmpl_func，将 data 传入函数会得到：

```
<p>Vendor Lenovo, from China</p>
```

而用下列数据调用 tmpl_func：

```
tmpl_func({name: "Dell", address: "U.S"});
```

则得到输出：

```
<p>Vendor Dell, from U.S</p>
```

默认地，template 使用 ERB 的模板语法，如果你更喜欢自己熟悉的模板技术，比如 Mustache，只需要简单的配置即可：

```
_.templateSettings= {
    interpolate: /\{\{(.+?)\}\}/g
};
var tmpl = "<p>Vendor {{ name }}, from {{ address }}</p>";
var tmpl_func = _.template(tmpl);
tmpl_func({name: "Lenovo", address: "China"});
```

当这两个极为轻巧的函数库结合在一起时，会发挥出强大的威力。

7.5.2 jQuery 插件基础知识

1. 简单流程

通常使用 jQuery 的流程是这样的：通过选择器选择出一个 jQuery 对象（集合），然后为这个对象应用一些预定义的函数。例如：

```
$(".artile .title").mouseover(function(){
    $(this).css({
        "background-color": "red",
        "color": "white"
    });
});
```

如果要定义自己的插件，预期其被调用的方式和此处的 mouseover 一致，需要将我们定义的函数附加到 jQuery 对象的 fn 属性上：

```
$.fn.hltitle= function() {
    this.mouseover(function(){
        $(this).css({
            "background-color": "red",
            "color": "white"
    })
        })
};
$('.article .title').hltitle();
```

jQuery 的一个很明显的特点是其链式操作，即每次调用完成一个函数/插件之后仍然会返回 jQuery 对象本身，这个需要我们在插件函数的最后一行返回 this。这样插件的使用者会像使用其他函数/插件一样方便地调用。

另外一个问题是注意命名冲突。在 JavaScript 中，符号“$”是一个被众多的 JavaScript 库使用的标识符（在 JavaScript 中，这是一个合法的标识符），可能与此处 jQuery 中的$冲突，所以可以通过匿名执行函数来避免：

```
(function($){
    $.fn.hltitle = function() {
        //...
        }
}(jQuery));
```

2. 需要注意的问题

上面是一个最简单的插件定义，为了插件更加灵活，我们需要尽可能多地将配置项暴露给插件用户，比如提供一些默认选项，如果用户不提供配置，则插件按照默认配置来工作，但是用户可以通过修改配置来定制插件的行为：

```
(function($){
    $.fn.hltitle = function(options) {
        var defaults = {
            "background-color": "red",
            "color": "white"
        };
        var settings = $.extend(defaults, options);
        return this.mouseover(...);
    };
}(jQuery));
```

7.5.3 Todoify

使用 jQuery 的插件机制来完成 Todoify 的功能，是我们目前唯一明确的背景，因此我们的第一个测试可以从这一点出发：

1. 测试：运行起来

根据上面的背景，第一个测试很明确：

```
describe('todoify', function() {
    it('should have been defined', function() {
        expect($.fn.todoify).toBeDefined();
    });
```

```
});
```

将这个片段保存为 todoify-spec.js，该片段测试$.fn 上已经附加了我们的插件函数。这样当别人使用插件时，就可以直接使用选择器选中元素，然后调用 todoify 即可。

此时，karma.conf.js 中的配置应该是这样的：

```
files: [
    "src/vendor/jquery/jquery.js",
    "src/vendor/underscore/underscore.js",
    "src/todoify.js",
    "spec/**/*-spec.js"
],
```

当然，这时候运行 Karma，会看到一个错误，如图 7-6 所示。

```
→ todo git:(master) ✗ karma start
INFO [karma]: Karma v0.12.16 server started at http://localhost:9876/
INFO [launcher]: Starting browser Chrome
INFO [Chrome 35.0.1916 (Mac OS X 10.9.3)]: Connected on socket Yt3-MD1jYoeCTrfx_Hs_ with id 98898187
Chrome 35.0.1916 (Mac OS X 10.9.3) todoify should have been defined FAILED
        Expected undefined to be defined.
        Error: Expected undefined to be defined.
            at null.<anonymous> (/Users/jtqiu/develop/tutorial/tutplus/todo/spec/todoify-spec.js:3:30
)
Chrome 35.0.1916 (Mac OS X 10.9.3): Executed 1 of 1 (1 FAILED) ERROR (0.03 secs / 0.025 secs)
```

图 7-6 控制台上的错误信息

提示 todoify-spec.js 的第 3 行有错误，期望一个 undefined 的值为 defined。这个错误很容易修复，我们在 src/todoify.js 中加入这样的代码：

```
$.fn.todoify= function(){}
```

再次运行测试，如图 7-7 所示。

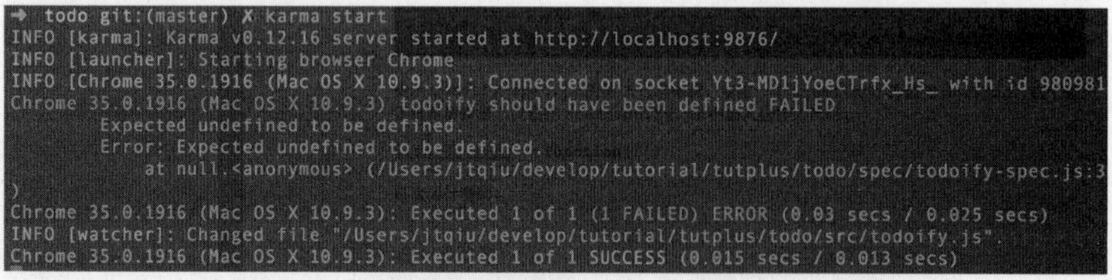

```
→ todo git:(master) ✗ karma start
INFO [karma]: Karma v0.12.16 server started at http://localhost:9876/
INFO [launcher]: Starting browser Chrome
INFO [Chrome 35.0.1916 (Mac OS X 10.9.3)]: Connected on socket Yt3-MD1jYoeCTrfx_Hs_ with id 980981
Chrome 35.0.1916 (Mac OS X 10.9.3) todoify should have been defined FAILED
        Expected undefined to be defined.
        Error: Expected undefined to be defined.
            at null.<anonymous> (/Users/jtqiu/develop/tutorial/tutplus/todo/spec/todoify-spec.js:3
)
Chrome 35.0.1916 (Mac OS X 10.9.3): Executed 1 of 1 (1 FAILED) ERROR (0.03 secs / 0.025 secs)
INFO [watcher]: Changed file "/Users/jtqiu/develop/tutorial/tutplus/todo/src/todoify.js".
Chrome 35.0.1916 (Mac OS X 10.9.3): Executed 1 of 1 SUCCESS (0.015 secs / 0.013 secs)
```

图 7-7 测试通过（注意最后一行的 SUCCESS）

可以看到最后一行中，测试已经执行成功了。应该注意的是，这个过程中，Karma 一直运行在后台，一旦我们修改了测试或者实现代码，Karma 都会自动运行一次测试。这样我们可以得到实时的反馈：哪些测试成功了，哪一行代码以何种方式运行失败了。

2. 测试：链式操作

jQuery 的一个强大特性是方便的链式操作，我们需要 todoify 也支持这个特性，可以写一个新的测试：

```
it('should be chainable after invoke', function() {
    var jq = $.fn.todoify();
    expect(jq.jquery).toBeDefined();
});
```

Karma 会报告一个错误，如图 7-8 所示。

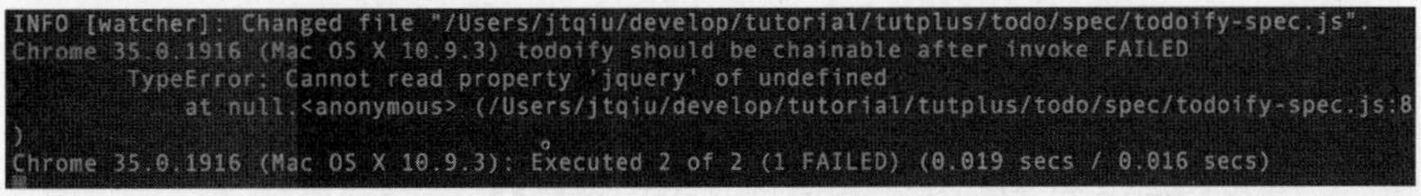

```
INFO [watcher]: Changed file "/Users/jtqiu/develop/tutorial/tutplus/todo/spec/todoify-spec.js".
Chrome 35.0.1916 (Mac OS X 10.9.3) todoify should be chainable after invoke FAILED
        TypeError: Cannot read property 'jquery' of undefined
            at null.<anonymous> (/Users/jtqiu/develop/tutorial/tutplus/todo/spec/todoify-spec.js:8
)
Chrome 35.0.1916 (Mac OS X 10.9.3): Executed 2 of 2 (1 FAILED) (0.019 secs / 0.016 secs)
```

图 7–8　又一个错误

第 8 行报错了，这是因为我们第一步的实现仅仅是简单地让测试通过而已，并没有实质性的代码，所以需要加上一点真实的功能：

```
$.fn.todoify= function(){
    return this;
}
```

3. 测试：显示一个条目

接下来我们需要做一些"实际"的事情了。首先我们的插件需要显示一个条目，那么可以先写如下的测试：

```
it('should render an one-item list', function() {
     $('input').todoify({
        data: ['one-item'],
        to: '#todo-container'
    });
    expect($('#todo-container').find('.todo').length).toBe(1);
    expect($('#todo-container').find('.todo').text()).toBe('one-
item');
});
```

给定一个 input 元素，传入一个数组数据，并且传入一个 HTML 元素作为容器，我们预期这个元素中会多出一个 class 为 todo 的元素，并且这个元素中的文本是传入的数据 one-item。

此时运行测试，会看到报告的错误，我们进一步加入实现代码：

```
$.fn.todoify= function(options){
```

```
    var settings = options || {};
    var todo = $('<span></span>').addClass('todo');

    todo.text(options.data[0]);
    $(options.to).append(todo);
    return this;
 }
```

即使代码上看不出问题，但测试仍然是失败的。追踪原因之后，我们会发现，测试中的 input 不知道从何而来。

理论上，这个 input 是我们在实际调用时传入到页面上的 input 元素，那么在测试中，我们又如何得知这个元素的名字呢？这里需要在测试页面上预先加入一些用于测试的元素，这些用于测试目的的数据被称为 fixture。

这里需要另外一个 JavaScript 库：Jasmine-jquery。使用 Jasmine-jquery 可以很容易地加载外部文件作为 fixture，以方便单元测试。我们可以通过 bower 来安装这个库：

```
$ bower install jasmine-jquery#1.6.0
```

另外在 karma.conf.js 中加入对 jasmine-jquery 的引用：

```
files: [
    "src/vendor/jquery/jquery.js",
    "src/vendor/underscore/underscore.js",
    'src/vendor/jasmine-jquery/lib/jasmine-jquery.js',
    "src/todoify.js",
    "spec/**/*-spec.js",
    {pattern: 'spec/fixtures/*.html', included: false, served: true}
],
```

注意此处，我们加入了 pattern 这样一行代码来告诉 Karma 加载 spec/fixtures 目录下 HTML 文件作为 fixture。

而在 spec/fixtures 目录下，我们会创建一个 todo.html，内容为：

```
<div>
    <input type="text" name="" id="" value="" />
    <div id="todo-container" />
</div>
```

这样，jasmine-jquery 就会先将这个片段插入到测试页面上，然后测试就可以找到 input 元素，并将其变成一个 todo。这时，我们需要在测试中加入加载 HTML 片段的代码：

```
beforeEach(function(){
    var fixtures = jasmine.getFixtures();

    jasmine.getFixtures().fixturesPath = 'base/spec/fixtures/';
    fixtures.load('todo.html');
});
```

对应的实现代码也调整为：

```
$.fn.todoify= function(options){
    var settings = $.extend({
        data: [],
        to: "body"
    }, options);
    var todo = $('<span></span>').addClass('todo');

    todo.text(settings.data[0]);
        $(settings.to).append(todo);
    return this;
}
```

4. 测试：显示多个条目

对于多个条目，测试非常类似：

```
it('should render multiple items', function() {
    $('input').todoify({
        data: ['one-item', 'two-item', 'three-item'],
        to: '#todo-container'
    });

    expect($('#todo-container').find('.todo').length).toBe(3);
});
```

此时，测试会抱怨，如图 7-9 所示。

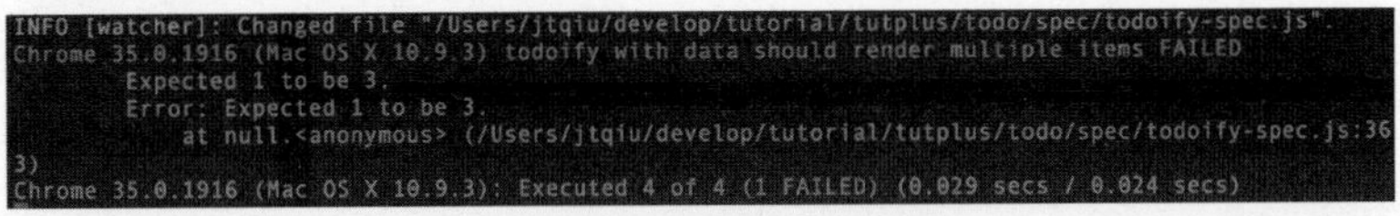

```
INFO [watcher]: Changed file "/Users/jtqiu/develop/tutorial/tutplus/todo/spec/todoify-spec.js".
Chrome 35.0.1916 (Mac OS X 10.9.3) todoify with data should render multiple items FAILED
        Expected 1 to be 3.
        Error: Expected 1 to be 3.
            at null.<anonymous> (/Users/jtqiu/develop/tutorial/tutplus/todo/spec/todoify-spec.js:36
3)
Chrome 35.0.1916 (Mac OS X 10.9.3): Executed 4 of 4 (1 FAILED) (0.029 secs / 0.024 secs)
```

图 7-9 多个条目时测试失败

因此我们需要调整实现代码：

```
$.fn.todoify= function(options){
    var settings = $.extend({
        data: [],
        to: "body"
    }, options);

    var render = function(item) {
        var todo = $('<span></span>').addClass('todo');
        todo.text(item);
            $(settings.to).append(todo);
        };
    settings.data.forEach(render);
    return this;
};
```

这时候，测试代码显得有些凌乱了，我们需要为各个测试用例分组，所有关于初始化的测试归为一组：

```
describe("initialize", function() {
    it('should have been defined', function() {
        expect($.fn.todoify).toBeDefined();
    });

    it('should be chainable after invoke', function() {
        var jq = $.fn.todoify();
        expect(jq.jquery).toBeDefined();
});
});
```

对应的，关于数据渲染的归为一组：

```
describe("with static data", function() {
    beforeEach(function(){
        var fixtures  = jasmine.getFixtures();

        jasmine.getFixtures().fixturesPath = 'base/spec/fixtures/';
        fixtures.load('todo.html');
```

```
    });

    it('should render an one-item list', function() {
        $('input').todoify({
        data: ['one-item'],
        to: '#todo-container'
    });

        expect($('#todo-container').find('.todo').length).toBe(1);
        expect($('#todo-container').find('.todo').text()).toBe
('one-item');
    });


    it('should render multiple items', function() {
        $('input').todoify({
            data: ['one-item', 'two-item', 'three-item'],
            to: '#todo-container'
        });

        expect($('#todo-container').find('.todo').length).toBe(3);
    });
});
```

5. 测试：添加条目

我们刚刚完成了一个测试失败-测试通过-代码重构的完整周期，相信读者已经对测试驱动开发的方式有了一些认识，所以很容易就可以想到如何编写添加条目的测试：

```
it('should be able to add new item to empty list', function() {
    $('input').todoify({
    data: [],
    to: '#todo-container'
    });

    expect($('#todo-container').find('.todo').length).toBe(0);
    $('input').val('new item').pressEnter();
```

```
        expect($('#todo-container').find('.todo').length).toBe(1);
        expect($('#todo-container').find('.todo').text()).toBe('new
item');
    });
```

假设我们有一个空的列表，当在输入框中添加了新项目之后，列表应该会增加一个条目，并且条目的内容恰好为填入的内容“new item”。

注意此处的 pressEnter，这个函数模拟了用户按下回车键的动作，其实现为：

```
$.fn.pressEnter= function () {
    var e = $.Event("keypress");
    e.keyCode = 13;
    $(this).trigger(e);
};
```

同样，测试会报错，我们加入实现代码使得测试通过：

```
var eventHandler = function(event) {
    if(event.keyCode === 13) {
        var item = $(this).val();
         render(item);
         $(this).val('').focus();
    }
};

$(this).keypress(eventHandler);
```

6. 测试：添加额外的条目

这个测试事实上是一个用例的扩展，如果我们在一个已有的列表中插入新的条目，应该不会影响已有的条目：

```
it('should be able to add new item to list has items', function() {
    $('input').todoify({
        data: ['one-item'],
        to: '#todo-container'
    });
```

```
    expect($('#todo-container').find('.todo').length).toBe(1);
    $('input').val('new item').pressEnter();

    expect($('#todo-container').find('.todo').length).toBe(2);
});
```

同样，这个测试与已有的添加单独条目到空表是有一定关系的，因此可以归为一组：

```
describe('manipulate todos', function() {
   it('should be able to add new item to empty list', function() {
   //...
   });

   it('should be able to add new item to list has items', function() {
   //...
   });
});
```

7.5.4 进一步改进

读者可以进一步使用测试驱动开发的方式来完成：

（1）删除一个条目。

（2）用户自定义模板（目前是一个简单的 span 元素，如果用户需要更复杂的呢？），如图 7-10 所示。

（3）与后台服务通信。

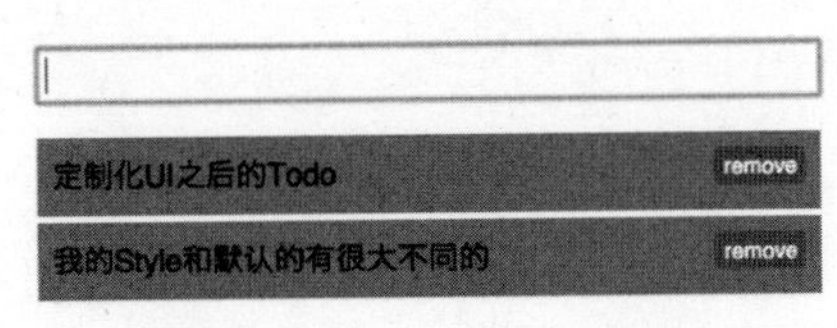

图 7-10 用户自定制样式

目前，todoify 还没有与后台进行任何的通信，如果可以和后台的 RESTFul 的 API 集成，这个插件将会有更多的使用场景。

简单来讲，只需要为插件提供更多选项，并提供回调函数即可，比如：

```
$("#input").todoify({
```

```
    resource: 'http://app/todos',
onadd: function(item){
    //...
},
ondelete: function(item){
    //...
}
});
```

然后加入对应的ajax调用。就目前来说，这个例子已经足够。

第8章 编写更容易维护的JavaScript代码

在 Web 技术正处于井喷状态的今天，各种新的库、新的框架、新的工具层出不穷。但是对于一些小型项目而言，可能并不一定要启用“重量级”的框架。

一直以来，对于小型或者微型项目，开发人员倾向于使用 jQuery 来完成对页面的控制，例如 DOM 操作，事件绑定，发送网络请求等。大量的 jQuery 插件被开发出来，使得人们编写 JavaScript 的方式完全改变。但是随着代码量的增加和前端代码复杂性的提升，一个明显的问题被人们重视起来：如何测试这些 JavaScript 代码。

我们这里将讨论一个具体的例子，先查看传统的实现方式。随后变换一个视角，从如何更方便测试的角度去重构代码，从而编写出更加清晰易读、容易维护的代码。

8.1 一个实例

现在有这样一个应用，系统中录入了很多地点信息，用户可以搜索自己感兴趣的地点，还可以标记搜索结果中的地点。编辑为“喜欢”的地点会显示在右边栏中，如图 8-1 所示。

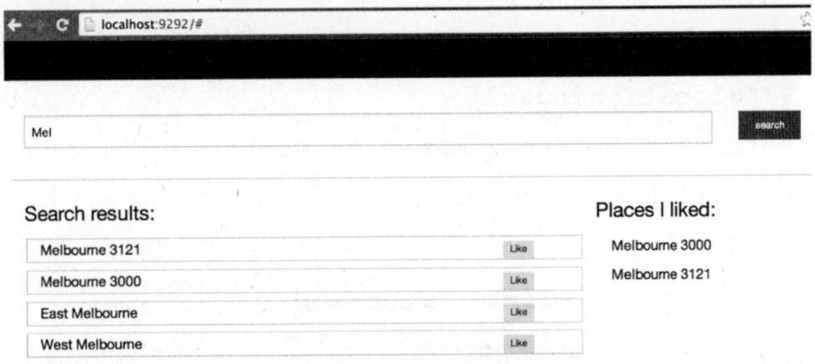

图 8-1　搜索结果页面

在代码编写过程中，我们暂时不需要考虑用户注册、用户登录、保存数据到数据库等实际功能，而把目光仅仅关注在前端界面上。

基本功能可以分解为：

（1）用户填写地点名称，点击查找按钮时，发送请求到后台，并获得匹配的数据。

（2）根据这些数据，动态地生成新条目。

（3）为每个新条目注册事件，当点击这些条目时，将条目添加到页面的另一个位置。

如果页面的结构是这样的：

```
<div id="container">
    <div id="searchForm">
        <input type="text" id="locationInput" value=""
placeholder="location for search"/>
        <input type="button" class="submit" id="searchButton"
value="search" />
    </div>

    <div id="searchResults">
        <h4>Search results:</h4>
        <ul />
    </div>

    <div id="likedPlaces">
        <h4>Places I liked:</h4>
        <ul />
    </div>
</div>
```

那么一个对应的实现很自然地与前面列出的几点相匹配。首先，选中几个主要的元素：

```
var loc = $("#locationInput");
var searchResults = $("#searchResults ul");
var liked = $("#likedPlaces ul");
```

然后为提交按钮注册事件：

```
$("#searchButton").on("click", function() {
    var location = $.trim(loc.val());

    $.ajax({
```

```
        url: '/locations/'+location,
    dataType: 'json',
    success: function(locations) {
            getTemplate('location-detail.tmpl').then(function(template) {
                var tmpl = _.template(template);
                searchResults.html(tmpl({locations: locations}));
            });
        },
        error: function(xhr, status, error) {
            console.log("err: " + error);
        }
    });
});
```

当用户点击 search 按钮时，这段代码会发送请求到后台。如果成功，则先获取一个名为 location-detail.tmpl 的模板，然后将请求到的数据 locations 与这个模板结合，并将结果设置为 searchResults 元素的内容。

获取模板事实上也是发送一次请求，然后将请求到的文件内容缓存到前端：

```
var cache = {};

function getTemplate(template) {
    if(!cache[template]) {
        cache[template] = $.get("templates/" + template);
    }

    return cache[template];
}
```

当第二次点击 search 按钮的时候，就无需再发送一次请求，而直接从本地的 cache 对象中获取。

这里的模板 location-detail.tmpl 的内容为：

```
<% _.each(locations, function(location) { %>
    <li>
        <div class="title">
            <span>
                <%= location.name %>
```

```
                </span>
                <span>
                    <a href="#" class="like">Like</a>
                </span>
            </div>
        </li>
    <% })%>
```

这是一段 underscore 的模板，内嵌的_.each 语句会遍历 locations 数组变量，然后将每一个元素的 name 字段取出来，添加到 title 下的 span 中作为输出。

在完成了对 searchResults 内容的填充之后，还需要绑定事件，这样当用户点击条目时，才可以将条目标记为“喜欢”：

```
searchResults.on('click', '.like', function() {
    var loc = $(this).closest('.title').find('span:nth(0)').text();
    $('<li></li>', {text: loc}).appendTo(liked);
});
```

整体上来说，这段代码还算清晰，很容易读懂代码的意图。那么如何测试这段代码呢？

```
it("should return locations based on the search critria",
function() {
    $("#locationInput").val("Melbourne");
    $("#searchButton").click();

    waitsFor(function() {
        return $("#searchResults ul li").length >0;
    }, 2000);

    runs(function() {
        expect($("#searchResults ul li").length).toEqual(4);
        expect($("#likedPlaces ul li").length).toEqual(0);
});
});
```

假设后台会返回 4 个与 Melbourne 这个地方相关的数据，那么这个测试是有意义的，但是它明显已经是一个端到端测试了。除此之外，我们还可以看到这段代码有几个明显的缺点：

（1）所有的逻辑都写在$(document).ready 中。

（2）DOM 操作和逻辑混合在一起。

（3）如果有进一步的扩展，比如在页面的底部也放一个 search 按钮，代码不能重用。

（4）无法完成单元测试。

8.2 重构：更容易测试的代码

我们再来看看如图 8-2 所示的页面：

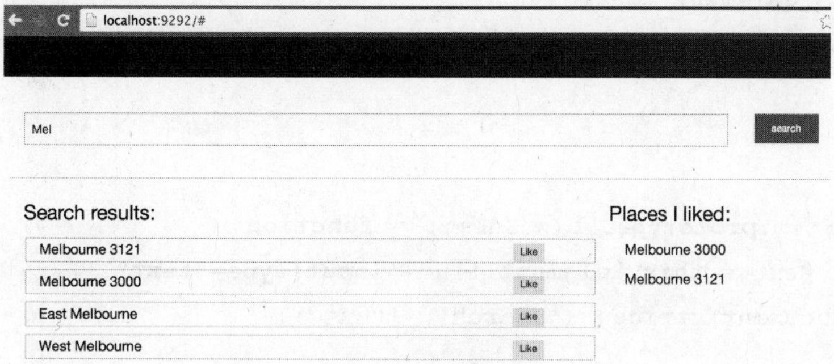

图 8-2 最终结果页面

如果要划分组建的话，很自然地可以划分为三个，如图 8-3 所示。

（1）搜索框（search box）。

（2）结果集（search results）。

（3）点过赞的地方（liked）。

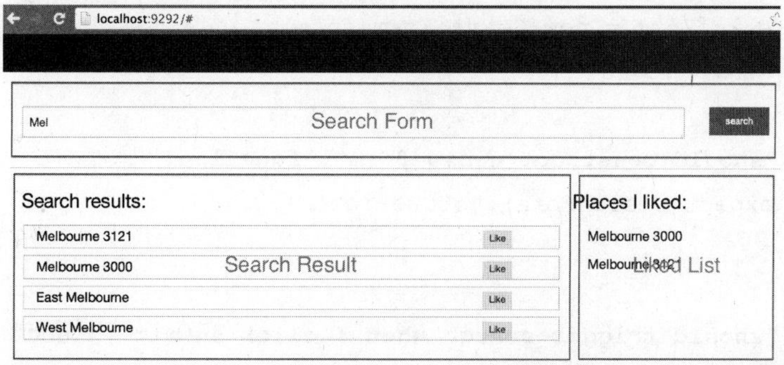

图 8-3 一个合理的划分

8.2.1 搜索框

搜索框组件可以由一个输入框和一个按钮组成，当点击按钮时，该组件会发起一个请求。如果再进一步，点击按钮时，会触发一个事件，而事件的响应则交给具体的监听器来完成。

那么搜索框的实现就非常简单了：

```
var SearchForm = function(form) {
    this.$element = $(form);
    this.$element.on('click', '.submit', _.bind(this._bindSubmit, this));
};

SearchForm.prototype._bindSubmit = function(e) {
    var text = this.$element.find('input[type="text"]').val();
    $(document).trigger('search', [text]);
};
```

而且重要的是，我们可以很容易地编写对这个组件的单元测试：

```
describe("search form", function() {
    var form =
        $("<div><input type='text' /><input class='submit'/></div>");
    var searchForm;

    beforeEach(function() {
        searchForm = new SearchForm(form);
    });

    it("should construct a new form", function() {
        expect(searchForm).toBeDefined();
    });

    it("should trigger search when I click submit", function() {
        var spyEvent = spyOnEvent(document, 'search');
        form.find('.submit').click();
```

```
        expect(spyEvent).toHaveBeenTriggered();
    });
});
```

当在“页面”上点击 submit 时，可以看到它触发了一个 search 的全局事件。至于谁来捕获这个事件，则可以交由下一个组件来处理。

8.2.2 发送请求

我们完全可以将发送请求的动作独立出来，作为一个组件来进行测试。

```
it("should create new search", function() {
    expect(search).toBeDefined();
});

it("should fetch data from remote", function() {
   var r = search.fetch("Melbourne");
   expect($.ajax).toHaveBeenCalled();
   expect($.ajax.mostRecentCall.args[0]).toContain("Melbourne");;
});
```

在第二个用例中，我们预期 jQuery 的 ajax 方法被调用了，并且当 fetch 的参数为 Melbourne 的时候，我们对 ajax 的调用也包含了该字符串。

当然，我们不需要真实的调用后台服务，只需要做一个简单的 spy 即可：

```
var search;

beforeEach(function() {
    spyOn($, 'ajax').andCallFake(function(e) {
        return {
            then: function(){}
        }
    });

        search = new Search();
});
```

即当调用$.ajax 的时候，jasmine 实际上会调用这个假的函数，这个函数会返回一个对象，对象中有一个名为 then 的空方法。

实现中，我们使用了 jQuery 的 promise 对象，使得代码更加简洁，这也是上边的测试中为何会出现 then 的原因。这里不深入讨论 promise 异步模型，我们会在后边的章节讲解。

```
var Search = function() {};

Search.prototype.fetch = function(query) {
    var dfd;

    if(!query) {
        dfd = $.Deferred();
        dfd.resolove([]);
        return dfd.promise();
     }

    return $.ajax('/locations/' + query, {
        dataType: 'json'
    }).then(function(resp) {
    return resp;
    });
};
```

完成了搜索之后，我们来看看结果集。

8.2.3 结果集

结果集作为一个独立的组件，可以被设置值。既然是结果集，它自然接受一个数组作为参数，并将数组包装成 DOM 元素。另外，它还需要响应事件，当用户点击列表中的任意一个元素时，会触发一个全局的事件。

我们可以先从单元测试来看结果集组件需要哪些接口，首先是设置：

```
var ul;
var searchResults;

var results = [
    {name: "Richmond"},
```

```
        {name: "Melbourne"},
        {name: "Dockland"}
    ];

    beforeEach(function() {
        ul = $("<ul></ul>");
        searchResults = new SearchResults(ul);
    });
```

下面的几个用例清楚地体现了结果集组件的对外接口：

```
    it("should constructor a new search result", function() {
        expect(searchResults).toBeDefined();
    });

    it("should set search result", function() {
        searchResults.setResults(results);

        waitsFor(function() {
            b ul.find("li").length >0;
        }, 1000);

        runs(function() {
            expect(ul.find("li").length).toBe(3);
            var location = $.trim(ul.find("li").eq(0).find(".title").text
());
            expect(location).toContain("Richmond");
        });
    });

    it("should like one of the search results", function() {
        searchResults.setResults(results);

        var spyEvent = spyOnEvent(document, 'like');

        waitsFor(function() {
```

```
        return ul.find("li").length >0;
    }, 1000);

    runs(function() {
        ul.find('li').first().find('.like').click();
        expect(spyEvent).toHaveBeenTriggered();
    });
});
```

注意，我们现在可以在任何时刻设置结果集：setResults([])。这里的结果可能来源于一个静态数组，或者来源于网络上的一个JSON片段，可以是任意的数据源！结果集组件和其数据源完全解耦合了。

结果集组件的实现也变得非常高内聚：

```
var SearchResults = function(element) {
    this.$element = $(element);
    this.$element.on('click', '.like', _.bind(this._bindClick, this));
};

SearchResults.prototype._bindClick = function(e) {
    var name = $(e.target).closest('.title').find('h4').text();
    $(document).trigger('like', [name]);
};

SearchResults.prototype.setResults = function(locations) {
    var template = $.get('templates/location-detail.tmpl');
    var that = this;
    template.then(function(tmpl) {
        var html = _.template(tmpl, {locations: locations});
        that.$element.html(html);
    });
};
```

可以看到，加载模板的代码被放在了SearchResults内部。外界不再，也无需知道其内部的实现机制。

点过赞的地方

同样，我们可以从测试代码入手：

```
describe("like list", function() {
    var ul;
    var like;

        beforeEach(function() {
          ul = $("<ul></ul>");
          like = new Like(ul);
        });

        it("should constructor a new list", function() {
           expect(like).toBeDefined();
        });

        it("should add new item", function() {
          like.add("juntao");
           expect(ul.find("li").length).toBe(1);
           expect(ul.find("li").eq(0).text()).toEqual("juntao");
    });
});
```

它有一个add的接口，可以供外部调用，将元素添加到自身上。在实现上，它将一个ul包装起来，然后当add被调用时，包装一个li元素，并添加在自身的ul上。

```
var Like = function(element) {
    this.$element = $(element);
    return this;
};

Like.prototype.add = function(item) {
    var element = $("<li></li>", {text: item}).addClass('like');
    element.appendTo(this.$element);
};
```

这样，当我们为like注册事件时，就完全不需要修改别的文件，影响范围也非常小。事实上，只要对外的接口：add方法不变，Like可以被实现成任意的形式。

8.2.4 放在一起

如果我们将所有的组件放在一起，会得到这样一段代码：

```
$(function() {
    var searchForm = new SearchForm("#searchForm");
    var searchResults = new SearchResults("#searchResults ul");
    var liked = new Like("#likedPlaces ul");
    var search = new Search();

        $(document).on('search', function(event, query) {
          search.fetch(query).then(function(locations) {
              searchResults.setResults(locations);
          });
        });

    $(document).on('like', function(e, name) {
      liked.add(name);
    });
});
```

代码当然比刚开始的时候更加清晰，每个部分都是独立的组件，互相之间不会直接依赖。但是，你可能已经发现了，代码量反而增多了！由1个文件变成了5个文件，而且有了众多的测试代码。运行这些测试，结果如图8-4所示。

但是这一切都是值得的，当你需要重用某个组件的时候，拿去用就是了！而且有了测试的保证，每个组件都可以做到更加健壮，更加灵活。

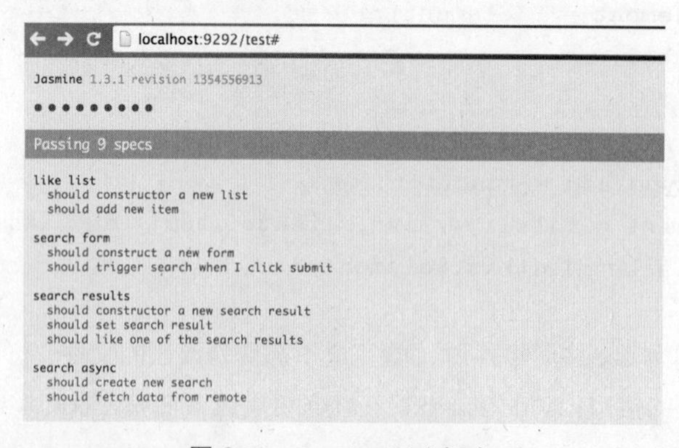

图8-4 Jasmine 测试报告

最后，我们获得了 9 个测试，4 个组件，而且这些组件完全可以灵活地组装起来。

有了基本的组件，修改过的实现可以更快速地响应需求的变化。比如，我们需要在界面的左边添加另外一个“喜欢的地方”的组件，如图 8-5 所示。

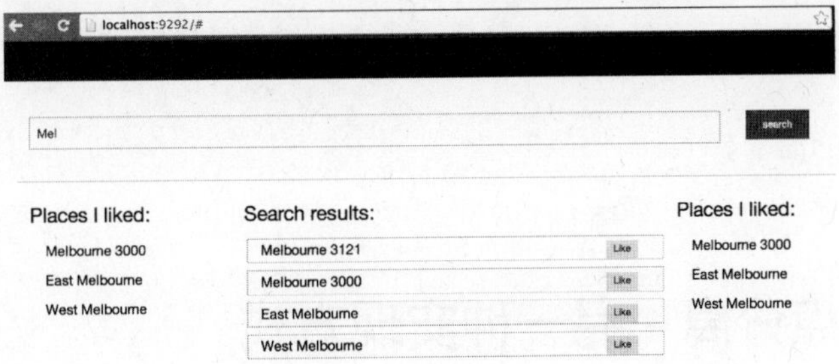

图 8-5 执行结果

只需要调整对应的 DOM 元素：

```
<div>
    <div id="likedPlaces1">
        <h4>Places I liked:</h4>
        <ul />
    </div>

    <div id="searchResults">
        <h4>Search results:</h4>
        <ul />
    </div>

    <div id="likedPlaces2">
        <h4>Places I liked:</h4>
        <ul />
    </div>
</div>
```

然后在 JavaScript 中加入：

```
var liked1 = new Like("#likedPlaces1 ul");
var liked2 = new Like("#likedPlaces2 ul");
```

```
//...

$(document).on('like', function(e, name) {
    liked1.add(name);
    liked2.add(name);
});
```

即可完成新的需求。

8.3 关注点分离：另一种实现方式

用面向对象的方式将界面元素抽象为独立的组件，使得每一个组件都可以独立测试，并完成自管理，这种方式当然比将所有内容混在一起要好得多。但是我们还可以从另外的角度出发，继续改善既有代码。

关注点分离是一种常用的系统解耦方式，即将不同职责的代码归类起来。既然我们无法避免对DOM元素的操作，那么就将这些与DOM相关的操作封装到表示视图（view）的抽象中。

在应用程序中，我们事实上并不是非常关心对页面元素的操作，比如我们在例子中关注的是：当用户输入关键字，点击搜索，得到结果集这个过程。这个过程也正是这个应用程序存在的核心意义。我们可以把这个过程单独抽取出来，形成一个对象。

最后，我们需要依赖后端的服务程序。这个服务程序是独立存在的，它可以给任何需要的地方提供搜索服务。

一个简单的示意图如图8-6所示。

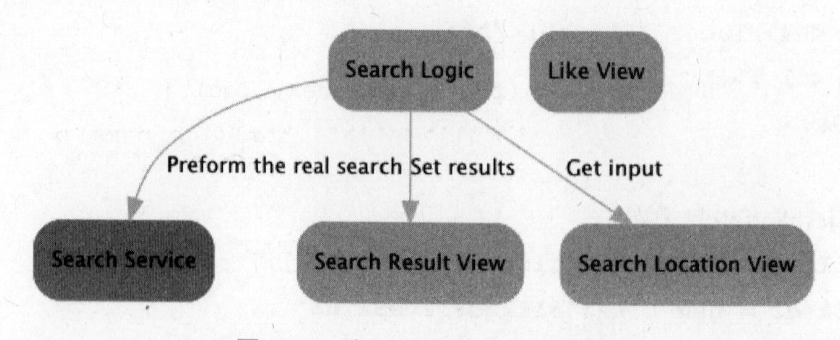

图8-6 关注点分离之后的结构

SearchLogic 将这些不同的部分组装起来，而这些组件之间可能并不知道对方的存在。

8.3.1 搜索服务

搜索服务应该是最简单，而且最独立的模块，只需要指定一个搜索的端点（数据的提供者），然后暴露一个 search 的接口即可：

```
function SearchService(url) {
    this.search = function(location, successcb, errorcb) {
        $.ajax({
            url: url + location,
            dataType: 'json',
            success: successcb,
            error: errorcb
        });
    };
}
```

由于搜索服务是一个异步调用，我们将搜索成功以及搜索失败的函数作为参数传入，这样既便于测试，也可以获得更大的灵活性。

8.3.2 结果视图

结果视图作为一个视图，仅仅需要正确的渲染即可。另外，当发生意外错误时，结果视图需要显示一个错误信息。

```
function SearchResultView(container) {
    this.render = function(data) {
        $(container).html('');
        $(data).each(function(index, loc) {
            var li = $("<li></li>").html(loc.name);
            $(container).append(li);
            li.on('click', function(e) {
            var loc = $(e.target).text();
                $(document).trigger('like', [loc]);
            });
```

```
        });
    };

    this.renderError = function() {
        $(container).text("something went wrong");
    };
}
```

应该注意的是，我们将所有 DOM 相关的操作封装在此处，而至于何时展现，则应该剥离到别的对象中。

render 方法可以遍历传入的 data，然后创建新的 li 元素，绑定事件。注意此处，我们只是简单地自定义了一个事件，并在点击时将这个事件触发到 document 上。

8.3.3 搜索框视图

搜索框视图的实现非常简单，它需要一个获取框中内容的接口，这样调用者可以在任何时刻调用这个接口来获得搜索条件。另外，它需要公开一个接口，方便别人注册在其上，当点击搜索按钮时，调用这个注册过的回调函数。

```
function SearchLocationView() {
    this.getLocation = function() {
        return $("#location").val();
    };

    this.addSearchHandler = function(callback) {
        $("#search").on('click', callback);
    };
}
```

8.3.4 搜索逻辑

有了这些简单逻辑之后，该应用的核心代码就会变成：

```
function SearchLocationLogic(formView, resultView, service) {
    this.launch = function() {
        formView.addSearchHandler(this.updateSearchResults);
```

```
    };

    this.updateSearchResults = function() {
        var location = formView.getLocation();
        if(location) {
            service.search(location,resultView.render,resultView.
renderError);
        }
    };
}
```

当逻辑部分启动时，它会为搜索框注册一个回调函数，当点击搜索框的搜索按钮时，这个回调会被调用。将这个函数定义为一个命名函数（而不是一个匿名函数）的好处是，我们可以在不触发点击事件的情况下测试这个代码块。

这个函数会先从搜索框视图中获取关键字，然后发起一次对搜索服务的调用，调用的回调则分别指向结果视图的 render 和 renderError。

8.3.5 放在一起

这时候，应用程序的入口将会变为：

```
$(function() {
    var searchResults = new SearchResultView("#searchResults ul");
    var searchLocation = new SearchLocationView();

    var  searchService  =  new  SearchService("http://localhost:9292/
locations/");
    var searchLogic = new SearchLocationLogic(searchLocation, search
Results, searchService);
    searchLogic.launch();

    var liked = new LikeView("#liked ul");
      $(document).on('like', function(e, loc) {
      liked.render(loc);
     });
});
```

此处的 LikeView 是一个更加简单的独立视图：

```
function LikeView(container) {
    this.render = function(data) {
        var li = $("<li></li>").text(data);
            $(container).append(li);
    };
}
```

代码越小巧，犯错的可能也越小，而且一旦出现错误，也可以很容易定位并修复。

8.3.6 更容易测试的代码

由于视图的分离，应用程序的核心逻辑被包装到了搜索逻辑部分，如果我们可以保证这部分代码的质量，视图部分事实上是无需测试的（视图已经被简化为简单的值-对象，类似于 Java 中的 POJO）。

对于逻辑部分的测试，我们需要创建一些 mock 对象：

```
var formView;
var searchResultView;
var searchService;

beforeEach(function() {
    formView = jasmine.createSpyObj('SearchLocationView', ['getLoca-
tion']);
    searchResultView = jasmine.createSpyObj('SearchResultView',
['render', 'renderError']);
    searchService = jasmine.createSpyObj('SearchService', ['search']);
});
```

然后，需要验证各个组件间的交互是正确的：

```
it("do search logic", function() {
    var logic = new SearchLocationLogic(formView, searchResultView,
search Service);
    logic.updateSearchResults();

    expect(formView.getLocation).toHaveBeenCalled();
});
```

即当调用 updateSearchResults 时，需要保证搜索框视图的 getLocation 被调用了。另外一个测试场景是：

```
it("search for something", function() {
    formView = jasmine.createSpy('SearchLocationView');
    formView.getLocation                                                    =
jasmine.createSpy('getLocation').andCallFake (function() {
        return "Melbourne";
    });

    var logic = new SearchLocationLogic(formView, searchResultView,
searchService);
    logic.updateSearchResults();

     expect(searchService.search).toHaveBeenCalled();
     expect(searchService.search.mostRecentCall.args[0])
         .toEqual("Melbourne");
     expect(searchService.search.mostRecentCall.args[1])
         .toEqual(searchResultView.render);
     expect(searchService.search.mostRecentCall.args[2])
         .toEqual(searchResultView.renderError);
});
```

即确保调用 updateSearchResults 时，传递的参数是正确的。

测试搜索服务这种独立的模块则更加容易：

```
describe("search service", function() {
    it("call ajax underline", function() {
    var spy = spyOn($, 'ajax');
    var service = new SearchService("http://whatsoever.service");

    service.search("terms");
        expect($.ajax).toHaveBeenCalled();
});
});
```

应该注意的是，此处我们无需测试任何视图代码。在视图中，对 DOM 的增删查改无需特别测试，而关于事件的触发等可以移至更高层级的测试中，比如基于 Selenium 的测试。

第 9 章 本地构建

构建是指通过自动化的方式，将软件由源码变成可发布的包。传统意义上，这个过程仅仅包含对源代码的预编译、编译、链接、混淆等，变成可执行的应用程序。而在现代的开发流程上，这个过程还应该包括编译、测试（单元测试、集成测试、端到端测试等），打包等一系列的构建动作。

构建动作由来已久，比如传统 UNIX 世界的 make 程序。Java 世界的 Ant，Maven，Gradle 等。每个主流的编程语言都会有相关的构建工具。

9.1 Ruby 中的构建

9.1.1 Rake

Rake 是 Ruby 世界中的 Make。它和 Make 的工作原理类似，它会在当前目录寻找一个名为 Rakefile 的文件，然后根据文件中的指令来运行。

Rakefile 中定义任务，这些任务可以依赖于其他任务。这和开发过程是自然吻合的，比如发布任务依赖于测试任务的通过，测试任务依赖于编译、链接的通过，编译任务依赖于预编译的通过等等。

Rake 是一个 Ruby 的 gem，因此安装 Rake 需要使用：

```
$ gem install rake
```

使用 Rake 提供的 DSL，在 Rake 中定义一个任务非常容易，并且读起来也非常顺畅：

```
task :default do
  puts "Default task here"
end
```

这段代码定义了名叫 default 的任务，这个任务并不依赖与其他的任何任务，当执行时，它只是打印一行“Default task here”。

执行这个任务的命令为：

```
$ rake default
```

default 为任务的名称。事实上，如果不指定任何的任务名，Rake 默认地会执行名字为 default 的任务，因此上边的命令可以简化为：

```
$ rake
```

1. 任务依赖

Rake 在定义任务之间依赖时，只需要一个“=>”，虽然是一个 Ruby 中内置的操作符号，但是读起来更加地有意义：

```
task :run do
    puts "launch application"
end

task :default => :run do
   puts "Default task here"
end
```

此处的 default 任务依赖于 run 任务。执行时，run 任务会先执行，如果成功，才会执行 default 任务：

```
$ rake
launch application
Default task here
```

如果一个任务依赖于多个任务，只需要提供一个数组即可：

```
task :start_nginx do
    puts "start nginx on port 80"
end

task :connect_db do
    puts "connect database MySQL"
end

task :run => [:start_nginx, :connect_db] do
    puts "launch application"
end
```

```
task :default => :run do
   puts "Default task here"
end
```

run 任务依赖于启动 nginx 任务 start_nginx，还依赖于连接数据库的任务 connect_db，运行结果如下：

```
$ rake
start nginx on port 80
connect database MySQL
launch application
Default task here
```

2. 查看任务描述

如果一个 Rakefile 中定义了很多任务，那么如何快速查看它提供的任务以及相应任务的描述呢？

只需要在任务上用 desc 定义一个用以描述任务的字符串即可：

```
desc "start nginx on port 80"
task :start_nginx do
    puts "start nginx on port 80"
end

desc "connect to database"
task :connect_db do
   puts "connect database MySQL"
end

desc "launch the application"
task :run => [:start_nginx, :connect_db] do
   puts "launch application"
end
```

然后以-T 选项来执行 Rake，就可以看到详细的描述：

```
$ rake -T
rake connect_db   # connect to database
rake run          # launch the application
rake start_nginx  # start nginx on port 80
```

注意，对于某些临时任务，我们无需编写 desc 描述，这样当 rake -T 时就不会看到关于这个任务的描述了。

3. 带有参数的任务

实际开发中，任务很少是只有一种情况的，比如 Web 服务器可能选择 Nginx 也可能是 Apache，数据库可能是 MySQL 也可能是 Postgres。在 Rake 中，定义这种带有参数的任务非常容易：

```
desc "connect to database"
task :connect_db, [:db_type] do |t, args|
  args.with_defaults(:db_type => "MySQL")
  puts "connect database #{args.db_type}"
end
```

任务 connnect_db 可以传入一个表示数据库类型的参数，如果不传入参数，with_defaults 会将其值填为 MySQL。可以通过 args.db_type 来引用到这个参数的值。

```
$ rake connect_db["postgres"]
connect database postgres
```

4. 命名空间

为了将逻辑上的一组任务归类起来，Rake 提供了命名空间的支持，我们可以将之前定义的任务归类到 myapp 的组中：

```
namespace :myapp do
  desc "start nginx on port 80"
  #...

  desc "connect to database"
  #...

  desc "launch the application"
  #...
end
```

而 default 任务需要通过名字空间来引用 run 任务：

```
task :default =>"myapp:run" do
  puts "Default task here"
end
```

这时候如果查看任务列表的话，会看到所有的任务都带有了名字空间：

```
$ rake -T
rake myapp:connect_db[db_type]  # connect to database
```

```
rake myapp:run                    # launch the application
rake myapp:start_nginx            # start nginx on port 80
```

5. 文件任务

开发中会遇到很多文件操作，比如将一个模板文件和数据文件合并为一个配置文件，将所有的 JavaScript 文件合并为一个大的 JavaScript 文件，预编译 SCSS 为 CSS 文件等。Rake 也提供了对这个过程的支持，这种特殊的任务可以称之为文件任务。

比如，定义一个文件任务，这个任务会生成一个 nginx.conf 文件，而这个文件依赖于其他两个文件的存在：nginx.conf.templ 和 nginx.conf.yaml。

```
desc "generate nginx configure file"
   file 'nginx.conf' => ['nginx.conf.templ', 'nginx.yaml'] do
   puts "combine template and yaml together"
end
```

文件任务看起来和普通的任务区别不大，不过它有两个特点：

（1）如果依赖的文件不存在，那么这个任务不会执行。

（2）如果依赖的文件没有这个文件新，那么这个任务也不会被执行。

如果 nginx.conf.templ 或者 nginx.yaml 不存在：

```
$ rake nginx.conf
rake aborted!
Don't know how to build task 'nginx.conf.templ'

Tasks: TOP => nginx.conf
```

当两个文件都存在，并且 nginx.conf 没有两个文件中的任何一个新（也就是说，它可能已经过期了）时，这个任务才会执行：

```
$ rake nginx.conf
combine template and yaml together
```

我们再来看一个任务，这个任务将当前目录下的 templates 里的所有 haml 模板合并成一个文件：

```
templates_files = FileList['templates/*.haml']
all_in_one = 'all_in_one.haml'

templates_files.each do |template|
   file all_in_one => template do
      puts "combine #{template} into #{all_in_one}"
```

```
    end
end
```

FileList 接受通配符，因此很容易得到所有符合该通配符的文件的列表，有了这个列表我们就可以定义一个文件任务来完成合并等操作：

```
$ rake all_in_one.haml
combine templates/1.haml into all_in_one.haml
combine templates/2.haml into all_in_one.haml
```

9.1.2 Guard

Guard 是一个 Ruby 的 Gem，它可以捕获到操作系统中文件的改变事件，并根据这些事件来执行相关动作。这种功能在很多场景下都非常有用。比如在前端开发中，我们需要不断刷新浏览器来查看对于 Javascript、css 以及 HTML 文件的修改是否生效，使用 Guard 可以使这个过程更加容易，一旦文件内容发生修改，它可以调用相关程序来执行预定义的动作（预编译 scss 文件，刷新浏览器等）。

安装 Guard 非常容易，从命令行里执行：

```
$ gem install guard
```

或者在 Gemfile 中定义：

```
group :development do
    gem 'guard'
end
```

然后执行 bundle 即可。有了 Guard，就有了感知文件系统修改的能力。我们还需要安装一些其他的 Guard 插件来完成实际的动作，比如重新刷新浏览器中的页面等。

想要刷新浏览器，首先需要为 Chrome 浏览器安装 LiveReload 插件，如图 9-1 所示。

安装之后，需要安装 guard-livereload 的 Gem：

```
group :development do
    gem 'guard'
    gem 'guard-livereload'
end
```

安装之后，通过命令：

```
$ guard init
```

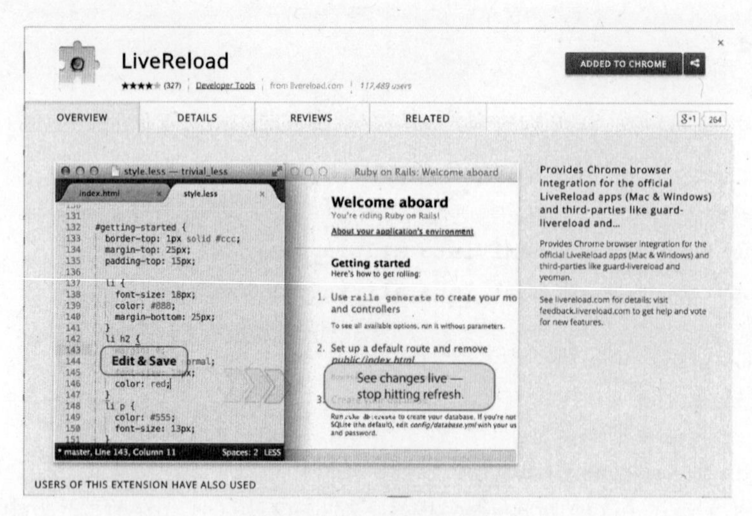

图 9-1　LiveReload 插件

来生成 Guard 的配置文件：

```
# A sample Guardfile
# More info at https://github.com/guard/guard#readme

guard 'livereload' do
watch(%r{app/views/.+\.(erb|haml|slim)$})
  watch(%r{app/helpers/.+\.rb})
  watch(%r{public/.+\.(css|js|html)})
  watch(%r{config/locales/.+\.yml})
  # Rails Assets Pipeline
  watch(%r{(app|vendor)(/assets/\w+/(.+\.(css|js|html|png|jpg))).*})
{ |m| "/assets/#{m[3]}" }
end
```

watch 语句中指定了一个正则表达式，当匹配到这个正则表达式的文件被修改时，livereload 插件就会被执行。

通过命令：

```
$ bundle exec guard start
```

来启动 guard，然后就可以在编辑器中进行实际开发了。从现在开始，我们每一次保存都会触发一次 livereload。当然，我们还需要在浏览器中连接 guard 服务器，点击浏览器中如图 9-2 所示的按钮来连接后台的 guard 服务。

图 9-2 LiveReload 在 Chrome 中的按钮

这时候，在命令行中会看到诸如浏览器已连接（Browser connected）的字样，如图 9-3 所示。

```
➜ portfolio git:(master) ✗ be guard start
23:06:22 - INFO - Guard is using TerminalTitle to send notifications.
23:06:22 - INFO - LiveReload is waiting for a browser to connect.
23:06:22 - INFO - Guard::Compass is waiting to compile your stylesheets.
23:06:22 - INFO - Guard is now watching at '/Users/jtqiu/develop/design/portfolio'
[1] guard(main)> 23:06:23 - INFO - Browser connected.
```

图 9-3 命令行启动 guard

9.2 JavaScript 中的构建

9.2.1 Grunt 的使用

Grunt 是一个基于 JavaScript 的构建工具。和其他构建工具类似，grunt 主要用于将一些繁琐的工作自动化，比如运行测试，代码的静态检查，压缩 JavaScript 源代码等等。

如果要在命令行运行 grunt，需要安装 grunt 的命令行工具：

```
$ npm install -g grunt-cli
```

grunt-cli 本身不会提供 Grunt 构建工具，它只是一个 Grunt 的调用器。-g 参数表示将 grunt-cli 安装在全局路径中，这样我们可以在不同的项目中使用 grunt-cli。由于 grunt-cli 只是一个调用器，所以对于不同的项目，真正运行的 Grunt 可以是不同的版本，而命令行的接口则完全一致。

grunt-cli 提供的命令行可执行文件的名称为 grunt，这个工具每次运行时都会检查当前目录下的 grunt 安装。

1. 使用 Grunt

在一个既有的 npm 模块中，可以很容易地加入对 grunt 的支持，只需要修改 package.json 文件，加入依赖，然后运行 npm install 来完成依赖的安装即可。

如果是一个新启动的项目，那么需要在项目中添加两个文件：package.json 和 Gruntfile。其中 package.json 用来定义当前项目是一个 npm 的模块，而 Gruntfile 用来定义具体的任务，以及加载 Grunt 的其他插件（Grunt 提供丰富的插件，比如运行测试，代码静态检查等功能都可以通过插件来完成）。

2. package.json

package.json 定义了一个工程的元数据，这些数据被 npm 管理器使用，npm 本身提供的 init 参数可以很容易地生成一个 package.json 文件：

```
$ npm init
```

根据提示可以很容易地生成一个新的 package.json：

```
{
  "name": "chapter-testing",
  "version": "0.0.0",
  "description": "This is the demo for how to use grunt.js",
  "main": "my.conf.js",
  "directories": {
   "test": "test"
  },
  "scripts": {
     "test": "echo \"Error: no test specified\" && exit 1"
  },
  "author": "Juntao",
  "license": "BSD-2-Clause"
}
```

一般来说，package.json 文件中有一个 devDependencies 小节，定义了本项目的外部依赖。

可以通过运行：

```
$ npm install grunt --save-dev
```

来为工程文件 package.json 添加 devDependencies 小节的定义：

```
"devDependencies": {
   "grunt": "~0.4.1"
}
```

该命令会为工程添加一条依赖关系，如果别人拿到这个文件，就可以在本地“复原”你的开发环境，以保证整个团队使用同样的库文件。

执行之后，该命令会在本地生成一个目录（如果没有的话）：node_modules，其中包括了 Grunt 的可执行文件，这时候在命令行运行 grunt（由 grunt-cli 提供的命令行工具），就会尝试在此目录中查找 Grunt 的可执行文件。

3. Gruntfile

要运行 Grunt，还需要定义自己的任务，默认的任务定义在 Gruntfile 中，Gruntfile 有一定的格式。

所有的任务需要定义在一个函数中：

```
module.exports= function(grunt) {
    // task defination
};
```

一般而言，使用 Grunt 会读取一些项目的信息(定义在 package.json 中)：

```
grunt.initConfig({
    pkg: grunt.file.readJSON('package.json')
});
```

也可以在这个时刻指定一些其他插件的选项：

```
grunt.initConfig({
    pkg: grunt.file.readJSON('package.json'),
    jshint: {
        all: ['Gruntfile.js', 'lib/**/*.js', 'test/**/*.js']
    }
});
```

然后加载其他的插件（如果需要的话）

```
grunt.loadNpmTasks('grunt-contrib-jshint');
```

最后，需要指定一个 grunt 的入口任务(default 任务)：

```
grunt.registerTask('default', function() {
    console.log("default task");
});
```

然后运行 grunt，我们此处定义的 default 任务仅仅在控制台上打印一行字符串：

```
$ grunt
Running "default" task
default task

Done, without errors.
```

4. Grunt 插件

Grunt 得到了很多开源软件贡献者的支持，已经有众多的插件被开发出来。比如：

（1）grunt-contrib-jshint；

（2）grunt-contrib-uglify；

（3）grunt-contrib-qunit；

（4）grunt-karma。

使用这些插件可以为项目开发提供很多便利，以 grunt-jshint 为例（grunt-contrib-jshint 是一个用于 JavaScript 静态语法检查的工具，它会帮助开发者进行较为严格的语法检查），首先需要安装此插件：

```
$ npm install grunt-contrib-jshint --save-dev
```

然后在 grunt.initConfig 中指定 jshint 需要的参数：

```
grunt.initConfig({
    jshint: {
        files: ['js/*.js'],
        options: {
        ignores: ['js/jquery*.js']
        }
    }
});
```

然后加载此插件：

```
grunt.loadNpmTasks('grunt-contrib-jshint');
```

最后，可以将 jshint 加入到默认的任务中：

```
grunt.registerTask('default', ['jshint']);
```

运行结果如图 9-4 所示。

```
→ chapter-testing git:(master) ✗ grunt
Running "jshint:files" (jshint) task
Linting src/calc.js ...ERROR
[L2:C2] W033: Missing semicolon.
}
Linting src/calc.js ...ERROR
[L6:C2] W033: Missing semicolon.
}
Linting src/calc.js ...ERROR
[L10:C2] W033: Missing semicolon.
}

Warning: Task "jshint:files" failed. Use --force to continue.

Aborted due to warnings.
```

图 9-4　命令行执行 grunt 命令

5. Grunt 的几个常用插件

grunt-karma 是一个 karma 的 Grunt 插件，上一篇文章中已经介绍了 karma 的基本用法。这里简单介绍如何在 Grunt 中使用 karma。

首先需要安装 grunt-karma 插件：

```
$ npm install grunt-karma --save-dev
```

然后在 Gruntfile.js 中加载该插件：

```
grunt.loadNpmTasks('grunt-karma');
```

在使用 karma 之前，需要生成一个 karma 的配置文件 karma.conf.js:

```
$ karma init karma.conf.js
```

然后在 Gruntfile.js 中，加入初始化 karma 的参数，并指定 karma 需要使用 karma.conf.js 文件作为配置来运行：

```
grunt.initConfig({
    karma: {
        unit: {
            configFile: 'karma.conf.js'
        }
    }
});
```

大多数情况下，如果要把 karma 作为持续集成过程的一部分，应该启动单次运行模式：

```
singleRun: true
```

这样 karma 会启动浏览器，运行所有的测试用例，然后退出。

将 karma 加入默认的任务中：

```
grunt.registerTask('default', ['jshint', 'karma']);
```

然后执行：

```
$ grunt
```

运行结果可能如图 9-5 所示。

注意此处的 default 后边带了一个任务数组，其中每个任务会按照声明的顺序依次被执行。事实上“default”是后边整个列表的一个别名（alias）。

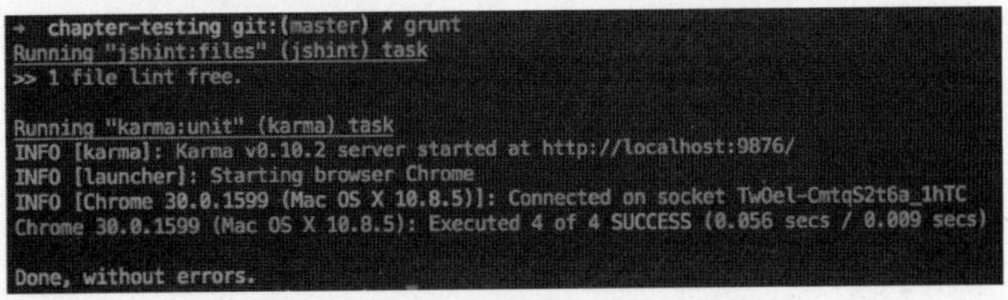

```
→  chapter-testing git:(master) ✗ grunt
Running "jshint:files" (jshint) task
>> 1 file lint free.

Running "karma:unit" (karma) task
INFO [karma]: Karma v0.10.2 server started at http://localhost:9876/
INFO [launcher]: Starting browser Chrome
INFO [Chrome 30.0.1599 (Mac OS X 10.8.5)]: Connected on socket TwOel-CmtqS2t6a_1hTC
Chrome 30.0.1599 (Mac OS X 10.8.5): Executed 4 of 4 SUCCESS (0.056 secs / 0.009 secs)

Done, without errors.
```

图 9-5 执行 jshint 及 karma 任务

除此之外，还有几个常用插件分别为：grunt-uglify，grunt-concat。其 grunt-uglify 用以最小化 Javascript 源代码，grunt-concat 用以连接所有的 Javascript 源代码为一个独立的文件。

和其他的 Grunt 插件一样，它们是以 npm 的包的形式发布的，因此安装非常容易：

```
$ npm install grunt-contrib-uglify--save-dev

$ npm install grunt-contrib-concat--save-dev
```

然后在 Gruntfile.js 中加载这些插件：

```
grunt.loadNpmTasks('grunt-contrib-concat');

grunt.loadNpmTasks('grunt-contrib-uglify');
```

即可。

6. 自定义插件

grunt-init 是一个帮助开发人员快速搭建基于 Grunt 项目的工具，比如开发 jQuery 插件，Gruntfile，或者 Grunt 插件本身。安装方式很简单：

```
$ npm install -g grunt-init
```

-g 表示安装在全局路径下，因为其他项目中也有可能用到 grunt-init，所以我们将其安装在全局路径下。开发 Grunt 插件需要一个基本的模板，我们可以将这个模板 clone 到 home 下的.grunt-init 目录下：

```
$ git clone git://github.com/gruntjs/grunt-init-gruntplugin.git ~/.grunt-init/gruntplugin
```

然后新建一个目录，并在该目录下运行：

```
$ mkdir beautify
$ cd beautify
$ grunt-init gruntplugin
```

grunt-init 会让你回答一些问题，比如插件名称、版本号、github 链接等。之后，grunt-init 会生成一个基本的模板，开发者只需要完成自己插件的逻辑代码即可。逻辑代码实现在 tasks/<plugin-name>.js 中。

完成后可以通过 npm publish 来发布，发布之后，你的插件就可以像上边提到的 grunt-jshint 等常用插件那样被其他开发者使用了。

9.2.2 Gulp 的使用

Gulp 是继 Grunt 之后出现在 JavaScript 世界中的另一个轻量级构建工具。由于它使用了管道，而不是写临时文件的形式，因此它比 Grunt 更快，而且代码也比较切合程序员的阅读习惯。

Gulp 作为一个 npm 的包，可以很方便地安装：

```
$ npm install -g gulp
```

Gulp 运行时，会在当前目录中查找 gulpfile.js 文件，并执行该文件中的内容，因此快速开始的方式就是创建一个 gulpfile.js，然后在其中编写任务：

```
var gulp = require('gulp');

gulp.task('default', function() {
  // place code for your default task here
});
```

使用插件

一个最简单的例子是使用 Gulp 的 JSHint 插件来检查 JavaScript 代码的格式，要使用这个插件，可以通过 npm 来进行安装：

```
$ npm install gulp-jshint
```

然后在 gulpfile.js 中加载 jshint 插件：

```
var gulp = require('gulp'),
jshint = require('gulp-jshint');

gulp.task('js', function() {
        return gulp.src(['src/*.js', 'test/*.js'])
         .pipe(jshint('.jshintrc'))
         .pipe(jshint.reporter('default'));
});

gulp.task('default', function() {
        gulp.start('js');
});
```

此处我们先使用 gulp.task 定义了一个名为 js 的任务。这个任务中，gulp.src 的参数是一个支持通配符的数组，这个数组包含了所有的 src 目录下的 JavaScript 文件和 test 目录下的 JavaScript 文件。

多个子任务通过 pipe 连接起来，这里的 pipe 概念和 UNIX 世界中传统的管道的概念一样，即当数据从管道的前一个节点流出之后，会流入下一个节点，而且数据在此过程中并不会写入文件。

jshint 需要一个.jshintrc 的规则文件来定义如何检查代码，一个典型的规则文件为：

```
{
    "bitwise": true,
    "camelcase": true,
    "curly": true,
    "eqeqeq": true,
    "indent": 4,
    "newcap": true,
    "noarg": true,
    "noempty": true,
    "nonew": true,
    "quotmark": "single",
    "unused": true,
    "strict": true,
    "trailing": true,
    "maxparams": 5,
    "maxcomplexity": 10,
    "maxlen": 80,
    "asi": true,
    "loopfunc": true,
    "browser": true,
    "jquery": true
}
```

经过这些规则校验之后，我们使用了 reporter 来生成报告。

最后，我们定义了一个 default 任务，这个任务中会启动 js 任务，从而串接起来。除此之外，我们可以定义多个任务，然后在 default 中依次执行。

在命令行中执行 gulp，即可看到 jshint 的检查结果，如图 9-6 所示。

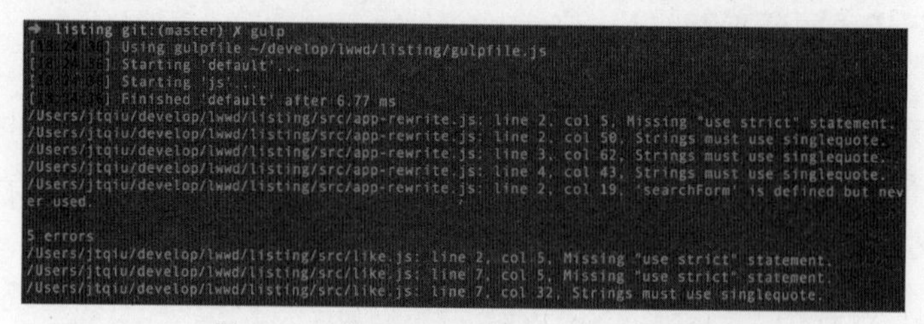

图 9-6 执行 gulp 来进行 jshint 检查

可以看到，gulp 的 jshint 插件报告了很多错误。不过这些错误信息并没有很好的格式化，看起来比较费力。这个问题可以通过安装 jshint 插件 jshint-stylish 来解决：

```
$ npm install jshint-stylish
```

然后修改 reporter 为 jshint-stylish：

```
gulp.task('js', function() {
        return gulp.src(['src/*.js', 'test/*.js'])
         .pipe(jshint('.jshintrc'))
         .pipe(jshint.reporter('jshint-stylish'));
});
```

运行 gulp 之后，可以看到之前没有格式化的问题得到很好的解决，如图 9-7 所示。

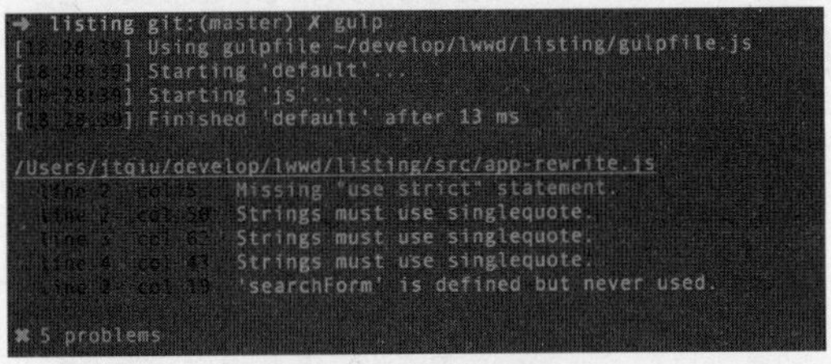

图 9–7　发现错误

修复这些错误之后，再次运行 gulp，则可以看到如图 9-8 所示的运行结果。

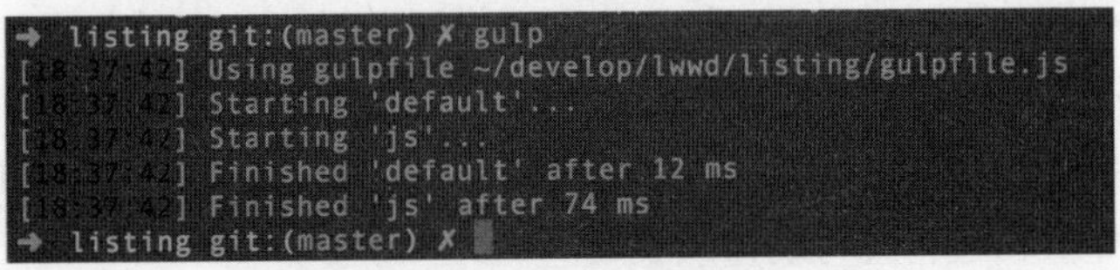

图 9–8　修复错误并重新执行

第10章 持续集成

持续集成是敏捷开发的一种实践，即频繁地集成系统的各个模块。在开发大规模应用的时候，我们会自然地将系统分解为小型的，可以独立度量的模块，而这些小模块之间可能会有依赖、干扰等。如果能尽量早地集成，并在集成过程中发现问题，无疑可以为后期的发布节省很多时间，也减少了浪费。

持续集成事实上是一系列工具支持的一种实践，一个典型的持续集成环境需要：

（1）一台或者多台服务器。

（2）持续集成工具（Jenkins，GO）。

（3）构建脚本（Make，Maven，Grunt 等）。

（4）环境依赖的工具（浏览器，虚拟桌面等）。

如果项目规模比较大，或者已经运行了很长时间，系统自然会形成很多物理模块，这些模块的构建需要很长时间。如果采取串行的方式进行集成，那么整个过程会非常耗时，因此可以搭建一个集群进行并行的持续集成。

在本章，我们将继续上一章的实例，在本地通过虚拟机软件搭建一个持续集成环境，并以此为例说明如何搭建环境，如何配置，如何在实际项目中使用 Jenkins 作为持续集成工具。

10.1 环境搭建

10.1.1 安装操作系统

在本章，我们将使用虚拟机来搭建集成测试服务器。当然，我们会依赖一些轻量级的工具来完成环境的搭建和配置。

VirtualBox 是一个开源的虚拟机软件，类似于商业的 VMWare、VirtualPC 等。VirtualBox

功能非常强大，比如对网络的支持、与宿主机之间的共享等功能都非常好用。另外，VirtualBox 还开放 API，并且提供插件机制，使得对其进行脚本化成为可能。

使用 VirtualBox 的桌面版来安装一个 Linux 虚拟机非常简单，但是开发人员可能仍然觉得这个有些琐碎，如果能将安装过程自动化就好了。Vagrant 正好可以完成这个功能。

Vagrant 是一个建立在 VirtualBox 之上的工具，它可以非常方便地搭建出虚拟机环境。我们可以通过命令行来创建、配置、删除一个虚拟机。在 Vagrant 中，虚拟机被称为 box，所以我们的所有操作对象都是 box。你可以使用别人创建好的 box，也可以将自己的环境打包成一个 box 分享给别人使用。

在我们的例子中，首先需要下载一个 ubuntu 的 box：

```
$ wget http://files.vagrantup.com/precise64.box
```

下载之后，使用 vagrant 的命令：

```
$ vagrant box add precise64 precise64.box
```

来添加这个 box，并将其命名为 precise64。随后，我们会使用这个名字来引用这个虚拟机。执行完成之后，会看到诸如这样的输出：

```
$ vagrant box add precise64 precise64.box
Downloading box from URL: file:/Users/jtqiu/develop/bigdata/
precise64.box
Extracting box...e: 0/s, Estimated time remaining: --:--:--)
Successfully added box 'precise64' with provider 'virtualbox'!
```

这表示我们已经成功地将 precise64 导入，vagrant 发现这个 box 是一个 virtualbox 格式的虚拟机。

导入之后，我们就可以配置自己的环境了。

```
$ mkdir -p ci
$ cd ci
$ vagrant init
```

vagrant init 命令会在当前目录生成一个 Vagrantfile，这是一个 ruby 文件，用来指定 Vagrant 使用哪一个 box，网络配置是什么等等。当然 Vagrantfile 的作用不仅如此，我们这里先介绍其基本用法。

一个典型的 Vagrantfile 配置如下：

```
VAGRANTFILE_API_VERSION = "2"

Vagrant.configure(VAGRANTFILE_API_VERSION) do |config|
  config.vm.box = "precise64"
```

```
  config.vm.network "private_network", :ip =>"192.168.2.100"
end
```

它指定了我们将使用 precise64 这个 box 作为虚拟机，然后为这个虚拟机指定了一个 IP 地址。我们随后可以通过这个 IP 来访问虚拟机中的 Web 应用。

配置好以后，使用下面这条命令来启动虚拟机：

```
$ vagrant up
```

首次启动，会稍微有些耗时，然后就可以看到 Vagrant 的报告，如图 10-1 所示。

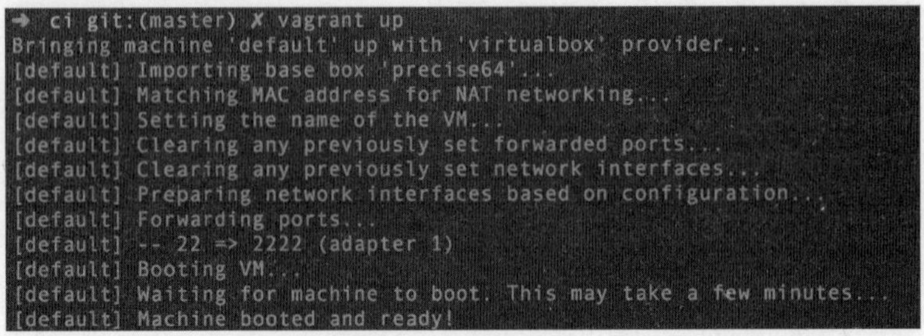

```
➜  ci git:(master) ✗ vagrant up
Bringing machine 'default' up with 'virtualbox' provider...
[default] Importing base box 'precise64'...
[default] Matching MAC address for NAT networking...
[default] Setting the name of the VM...
[default] Clearing any previously set forwarded ports...
[default] Clearing any previously set network interfaces...
[default] Preparing network interfaces based on configuration...
[default] Forwarding ports...
[default] -- 22 => 2222 (adapter 1)
[default] Booting VM...
[default] Waiting for machine to boot. This may take a few minutes...
[default] Machine booted and ready!
```

图 10–1　启动虚拟机

一旦完成启动，我们可以通过：

```
$ vagrant ssh
```

登录到该虚拟机中：

```
$ vagrant ssh
Welcome to Ubuntu 12.04 LTS (GNU/Linux 3.2.0-23-generic x86_64)

* Documentation:  https://help.ubuntu.com/
Welcome to your Vagrant-built virtual machine.
Last login: Sat Jun 14 07:01:33 2014 from 10.0.2.2
vagrant@precise64:~$
```

通过 lsb_release 来查看输出：

```
vagrant@precise64:~$ lsb_release -a
No LSB modules are available.
Distributor ID: Ubuntu
Description:    Ubuntu 12.04 LTS
Release:    12.04
Codename:   precise
```

这时候，如果打开 VirtualBox，可以看到我们通过 Vagrant 启动的 box，如图 10-2 所示。

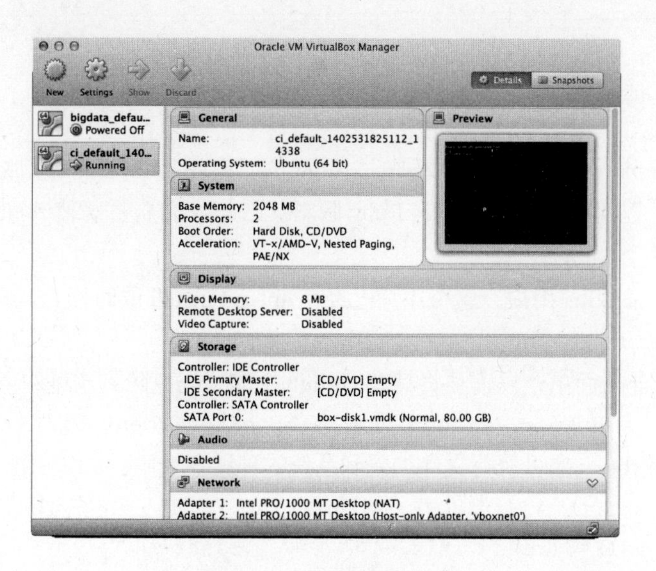

图 10-2 VirtualBox 界面

我们现在有了一个运行良好、干净的虚拟机环境，下面就可以在其上安装其他软件了。

10.1.2 安装 Jenkins

最简单的安装 Jenkins 的方式是使用 ubuntu 的安装命令 apt-get：

```
$ wget -q -O - http://pkg.jenkins-ci.org/debian/jenkins-ci.org.key |
sudo apt-key add -
$ sudo sh -c 'echo deb http://pkg.jenkins-ci.org/debian binary/ >
/etc/apt/sources.list.d/jenkins.list'
$ sudo apt-get update
$ sudo apt-get install jenkins
```

安装完成之后，jenkins 会被作为一个 Linux 的服务安装到系统中，即在目录/etc/init.d 下会有一个名字为 jenkins 的服务。这个服务被加入到开机自启动的列表中，因此每当虚拟机重启之后，jenkins 都会随之启动。

另外，安装过程会创建一个 jenkins 用户，这个用户的主目录为：/var/lib/jenkins，我们创建的任务都会以这个用户的身份执行。

10.1.3 安装 rbenv

我们上一章例子中应用的后台是基于 Ruby 的，而通常在持续集成服务器上会运行多个工程，每个工程都可能使用不同的 Ruby 版本。因此我们需要安装 rbenv 或者 rvm 这样的工具来管理多个 Ruby 版本。

首先登录到 jenkins 用户，这个用户已经在 apt-get install 的时候自动创建了：

```
$ sudo -Hiu jenkins
```

安装 rbenv 非常简单，只需要将其在 Github 上的代码克隆到本地：

```
$ git clone https://github.com/sstephenson/rbenv.git ~/.rbenv
```

然后需要将 rbenv 的可执行文件加入到系统的环境变量中：

```
$ echo 'export PATH="$HOME/.rbenv/bin:$PATH"' >> ~/.bashrc
$ echo 'eval "$(rbenv init -)"' >> ~/.bashrc
$ source ~/.bashrc
```

随后，可以验证 rbenv 是否已经安装成功：

```
$ type rbenv | head -n 1
rbenv is a function
```

如果看到提示 rbenv is a function，说明 rbenv 已经安装成功，这时候我们已经可以尝试安装多个版本的 Ruby 了。不过，我们不需要手工做这些工作，rbenv 有一个插件 ruby-build 来简化这个过程。

安装 ruby-build 和 rbenv 一样，克隆到本地即可：

```
$ git clone https://github.com/sstephenson/ruby-build.git ~/.rbenv/
plugins/ruby-build
```

此时如果执行：

```
$ rbenv install -l | head -n 10
Available versions:
  1.8.6-p383
  1.8.6-p420
  1.8.7-p249
  1.8.7-p302
  1.8.7-p334
  1.8.7-p352
  1.8.7-p357
```

```
1.8.7-p358
1.8.7-p370
```

会看到一个列表，我们可以安装任意一个版本。安装完成之后，可以设置全局的 Ruby 版本：

```
$ rbenv global 1.9.3-p547
```

或者为应用程序指定特定的版本：

```
$ cd app
$ rbenv local 1.9.3-p547
```

事实上，要完整地配置 rbenv 环境，另一个 rbenv 插件也需要安装：

```
$ git clone git://github.com/carsomyr/rbenv-bundler.git ~/.rbenv/plugins/bundler
```

这个插件的作用是简化使用 bundler 的过程。在 Ruby 中，我们使用 bundler 来安装 Ruby 包（gem），bundler 本身是一个 gem，对于每个版本的 Ruby 都需要安装一个对应的 bundler。

一般我们会使用：

```
$ bundle exec rake ...
```

这样的形式，而使用这个插件之后就无需再指定 bundle exec 了。另外，这个插件在后边 rbenv 与 Jenkins 集成时也需要使用。

10.1.4 安装 NodeJS

我们前一章中使用的 Karma 需要 NodeJS 环境。使用 ubuntu 默认的 apt-get 的方式安装 NodeJS，会有版本过低的问题，因此我们需要安装较高版本。

先安装一些外部的依赖程序包，以及一个 apt 的源地址：

```
$ sudo apt-get install software-properties-common
$ sudo apt-get install python-software-properties
$ sudo add-apt-repository ppa:chris-lea/node.js
```

然后再安装 NodeJS：

```
$ sudo apt-get update
$ sudo apt-get install python g++ make nodejs
```

得到较新版本的 Node 之后，可以通过 npm 来安装 Karma 和 Bower：

```
$ sudo npm install karma-cli -g
$ sudo npm install bower -g
```

10.1.5 安装 Xvfb

我们有一部分测试需要启动浏览器，但是我们又是运行在一个没有安装图形界面的环境中。

所以我们需要有一个程序，可以在其中运行浏览器，又不需要真正安装图形界面，这个程序就是 Xvfb。

Xvfb 可以理解为运行在内存中的图形界面,这一点借助于 Linux 系统设计的卓越之处。事实上这一点是从 UNIX 系统借鉴而来的：图形界面完全可以独立启动，也就是说，你可以选择不安装，也不使用图形界面。

使用 Xvfb 可以完成所有真实的图形界面可以完成的事情，当然，除了它是“看不见的”之外！它正是为自动化测试而诞生的。

安装 Xvfb 很容易，使用 ubuntu 默认的安装方式即可：

```
$ sudo apt-get install xvfb
```

由于 Xvfb 会作为一个服务启动，因此我们需要为启动 Xvfb 编写一个小的服务脚本，然后将其放置于/etc/init.d/目录中。

将这个脚本保存为 Xvfb，然后修改其权限：

```
$ sudo chown root:root /etc/init.d/Xvfb
$ sudo chmod a+x /etc/init.d/Xvfb
$ sudo update-rc.d Xvfb defaults
```

安装浏览器

为了在集成测试时运行与浏览器相关的动作，我们还需要安装与浏览器相关的一些包：

```
$ sudo apt-get install x11-xkb-utils xfonts-100dpi xfonts-75dpi
$ sudo apt-get install xfonts-scalable xserver-xorg-core
$ sudo apt-get install dbus-x11
```

然后安装浏览器（Chrome 和 Firefox）本身：

```
$ sudo apt-get install chromium-browser firefox
```

可以为 chrome 浏览器创建一个符号链接：

```
$ sudo ln -s /usr/bin/chromium-browser /usr/bin/google-chrome
```

安装 Xvfb 之后,Xvfb 将会在:10 上启动,也就是说,我们需要告诉 Firefox 或者 Chrome,当启动时，要尝试去连接:10 上的图形服务器，而不是默认的:0。因此需要在环境变量中声明这一点：

```
$ export DISPLAY=:10
```

配置完成之后，我们就可以启动 Xvfb 服务了（如图 10-3 所示），和其他服务一样：

```
$ sudo service Xvfb start
```

图 10–3 启动 Xvfb 服务

10.2 持续集成服务器

Jenkins 是业界使用非常广泛的开源持续集成工具。对于持续集成，业界已经有很多的支持工具，比如开源的 Jenkins，ThoughtWorks 发布的 GO，商用的 Bamboo，与 Github 集成的如 Travis，ThoughtWorks 发布的 Snap。

Jenkins 配置方便，支持并行，有很多插件来做扩展。作为一个通用的持续集成服务器，Jenkins 可以配置运行任意类型的项目，比如 Java、Ruby、JavaScript，甚至 C 语言的项目。

Jenkins

Jenkins 提供的安装包是一个 J2EE 标准的 war 包，需要部署在一个 Web 容器中，比如 Tomcat，GlassFish 等。如果你项目的技术栈并不是建立在 Java 上，那么最简单的方式是使用 Jenkins 包中内置的 Jetty 容器：

```
$ java -jar jenkins.war
```

来启动。启动之后，你可以通过浏览器访问 Jenkins 的界面，如图 10-4 所示。

默认地，Jenkins 会在 8080 端口启动。启动之后，我们需要定义一些任务，在 Jenkins 中，任务一般由这样几部分组成：

（1）从版本库中获取最新的源码。

（2）运行一些先置动作（比如建立数据卡连接，启动图形界面等）。

（3）执行 Jenkins 中定义的脚本。

（4）判断构建脚本的执行结果。

一个常见的做法是将构建脚本放入版本库中，然后当 Jenkins 从版本库中获取到代码之后，就可以直接运行构建脚本了。

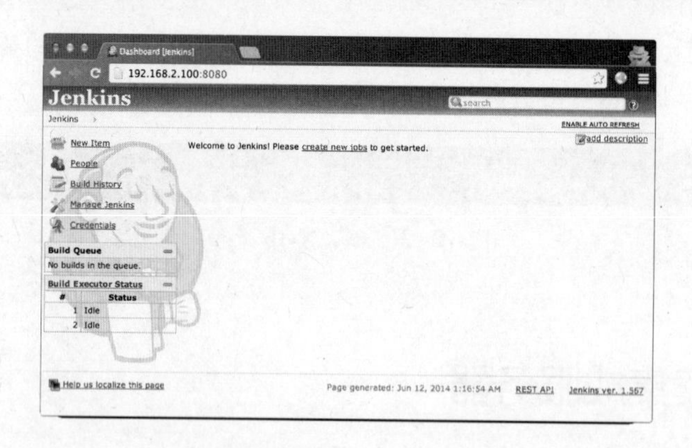

图 10-4　Jenkins 启动页面

另一方面，Jenkins 一般会运行在 Linux 平台下，如果你的工程是在 Windows 下做的开发，则需要自己编写一个 Linux 下的脚本，然后同步到版本库中。由于 Jenkins 需要执行构建脚本，那么 Jenkins 运行的环境就需要和本地构建环境一致。

比如 Java 项目中，你需要在 Jenkins 运行的服务器上安装 JDK，并且要安装构建工具如 Maven、Gradle 等，对应地，在 Ruby 项目中，我们又需要安装 ruby，以及运行构建需要的一些 gems。

1. 定义任务

我们下面来创建一个任务，这个任务会执行上一章中的测试，如图 10-5 所示。

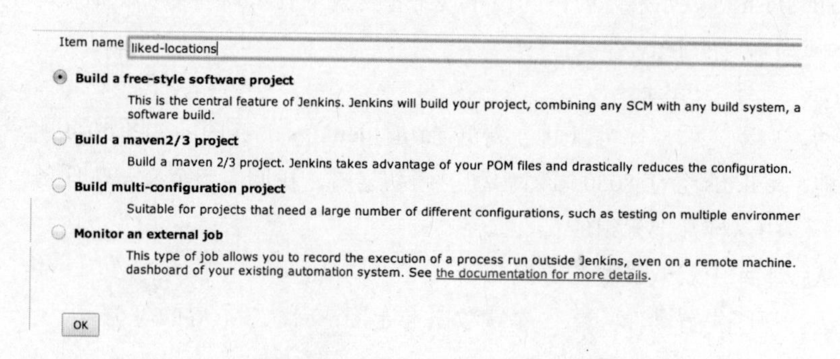

图 10-5　定义新任务

我们的工程是一个基于 Ruby 的项目，因此可以创建一个自由格式的软件工程。名称可以是任意的字符串，当然最好给它一个合理的名字。比如，上一章中代码的功能是让用户可以标记自己喜欢的地方，因此可以命名为“liked-locations”。

然后需要配置版本库的路径。有了路径，Jenkins 就可以按照一定的周期去检查代码库，一旦发现代码有变动，Jenkins 就会触发一个动作，这个动作就是执行我们的构建脚本！

我们的代码放在 Github 上，因此先要安装 Jenkins 的 Git 插件，如图 10-6 所示。

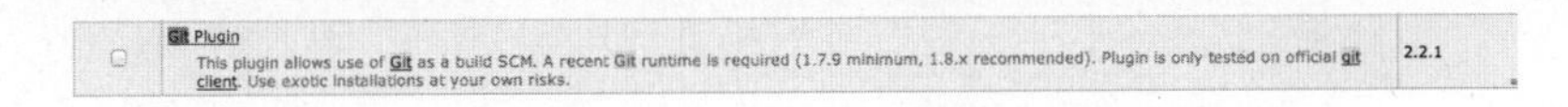

图 10-6 Git 插件

安装之后，可以编辑刚才创建的任务“liked-locations”，此时该任务的编辑界面会多出一个 Git 选项，如图 10-7 所示。

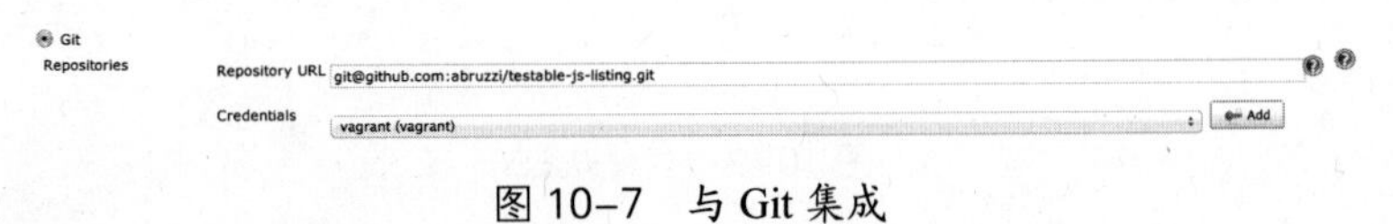

图 10–7 与 Git 集成

指定版本库路径为 Github 中的路径：

```
git@github.com:abruzzi/testable-js-listing.git
```

另外一个问题是，Github 需要认证当前用户，因此需要配置虚拟机和 Github 之间的通信。

首先通过 ssh-keygen 生成一对密钥，此处的邮箱地址是你在 Github 上注册的邮箱地址：

```
$ cd ~/.ssh
$ ssh-keygen -t rsa -C "juntao.qiu@gmail.com"
```

生成的两个文件分别为：

```
$ ls ~/.ssh
id_rsa
id_rsa.pub
```

然后需要将公钥上传至 Github，如图 10-8 所示。

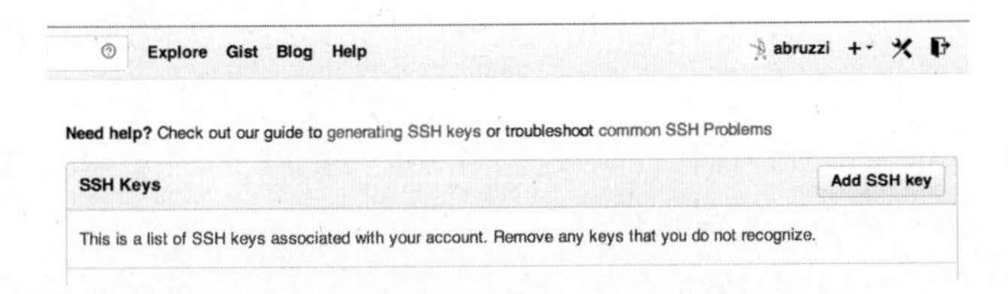

图 10–8 在 Github 中添加公钥

接下来，需要在 Jenkins 中配置私钥。Jenkins 提供丰富的验证机制，我们只需要创建一个简单认证，如图 10-9 所示。

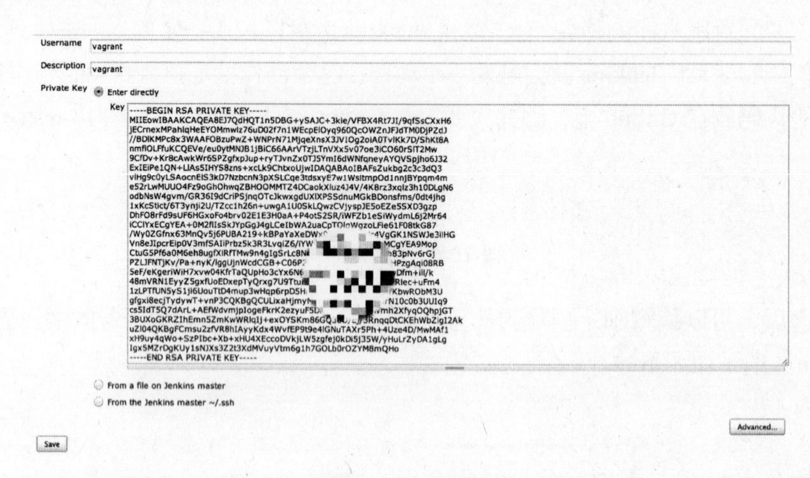

图 10-9　创建认证

这个证书的名称为 vagrant，使用的是私钥，即上一步生成的私钥。有了这个配置，Jenkins 就可以直接从 Github 上拉新的代码。

下面我们配置何时触发构建过程，如图 10-10 所示。

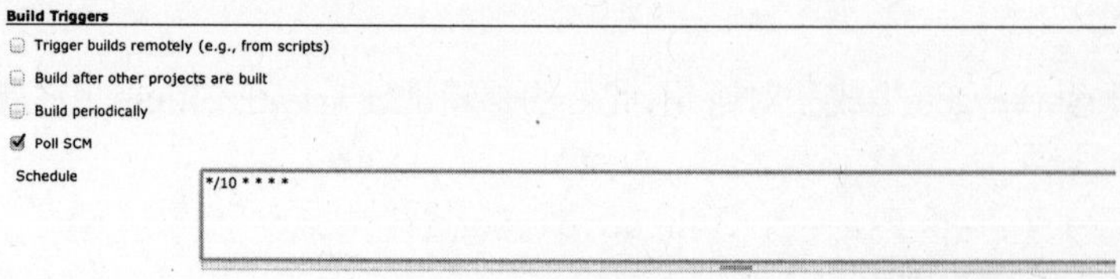

Build Triggers
Trigger builds remotely (e.g., from scripts)
Build after other projects are built
Build periodically
Poll SCM
Schedule
*/10 * * * *

图 10-10　定义触发周期

注意此处的 Build periodically 和 Poll SCM 是有不同的，前者是每隔一个固定的周期都会进行构建，后者虽然也是周期性的检查，但是如果代码没有改变的话，则不会触发构建过程。

好了，我们终于到达了有意思的部分。上一章中，运行一次构建采用的命令是：

```
$ karma start
```

这样的话，Karma 会一直停留在控制台上，等待文件的改变，然后重新运行测试。Karma 原生地就支持持续集成模式。如果执行：

```
$ karma start --singleRun
```

Karma 会启动浏览器，运行所有的测试，并退出。Karma 在退出时会报告执行状态，这样 Jenkins 就可以根据这个状态来判断测试是否通过，如图 10-11 所示。

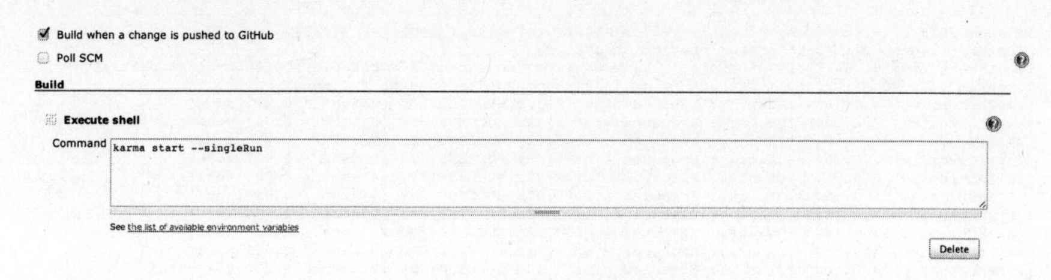

图 10–11　定义构建脚本

2. 运行任务

好了，我们可以先手工触发一次测试，点击 Build Now 按钮，如图 10-12 所示。

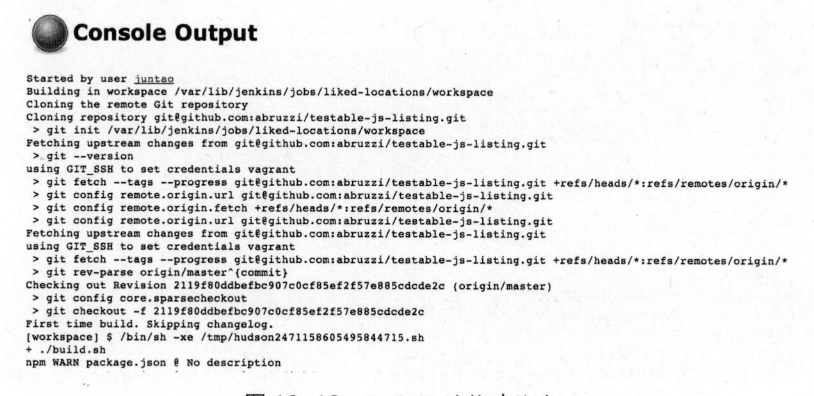

图 10–12　Jenksin 的构建输出

这个红色的大圆点标志着测试失败，Jenkins 会打印出控制台上的所有信息，来说明测试失败的原因：比如某个命令没有找到，在命令行里启动图形界面失败等等。

修复这个问题之后，我们再次运行测试，会得到一个通过的标志，如图 10-13 所示。

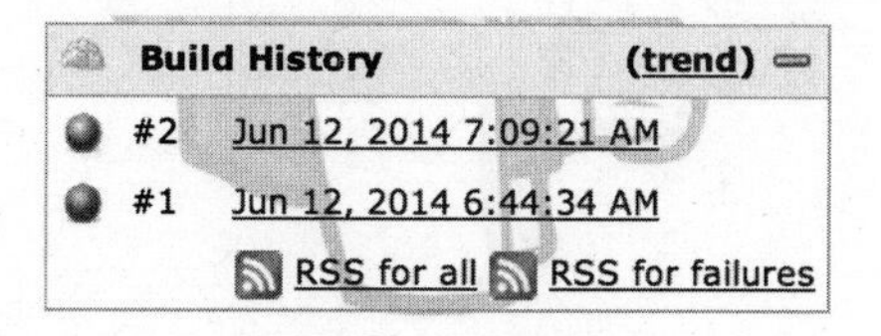

图 10–13　构建历史

默认地，Jenkins 会把控制台上所有的信息以纯文本的格式打印出来。而目前有很多的命令行工具为了提供更加醒目的提示，都采用了彩色的命令行。这样 Jenkins 就会打印出一些“乱码”，如图 10-14 所示。

```
[32mINFO [karma]: [39mKarma v0.12.16 server started at http://localhost:9876/
[32mINFO [launcher]: [39mStarting browser Chrome
[32mINFO [Chromium 34.0.1847 (Ubuntu)]: [39mConnected on socket SGPGc6NeuZgVbOp46UoE with id 58746048
Chromium 34.0.1847 (Ubuntu): Executed 0 of 9[32m SUCCESS[39m (0 secs / 0 secs)
[1A[2KChromium 34.0.1847 (Ubuntu): Executed 1 of 9[32m SUCCESS[39m (0 secs / 0.011 secs)
[1A[2KChromium 34.0.1847 (Ubuntu): Executed 2 of 9[32m SUCCESS[39m (0 secs / 0.017 secs)
[1A[2KChromium 34.0.1847 (Ubuntu): Executed 3 of 9[32m SUCCESS[39m (0 secs / 0.018 secs)
[1A[2KChromium 34.0.1847 (Ubuntu): Executed 4 of 9[32m SUCCESS[39m (0 secs / 0.022 secs)
[1A[2KChromium 34.0.1847 (Ubuntu): Executed 5 of 9[32m SUCCESS[39m (0 secs / 0.023 secs)
[1A[2KChromium 34.0.1847 (Ubuntu): Executed 6 of 9[32m SUCCESS[39m (0 secs / 0.038 secs)
[1A[2KChromium 34.0.1847 (Ubuntu): Executed 7 of 9[32m SUCCESS[39m (0 secs / 0.057 secs)
[1A[2KChromium 34.0.1847 (Ubuntu): Executed 8 of 9[32m SUCCESS[39m (0 secs / 0.058 secs)
[1A[2KChromium 34.0.1847 (Ubuntu): Executed 9 of 9[32m SUCCESS[39m (0 secs / 0.059 secs)
[1A[2KChromium 34.0.1847 (Ubuntu): Executed 9 of 9[32m SUCCESS[39m (0.064 secs / 0.059 secs)
Finished: SUCCESS
```

图 10-14　命令行输出

实际的输出应该如图 10-15 所示。

```
+ ./build.sh
npm WARN package.json @ No description
npm WARN package.json @ No repository field.
npm WARN package.json @ No README data
INFO [karma]: Karma v0.12.16 server started at http://localhost:9876/
INFO [launcher]: Starting browser Chrome
INFO [Chromium 34.0.1847 (Ubuntu)]: Connected on socket 9Bx5PNkjpA4LSKZT867N with id 11911220
Chromium 34.0.1847 (Ubuntu): Executed 0 of 9 SUCCESS (0 secs / 0 secs)
Chromium 34.0.1847 (Ubuntu): Executed 1 of 9 SUCCESS (0 secs / 0.016 secs)
Chromium 34.0.1847 (Ubuntu): Executed 2 of 9 SUCCESS (0 secs / 0.022 secs)
Chromium 34.0.1847 (Ubuntu): Executed 3 of 9 SUCCESS (0 secs / 0.024 secs)
Chromium 34.0.1847 (Ubuntu): Executed 4 of 9 SUCCESS (0 secs / 0.03 secs)
Chromium 34.0.1847 (Ubuntu): Executed 5 of 9 SUCCESS (0 secs / 0.031 secs)
Chromium 34.0.1847 (Ubuntu): Executed 6 of 9 SUCCESS (0 secs / 0.047 secs)
Chromium 34.0.1847 (Ubuntu): Executed 7 of 9 SUCCESS (0 secs / 0.062 secs)
Chromium 34.0.1847 (Ubuntu): Executed 8 of 9 SUCCESS (0 secs / 0.071 secs)
Chromium 34.0.1847 (Ubuntu): Executed 9 of 9 SUCCESS (0 secs / 0.072 secs)
Chromium 34.0.1847 (Ubuntu): Executed 9 of 9 SUCCESS (0.083 secs / 0.072 secs)
Finished: SUCCESS
```

图 10-15　带有颜色的命令行输出

这个需要安装 Jenkins 的 AnsiColor 插件来支持。另外一个常用的插件是 Green Balls，它可以将表示“通过”的标志变成绿色。这是软件开发中的一个惯例：红色表示失败，绿色表示通过，如图 10-16 所示。

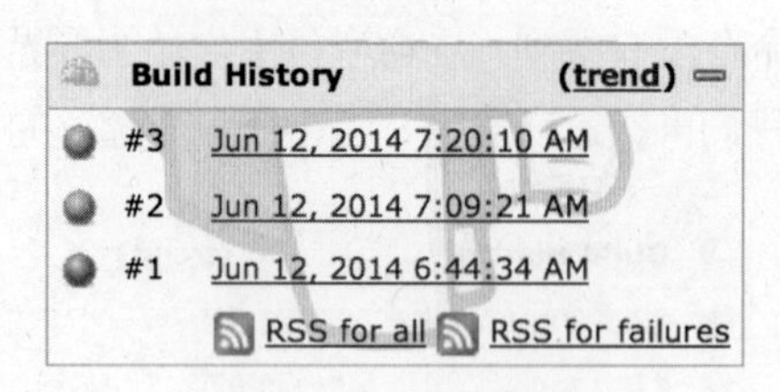

图 10-16　红绿灯效果

3. 监视器与通知

如果关注系统集成状态的人需要频繁打开网页来查看状态将非常不方便，而且不容易操作。如果在办公室放置一个大的监视器来显示集成状态则足够醒目，可以提醒系统中的所有人员及时关注集成状态。

Jenkins 的插件 Build Monitor 可以将 Build 的状态生成一个页面，如图 10-17 所示。

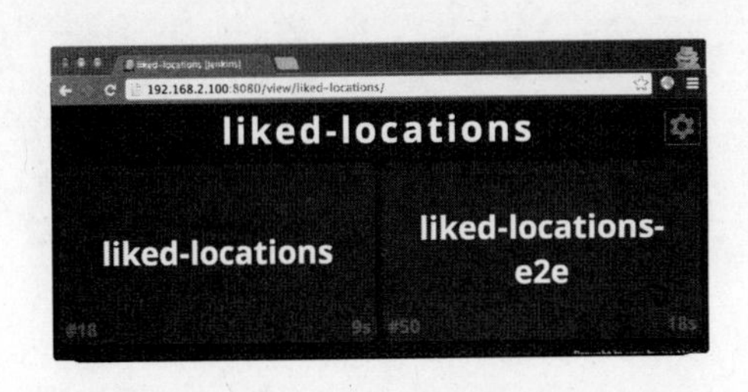

图 10–17　监视器效果

安装 Build Monitor 之后，可以在 Jenkins 中创建一个视图（View），然后选择需要监控的任务列表，如图 10-18 所示。

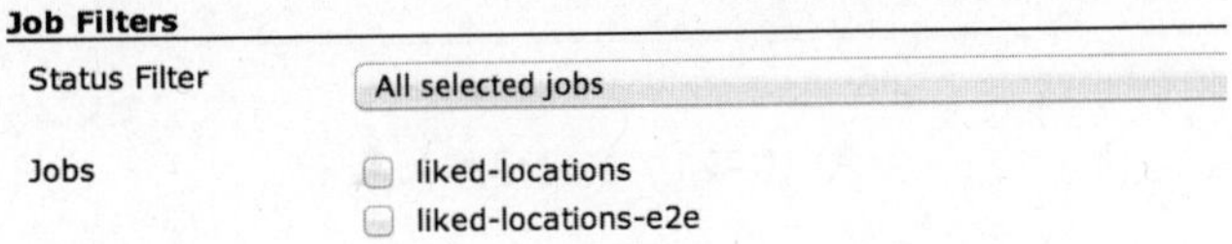

Job Filters

Status Filter　All selected jobs

Jobs　☐ liked-locations
☐ liked-locations-e2e

图 10–18　监视器效果配置

CCMenu 是另外一个开源的桌面应用程序，可以安装在开发人员的机器上，以得到实时的状态更新。

首先，指定需要监控的工程以及任务列表，如图 10-19 所示。

图 10–19　CCMenu 配置

这样，每当 Jenkins 运行完测试之后，开发者的桌面状态栏就会得到一个通知，如图 10-20 所示。

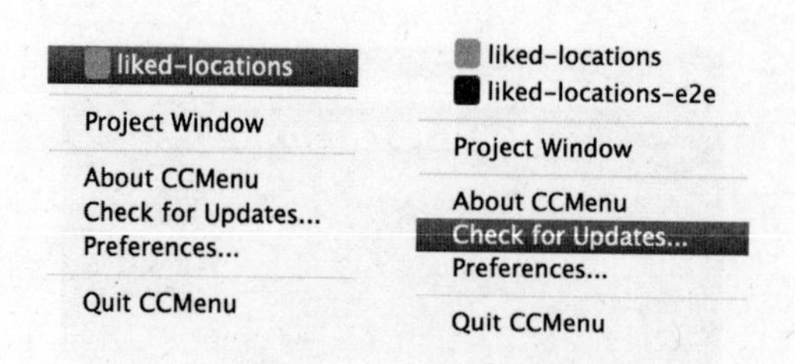

图 10-20　CCMenu 在桌面上的效果

每个任务运行之后，开发者还会得到一个实时的弹出信息，如图 10-21 所示。

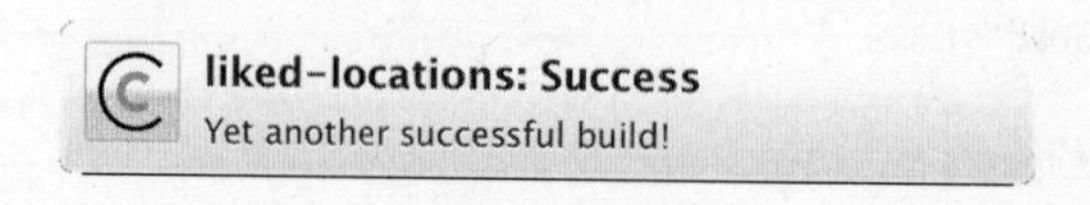

图 10-21　实时通知效果

Windows 平台下也有类似的工具 CCTray。这些小工具可以很好地报告集成环境的状态，并提示开发人员及时进行修复。监控工具虽然不能直接帮助开发人员定位问题，解决问题，但是可以尽早地将问题反映出来。

10.3　与 Github 集成

现在，越来越多的项目被托管到 Github 上，Github 事实上已经成为托管项目的首选。它不但提供对开源项目的托管，已经有很多企业通过购买付费的服务，将私有的项目也托管在 Github 上。

由于 Github 提供丰富而完善的 API，已经有很多工具可以和它集成。比如这里要介绍的 Travis 和 Snap，这些服务会从 Github 上获取代码，并自动查找构建脚本，执行构建，就像本地搭建的持续集成服务器一样。

10.3.1 Travis

Travis 是一个免费的与 Github 集成的服务，使用非常容易，有非常多的开源软件选择它作为持续集成工具。运行完成之后，Travis 会生成一个小图标的 URL，当构建失败，该图标为红色，如果成功则为绿色。你可以在自己项目的 Readme 中引用这个 URL，这样当别的开发人员在 Github 上打开该项目时，就会看到构建的状态，如图 10-22 所示。

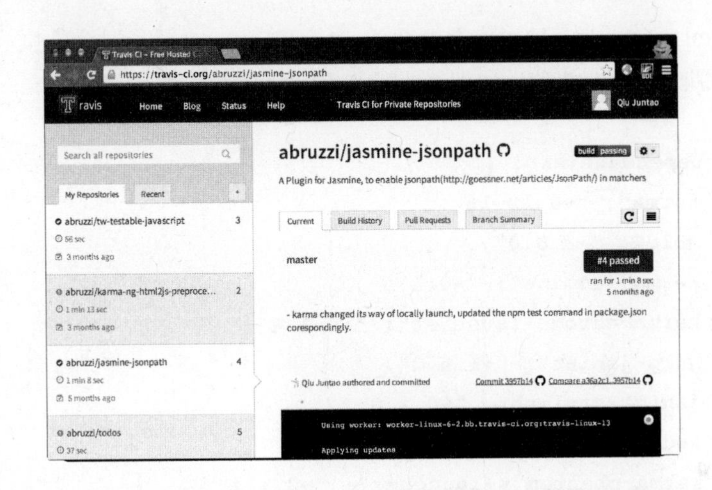

图 10-22 Travis 界面

使用 Travis 非常容易，首先需要在 Github 上为 Travis 授权，允许 Travis 安全地访问 Github 来获取代码。

有了这个授权之后，Travis 就可以获得你的 Github 上所有代码仓库的列表，这时候你可以选择在哪些项目中启用 Travis，如图 10-23 所示。

abruzzi/todos	ON
abruzzi/trend-of-events	OFF
abruzzi/turbo	ON
abruzzi/twoocamp	OFF
abruzzi/tw-testable-javascript	ON
abruzzi/ui-router-demo	OFF

图 10-23 定义启动哪些仓库的构建

授权之后，在你的本地工作目录中创建一个名为.travis.yml 的文件，这个文件中会定义项目的类型，构建前需要执行的脚本等。一个典型的例子是：

```
language: node_js
node_js:
    - "0.10"
before_script:
    - npm install -g bower
    - bower install
```

上面的 yml 描述了当前项目类型为 node_js，这样 Travis 运行时会去执行 package.json 中指定的测试脚本。比如当前项目中的 package.json 定义如下：

```
{
    "devDependencies": {
        "karma": "~0.12.16",
        "gulp": "~3.8.0",
        "karma-jasmine": "~0.1.5",
        "karma-chrome-launcher": "~0.1.4",
        "gulp-jshint": "~1.6.2",
        "jshint-stylish": "~0.2.0",
        "lodash": "~2.4.1",
        "karma-phantomjs-launcher": "~0.1.4"
    },
    "scripts": {
        "test":  "./node_modules/karma/bin/karma  start  --single-run
--browsers PhantomJS"
    }
}
```

正如 scripts.test 指定的那样，Travis 会尝试执行这个命令。而在执行该命令之前，Travis 会先执行 before_script 中的命令。

如果你的项目是 Java，Travis 默认的会执行诸如 mvn test 或者 gradle test 这样的任务。

Travis 的另外一个非常好的特性是它可以很好地与 ccmenu 集成使用，只需要在 ccmenu 中配置对应的 URL 即可：

```
https://api.travis-ci.org/repositories/abruzzi/tw-testable-javascrip
t/cc.xml
```

这条 URL 用来表示用户名为 abruzzi、仓库名为 tw-testable-javascript 的代码的状态。

10.3.2 Snap

Snap（https://snap-ci.com/）是 ThoughtWorks 公司开发的一款持续集成工具，它很容易与 Github 集成。和 Travis 一样，Snap 支持众多的技术栈。ThoughtWorks 在持续集成方面有着丰富的经验，Snap 事实上是最为专业、最为全面的一个集成测试工具。

在 Snap 中，用户可以定义很多个构建阶段，每个构建阶段中可以定义各自的命令集。比如一般持续集成环境会包含：单元测试，集成测试，打包，部署等等阶段，有些阶段需要自动触发下一个阶段，而如部署这样的阶段则需要手工触发。这些在 Snap 中都有非常好的支持。

经过 Github 的授权之后，Snap 就可以访问 Github 中的代码仓库了。接下来需要在 Snap 中添加一个仓库，如图 10-24 所示。

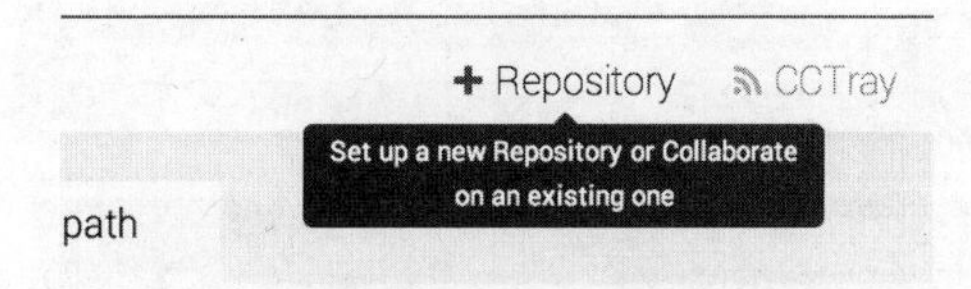

图 10–24　在 Snap 中添加代码仓库

添加仓库之后，需要定义项目所使用的技术栈，以及所使用平台的版本等，比如 Java 版本，NodeJS 版本等。

随后需要定义一个阶段（Stage），并且定义在该阶段中需要执行的命令集，如图 10-25 所示。

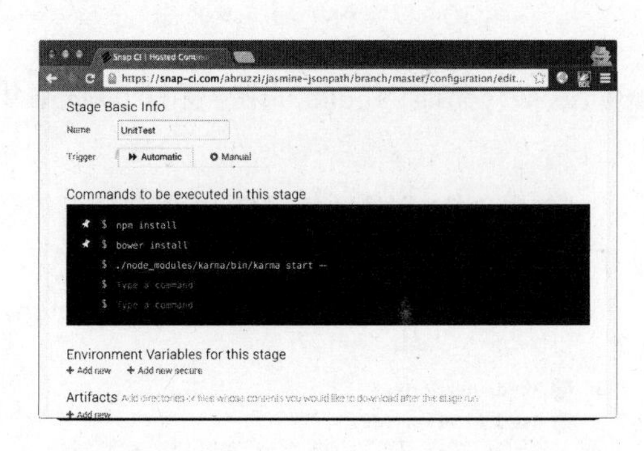

图 10–25　定义阶段及命令

保存之后，Snap 会自动执行，并在最后报告执行结果，如图 10-26 所示。

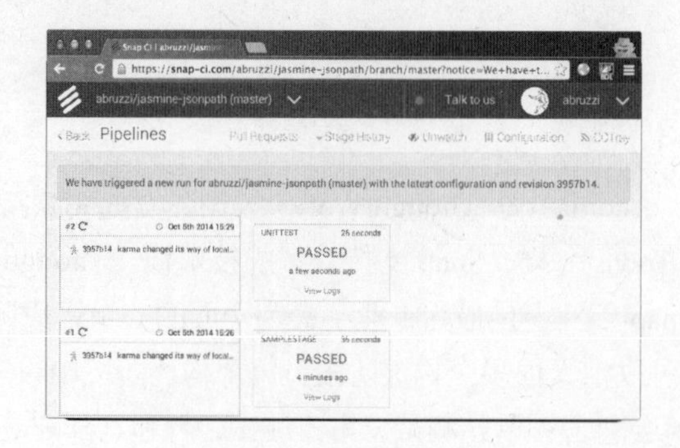

图 10-26　执行结果页面

对于每个构建，可以查看详细信息，如图 10-27 所示。

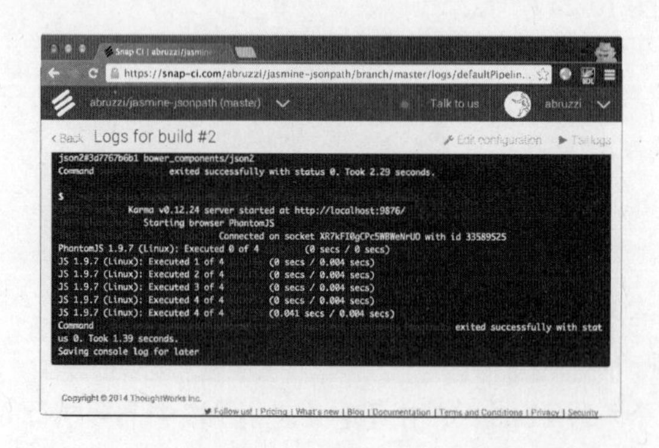

图 10-27　构建细节及日志

和 Travis 一样，Snap 可以很容易地将 build 的状态和 CCMenu 集成，如图 10-28 所示。Snap 的 URL 格式为：

```
https://snap-ci.com/<用户名>/<项目名>/branch/<分支名>/cctray.xml
```

比如上边例子中项目的状态路径为：

```
https://snap-ci.com/abruzzi/jasmine-jsonpath/branch/master/cctray.xml
```

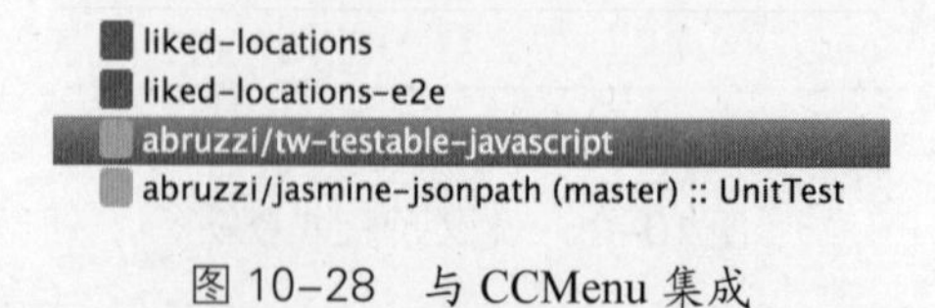

图 10-28　与 CCMenu 集成

第 11 章 单元测试与集成测试

11.1 RSpec 单元测试

RSpec 是 Ruby 下的单元测试的工具，RSpec 提供 BDD 的 DSL，使得其编写的代码可读性很高。RSpec 可以很好地和其他测试工具（如 Capybara）集成，这样就可以很轻松地编写端到端测试。

RSpec 是一个 gem，安装非常容易，可以安装在系统的全局环境中：

```
$ gem install rspec
```

或者安装到指定的项目中，在 Gemfile 中加入

```
gem 'rspec'
```

然后运行 bundle install 即可。

RSpec 的可执行程序为 rspec，按照惯例，rspec 会在当前目录下查找 specs 目录。specs 中的文件需要以 _spec.rb 结尾。

我们来看一个小例子，一个用户模型的测试：

```
require File.dirname(__FILE__) + '/../lib/user.rb'

describe "User" do
   it "converts Western name to Chinese name" do
      user = User.new("Juntao", "Qiu")
      expect(user.name).to eq "QIU Juntao"
   end
end
```

每一个测试都会放到一个测试套件中，RSpec 使用 describe 来表示一个套件。describe

接受一个描述性信息和一个块（block）。每个具体的测试用例定义在 it 的块中。it 也接受一个描述信息和一个块（block），块中的代码即为具体的测试。

比如上述测试中，创建一个新用户，并期望 user.name 返回的是将姓转化为大写的形式。

测试代码对应的实现非常简单：

```
class User
    def initialize first, last
        @first = first
        @last = last
    end

    def name
        "#{@last.upcase} #{@first}"
    end
end
```

运行 RSpec 只需要：

```
$ rspec
.

Finished in 0.00144 seconds (files took 0.10848 seconds to load)
1 example, 0 failures
```

运行结果中的点（.）表示一个测试用例，然后 RSpec 会报告时间和总的情况（运行了多少个用例，失败了多少个），如图 11-1 所示。

默认的 rspec 没有颜色，显示的结果可能不够直观，因此可以带上参数：

```
$ rspec --color
```

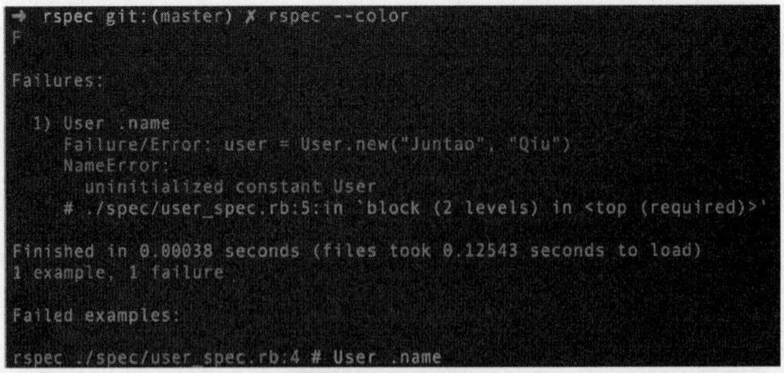

```
➜ rspec git:(master) ✗ rspec --color
F

Failures:

  1) User .name
     Failure/Error: user = User.new("Juntao", "Qiu")
     NameError:
       uninitialized constant User
     # ./spec/user_spec.rb:5:in `block (2 levels) in <top (required)>'

Finished in 0.00038 seconds (files took 0.12543 seconds to load)
1 example, 1 failure

Failed examples:

rspec ./spec/user_spec.rb:4 # User .name
```

图 11-1　RSpec 执行结果

如果需要更加详细的报告，比如运行了哪些用例，可以使用：

```
$ rspec -fd --color

User
converts Western name to Chinese name

Finished in 0.00078 seconds (files took 0.08135 seconds to load)
1 example, 0 failures
```

这里的 fd 表示输出的格式（format）为文档（documentation）。除此之外，还有 json、html 格式的输出。

对应的，如果有错误，rspec 会详细地报告错误的位置，比如文件、行号、错误类型等等。如果我们新添加了一个测试，但是没有编写对应的实现：

```
require File.dirname(__FILE__) + '/../lib/user.rb'

describe "User" do
  it "converts Western name to Chinese name" do
    user = User.new("Juntao", "Qiu")
    expect(user.name).to eq "QIU Juntao"
  end

  it "says hi when greeting" do
    user = User.new("Juntao", "Qiu")
    greeting = user.greeting
    expect(greeting).to eq "Hello, My name is QIU Juntao"
  end
end
```

运行 rspec，会得到这样的错误，如图 11-2 所示。

如果编写更多的测试，我们会发现每次都需要创建一个新的 User 实例，代码会有冗余。RSpec 提供了更高级的 DSL 来简化这个过程，使得测试代码更加易读：

```
require File.dirname(__FILE__) + '/../lib/user.rb'

describe "User" do

  subject(:user) {User.new("Juntao", "Qiu")}
```

```
    it "converts Western name to Chinese name" do
        expect(user.name).to eq "QIU Juntao"
    end

    it "says hi when greeting" do
        expect(user.greeting).to eq "Hello, My name is QIU Juntao"
    end
end
```

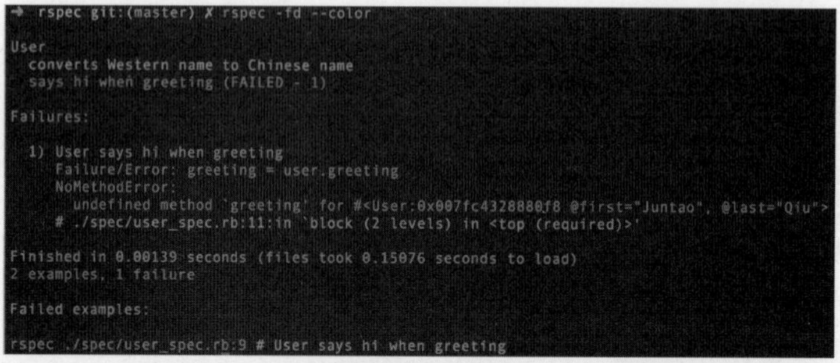

```
➜  rspec git:(master) ✗ rspec -fd --color

User
  converts Western name to Chinese name
  says hi when greeting (FAILED - 1)

Failures:

  1) User says hi when greeting
     Failure/Error: greeting = user.greeting
     NoMethodError:
       undefined method `greeting' for #<User:0x007fc4328880f8 @first="Juntao", @last="Qiu">
     # ./spec/user_spec.rb:11:in `block (2 levels) in <top (required)>'

Finished in 0.00139 seconds (files took 0.15076 seconds to load)
2 examples, 1 failure

Failed examples:

rspec ./spec/user_spec.rb:9 # User says hi when greeting
```

图 11-2 带有详细报告的 RSpec 执行结果

使用 subject，可以将初始化的工作提取出来，放到更外层。这样，每个测试用例都可以访问到这个实例。当然，这个变量在每个测试中都是重新初始化的，比如我们在 user.rb 里加入以下的打印信息：

```
class User
    def initialize first, last
        @first = first
        @last = last
        p "ininialize User class"
    end
end
```

然后运行测试：

```
$ rspec -fd --color

User
"ininialize User class"
```

```
converts Western name to Chinese name
"ininialize User class"
says hi when greeting

Finished in 0.00107 seconds (files took 0.07983 seconds to load)
2 examples, 0 failures
```

可以看到，每运行一个 it（测试用例），User 都会被创建一次，这样也保证了每个测试之间互不干扰。

我们将这个例子扩展，看看如何使用 RSpec 测试 Sinatra 应用。首先我们需要安装几个 gem 来支持：

```
source "http://ruby.taobao.org"

gem 'sinatra'

group :test do
  gem 'rack-test'
end
```

然后，假设 sinatra 应用会放在 app.rb 中，那么对应的测试需要编写为：

```
require File.dirname(__FILE__) + '/../app.rb'
require 'rack/test'

set :environment, :test

def app
  Sinatra::Application
end

describe "User service" do
  include Rack::Test::Methods

  it "should load the user page" do
    get '/'
    expect(last_response).to be_ok
  end
```

```
    it "should create new user" do
        post '/', params = {:first =>"Mansi", :last =>"Sun"}
        expect(last_response).to be_ok
        expect(last_response.body).to eq "Hello, My name is SUN Mansi"
    end
end
```

首先，我们 require 了 app.rb 文件，这样就将这个 sinatra 应用引入进来了，然后设置:enviroment 为测试。Rack::Test::Methods 提供了诸如 get、post 之类的方法，用来发送请求（当然，只是模拟发送，不需要真正启动服务器）。

然后对于测试代码，我们可以模拟用户的行为，比如第一个测试：

```
it "should load the user page" do
    get '/'
    expect(last_response).to be_ok
end
```

请求了根路径，并预期状态码为 200。对于第二个场景，我们发送了一组参数到服务器端，并期望服务器返回一句问候："Hello, My name is SUN Mansi"。因此对应的服务器实现为：

```
require 'sinatra'
require './lib/user'

get '/' do
    juntao = User.new("juntao", "qiu")
    juntao.greeting
end

post '/' do
    user = User.new(params[:first], params[:last])
    user.greeting
end
```

结果页面如图 11-3 所示。

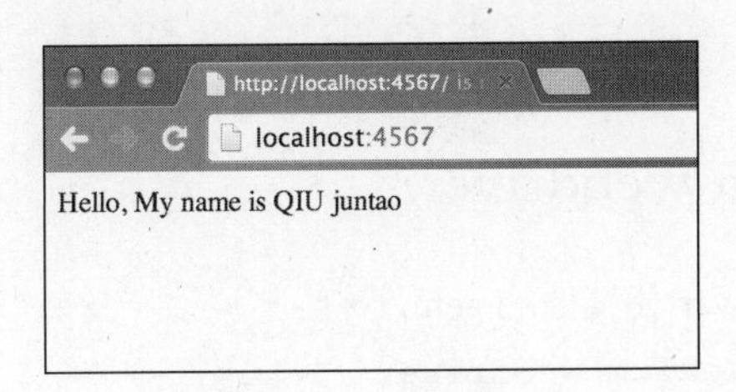

图 11-3 结果页面

11.2 集成测试工具 Selenium

Selenium 最早是由 ThoughtWorks 的 Jason Huggins 开发的一个用于自动化测试网页的工具，它本身是一个 JavaScript 库，可以侵入到浏览器中，发送指令给浏览器，比如选中一个元素，填写一些值，然后点击一个按钮等。这些动作可以模拟用户的实际操作。

Selenium 最早出现时令人惊叹，但是随着 Web 应用程序的复杂化，Selenium 的一些弊端开始变得严重。浏览器对 JavaScript 的安全限制导致 Selenium 无法直接请求外部资源，因此 Selenium 引入了代理机制，但是这样又导致了 Selenium 体积变大，而且在一个项目中编写的代码很难在另外一个项目中重用。

2006 年 Google 的一位工程师（Simon Stewart）开发了 WebDriver 来弥补这一缺陷，WebDriver 试图使用原生的方式来访问浏览器。这种方式需要在系统中安装一个 driver 程序，这个程序通过操作系统来模拟用户的行为，但是需要为每个系统分别开发不同的 Driver。

2008 年，Selenium 和 WebDriver 合并为一个项目：Selenium 2。Selenium 2 支持两种模式，它可以在本地使用 driver 来与浏览器通信，模拟用户的输入，验证页面元素的存在性等，也可以与远程的 Selenium 服务器交互，操作远程的浏览器来进行元素校验等。

操作远程的浏览器需要在该服务器上部署 Selenium 的独立版。这个功能用于将多个测试分发到不同的机器上运行，这样可以并发地执行端到端测试。由于端到端测试往往耗时较长，因此远程方式是运行验收测试时经常采用的方式。

围绕着 Selenium，有众多的工具包被开发出来。事实上，每个语言都有自己的相关绑定，这些绑定或多或少遵循了本语言的惯例，使得编写测试更加地易读，也更容易维护。我们这里会介绍 Ruby 绑定 selenium-webdriver。

11.2.1 Selenium-webdriver

安装 selenium-webdriver 和其他的 gem 一样：

```
$ gem install selenium-webdriver
```

或者在 Gemfile 中加入：

```
group:test do
    gem 'selenium-webdriver'
end
```

我们可以使用 selenium-webdriver 来访问一个 Web 应用，然后获取该页面的标题：

```
require "selenium-webdriver"

driver = Selenium::WebDriver.for :firefox
driver.navigate.to "http://localhost:9292/index.html"

puts driver.title

driver.quit
```

这里指定使用 firefox 作为浏览器，并访问 localhost:9292/index.html。运行这段代码时，selenium-webdriver 会启动一个 firefox，并会自动在地址栏填入 url，然后在控制台上打印该页面的标题。

```
$ ruby nav.rb
Locations
```

进一步，我们看一个更有意思的例子：

```
require "selenium-webdriver"

driver = Selenium::WebDriver.for :firefox
driver.navigate.to "http://localhost:9292/index.html"

input = driver.find_element(:id, 'locationInput')
input.send_keys "Melbourne"

button = driver.find_element(:id, 'searchButton')
```

```
button.click

driver.quit
```

在这个例子中，我们首先找到 id 为 locationInput 的元素，填入 Melbourne，然后找出 id 为 searchButton 的元素，点击这个元素，最后退出，如图 11-4 所示。

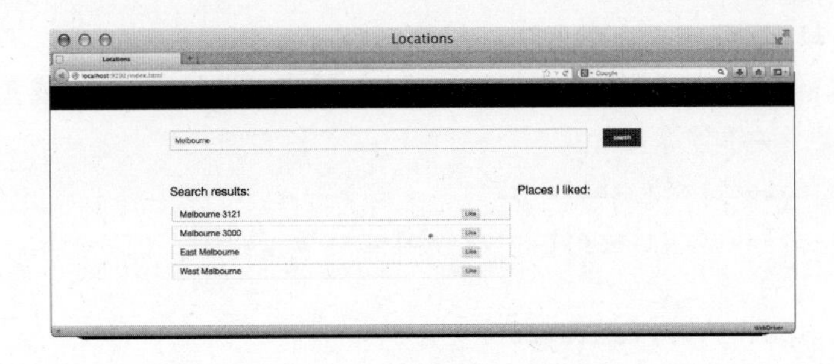

图 11–4 Selenium 启动浏览器

11.2.2 Capybara

使用 selenium-webdriver 操作 DOM，触发事件的时，代码会比较冗长，特别是和异步事件交互时，代码会更加难读。因此又有一些构建在其上的轻量级包装，比如 webrat，capybara。

Capybara 构建在 selenium-webdirver 之上，有一些额外的好处：

（1）更友好的 API。

（2）可以自由切换底层的 driver（比如对有些无需 JavaScript 的测试，可以不启动浏览器）。

（3）自动处理异步事件。

Capybara 的 DSL 形式的 API 可以使得代码非常易读。

访问某个 URL，可以使用 visit：

```
visit "/locations"
visit "http://www.google.com"
```

点击某个按钮或者某个超链接，使用 click：

```
click('#searchButton')
click('Submit')
```

```
click_link('Save me')
```

应该注意的是，Capybara 足够聪明，知道你要点击的是元素需要按照名字，还是按照 id，或者是按照页面元素上的文字来查找。你既可以使用 click，也可以分别使用 click_link 和 click_button。

Capybara 支持标准的 CSS 选择器，可以很容易地找到需要的元素：

```
find('#inputButton').click
all('ul li.like').each { |a| a[:href] }
```

Capybara 提供了很多匹配器，来判断页面上的某些元素是否存在，或者某个元素的文本中是否包含某个关键字等：

```
page.has_selector?('table tr')
page.has_selector?(:xpath, '//table/tr')

page.has_xpath?('//table/tr')
page.has_css?('table tr.foo')
page.has_content?('foo')
```

对于异步事件来说，Capybara 足够聪明，它会一直等待预期的内容出现。比如一个常见的场景是，填写条件，点击按钮，然后发送一个 Ajax 调用，当 Ajax 返回后，更新页面。

这个过程在测试时通常不会发生问题，但是如果在一个网络较差的环境中，测试也有可能失败。Capybara 会等待异步事件的完成：

```
fill_in 'locationInput', :with => location
click_on 'searchButton'
page.should have_content("Melbourne")
```

如果等待超时，Capybara 会报告超时错误。这里的异步等待时间是可以配置的：

```
Capybara.default_wait_time = 5
```

11.2.3 Cucumber

Cucumber 是一个 BDD（Business Driven Development 业务驱动开发）测试工具。BDD 是作为 TDD 的补充出现的，即从业务价值出发编写测试，编写的测试应该足够描述一个业务场景。

比如对用户付费场景的描述就是一个典型的业务：

特性：注册用户应该可以通过我们的站点来购买商品

场景：登录用户通过网站买手机

作为一个登录用户

我在网站上选择了一部 iPhone 4S

我填写了投递地址和手机号码

我应该看到网站提示的成功下单的消息

BDD 的方式会强迫开发人员从业务价值出发，即编写的功能必然会为系统带来实际价值。另一方面，用 BDD 的方式编写出来的测试对于业务人员（非技术人员）也应该是可读的。

Cucumber 使你可以以编写文本的方式来编写测试：它的输入是一个英文文档。当然这个英文文档有具体语法，不过读起来非常直观。

比如下面这个场景描述的是，假设我在主页上，当我在搜索框里输入了 Melbourne，并且点击搜索，然后应该看到 4 条结果。

```
Scenario: Search for a location
     Given I am on the home page
     When I type "Melbourne" in search box
     And I click search button
     Then there are 4 locations show up
```

Cucumber 使用 Given-When-Then 的格式来描述一个场景，这种格式的可读性好，可以很好地定义一个场景的前提条件、行为的触发方式以及结果验证，被广泛采用。

Cucumber 通过定义 step 文件来解析这些场景描述，事实上仅仅需要简单的正则表达式就可以做到这点。当正则表达式匹配到场景中的一行时，你可以定义自己的对该行的解释。比如，第一行 Given I am on the home page，就可以解释为：

```
Given /^I am on the home page$/do
  visit "http://#{BASE_URL}/index.html"
end
```

即，当遇到 I am on the home page 时，调用 Capybara 的 visit 方法来打开浏览器并跳转到 index.html 页面。

我们来看一个使用 Cucumber 的实例，以前面可测试的 JavaScript 代码中一个“喜欢的地方”的应用为例，如图 11-5 所示。

我们定义这样两个场景：

（1）用户搜索一个地方。

（2）用户赞了一个地方。

Cucumber 中用以描述场景的文件叫 feature 文件，以.feature 结尾，如图 11-6 所示。它需要这样一个目录结构。

图 11-5　需要被测试的页面

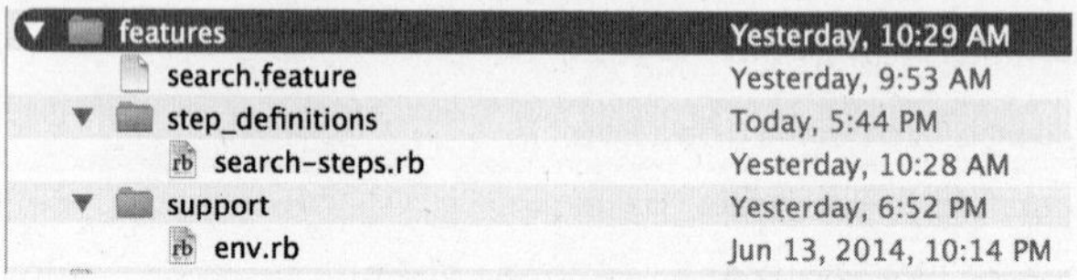

图 11-6　典型的 Cucumber 测试目录结构

search.feature 是我们的特性描述文件，step_definitions 中是 steps 定义，也就是我们编写代码的地方。而 support 目录中是一些支持运行测试的文件，比如 Capybara 的配置等。

首先来看 search.feature 文件，我们定义了两个特性：

```
Feature: Search locations
  As a consumer
  I want to do search on liked locations site
  So I can find some interesting places

Scenario: Search for a location
Given I am on the home page
When I type "Melbourne" in search box
And I click search button
Then there are 4 locations show up

Scenario: Like an item
Given I am on the home page
```

```
When I type "Melbourne" in search box
And I click search button
Then there are 4 locations show up
When I liked the "1st" location
Then I should see it in liked locations
```

注意这个额外的 Feature，它描述这个特性的用户是谁，以及这个特性提供了什么样的商业价值。Feature 不参与解析，Cucumber 会完全忽略它。

特性文件对开发人员和业务人员都非常友好，下面我们来看在 step_definitions 中的实现：

```
Given /^I am on the home page$/do
   visit "http://#{BASE_URL}/index.html"
end

Then /^I should see the search box$/do
   page.should have_css('#locationInput')
end

When /^I type "([^"]*)" in search box$/do |location|
   @location = location
   fill_in 'locationInput', :with => location
end

And /^I click search button$/do
   click_on 'searchButton'
end

Then /^there are (\d)+ locations show up$/do |number|
   page.should have_content(@location)
   all('ul li .title').length.should eq number
end

def convert pos
  {
      "1st" =>0,
```

```
        "2nd" =>1,
        "3rd" =>2,
        "4th" =>3
    }[pos.to_s]

end

When /^I liked the "([^"]*)" location$/do |pos|
    num = convert(pos)
    all("ul li .title a")[num].click
end

Then /^I should see it in liked locations$/do
    page.should have_selector('#likedPlaces .like')
end
```

此时运行 Cucumber 来执行测试，如图 11-7 所示。

```
➜ listing git:(master) ✗ cucumber
Feature: Search locations
  As a consumer
  I want to do search on liked locations site
  So I can find some interesting places

  Scenario: Search for a location          # features/search.feature:6
    Given I am on the home page            # features/step_definitions/search-steps.rb:3
    When I type "Melbourne" in search box  # features/step_definitions/search-steps.rb:7
    And I click search button              # features/step_definitions/search-steps.rb:11
    Then there are 4 locations show up     # features/step_definitions/search-steps.rb:15

      expected: "4"
           got: 4

      (compared using ==)
       (RSpec::Expectations::ExpectationNotMetError)
      ./features/step_definitions/search-steps.rb:16:in `/^there are (\d)+ locations show up$/'
      features/search.feature:10:in `Then there are 4 locations show up'

Failing Scenarios:
cucumber features/search.feature:6 # Scenario: Search for a location

1 scenario (1 failed)
4 steps (1 failed, 3 passed)
0m2.415s
```

图 11–7 Cucumber 测试结果

可以看到一个失败，这是因为 Cucumber 从正则表达式中解析出来的是字符串 4，而我们预期的是数字 4。我们需要修复这个问题：

```
Then /^there are (\d)+ locations show up$/do |number|
    page.should have_content(@location)
    all('ul li .title').length.should eq number.to_i
end
```

好了，再次运行，如图 11-8 所示。

```
➜ listing git:(master) ✗ cucumber
Feature: Search locations
    As a consumer
    I want to do search on liked locations site
    So I can find some interesting places

  Scenario: Search for a location            # features/search.feature:6
    Given I am on the home page              # features/step_definitions/search-steps.rb:3
    When I type "Melbourne" in search box    # features/step_definitions/search-steps.rb:7
    And I click search button                # features/step_definitions/search-steps.rb:11
    Then there are 4 locations show up       # features/step_definitions/search-steps.rb:15

  Scenario: Like an item                       # features/search.feature:12
    Given I am on the home page                # features/step_definitions/search-steps.rb:3
    When I type "Melbourne" in search box      # features/step_definitions/search-steps.rb:7
    And I click search button                  # features/step_definitions/search-steps.rb:11
    Then there are 4 locations show up         # features/step_definitions/search-steps.rb:15
    When I liked the "1st" location            # features/step_definitions/search-steps.rb:29
    Then I should see it in liked locations    # features/step_definitions/search-steps.rb:34

2 scenarios (2 passed)
10 steps (10 passed)
0m3.000s
```

图 11-8　执行成功

注意函数 convert，它完全是一个 Ruby 的函数，是的，step_definitions 中的就是简单的 Ruby 文件，因此你可以定义任意的 Ruby 函数。当然，作为一个好的实践，你可以将这些函数隔离到 helper 类的文件中。

我们再来看看 support 中的 env.rb 文件：

```ruby
require 'capybara/cucumber'
require 'capybara/session'



BASE_URL = "localhost:9292"


Capybara.default_driver = :selenium
Capybara.run_server = false
Capybara.default_selector = :css
Capybara.default_wait_time = 30
Capybara.ignore_hidden_elements = false
Capybara.app = BASE_URL
```

这个文件中，我们对 Capybara 进行了一些设置，比如默认的驱动使用 Selenium，使用 CSS 选择器，默认异步等待时间是 30 秒等。这里定义的可以被 step 中的 Ruby 文件访问到，比如此处的 BASE_URL。

11.3 搭建 Selenium 独立环境

在本地运行 Selenium 非常方便，但是如果集成测试的数目变多时，你需要将这些测试分布到不同的机器上运行，此时就需要部署独立的 Selenium 环境。

搭建 Selenium 的独立环境可以分为下面几个步骤。

11.3.1 安装 Selenium

Selenium 的独立版以 Jar 包的形式发布，需要下载到本地：

```
$ wget http://selenium.googlecode.com/files/selenium-server-standal-
one-2.39.0.jar
```

然后为 Selenium 创建独立的用户，并设置相关权限：

```
$ sudo mkdir -p /usr/local/share/selenium
$ sudo mv selenium-server-standalone-2.39.0.jar /usr/local/share/
selenium

$ sudo /usr/sbin/useradd -m -s /bin/bash -d /home/selenium selenium
$ sudo chown -R selenium:selenium /usr/local/share/selenium
```

我们需要为 Selenium 创建单独的日志目录：

```
$ sudo mkdir -p /var/log/selenium
$ sudo chown selenium:selenium /var/log/selenium
```

另外，还需要下载 ChromeDriver，并将其放置在/usr/local/bin/目录下。配置完成之后，我们需要编写一个服务脚本，以便系统启动时自动启动 Selenium。

11.3.2 服务脚本

服务脚本是一个特殊的 Shell 脚本，它由特殊的头注释信息和主体组成。这个头信息是 LSB（Linux Standard Base）对标准服务的一个规范：

```
### BEGIN INIT INFO
# Provides:          selenium-standalone
```

```
# Required-Start:   $local_fs $remote_fs $network $syslog
# Required-Stop:    $local_fs $remote_fs $network $syslog
# Default-Start:    2 3 4 5
# Default-Stop:     0 1 6
# Short-Description: Selenium standalone server
### END INIT INFO
```

这里的注释中，Provides 为该服务的名字，Required-Start 中列出了一些服务，它们表示当前服务需要等到该列表中的所有服务都可用之后再启动。由于 Selenium 需要文件系统，记录日志，网络服务等，因此你可以看到此处配置的$network, $syslog 等。同样的，Required-Stop 中列出的服务需要在停止本服务之前停止。

随后我们需要定义一些环境变量，这些变量是我们的脚本会访问的：

```
DESC="Selenium standalone server"
USER=selenium
JAVA=/usr/bin/java
PID_FILE=/var/run/selenium.pid
JAR_FILE=/usr/local/share/selenium/selenium-server-standalone-2.39.
0.jar
LOG_FILE=/var/log/selenium/selenium.log
CHROME_DRIVER=/usr/local/bin/chromedriver

DAEMON_OPTS="-Xmx500m  -Xss1024k  -Dwebdriver.chrome.driver=$CHROME_
DRIVER -jar $JAR_FILE -log $LOG_FILE"
DAEMON_OPTS="-Djava.security.egd=file:/dev/./urandom $DAEMON_OPTS"

# The value for DISPLAY must match that used by the running instance of
Xvfb.
export DISPLAY=:10

# Make sure that the PATH includes the location of the ChromeDriver binary.
# This is necessary for tests with Chromium to work.
export PATH=$PATH:/usr/local/bin
```

注意此处的 DISPLAY 指定为:10，它是系统 X 启动的编号，如果你使用了 Xvfb 之类的虚拟桌面，那么这里需要和 Xvfb 所在的编号一致。

最后是启动、停止、重启三个选项，这对于每个服务都是必须的：

```
case "$1" in
    start)
        echo "Starting $DESC: "
        start-stop-daemon -c $USER --start --background \
         --pidfile $PID_FILE --make-pidfile --exec $JAVA -- $DAEMON_ OPTS
    ;;

    stop)
        echo  "Stopping $DESC: "
        start-stop-daemon --stop --pidfile $PID_FILE
    ;;

    restart)
        echo "Restarting $DESC: "
        start-stop-daemon --stop --pidfile $PID_FILE
            sleep 1
        start-stop-daemon -c $USER --start --background \
         --pidfile $PID_FILE --make-pidfile --exec $JAVA -- $DAEMON_ OPTS
    ;;

  *)
  echo "Usage: /etc/init.d/selenium-standalone {start|stop|restart}"
  exit 1
  ;;
  esac

  exit 0
```

编写完脚本之后，将其保存为 selenium，路径为/etc/init.d/selenium。接下来，还需要修改其执行权限：

```
$ sudo chown root:root /etc/init.d/selenium
$ sudo chmod a+x /etc/init.d/selenium
$ sudo update-rc.d selenium defaults
```

测试一下：

```
$ sudo service selenium start
```

我们可以通过 ps –Af 来查看其运行情况，也可以通过 selenium.log 查看更详细的信息。

第 12 章 环境搭建的自动化

在软件世界中，将软件开发出来只是整个生命周期中的一个步骤，软件只有发布在实际的服务器上才能被最终用户访问，也才能为企业带来真正的价值。

人们在软件开发周期中做了很多工作，比如通过构建系统来自动化重复的编译、链接、测试、集成等工作。但是在软件部署方面，仍然存在很多手工劳动，特别是当应用程序的规模变大之后，企业一般会有多个环境：开发环境，测试环境，验收环境，仿真环境，生产环境。对于每个环境，又可能由多台物理机器或者虚拟机器组成：数据库服务器，Web 服务器，负载均衡服务器，应用容器等等。

每当软件新版本需要发布时，运维人员需要花费大量的时间来清理、安装、配置各种软件。手工配置的一个明显的弊端就是容易出错，比如 IP 地址配置错误，修改配置时漏掉了某个配置文件等。

随着云平台的逐渐普及，以及虚拟化技术的成熟，人们开始为这些过程开发自动化工具。这些工具可以将下载、安装、配置的工作自动化，使得人们可以在数分钟之内将所有的机器重置，并安装一个全新的环境。

随着这些工具的出现，人们管理基础设施的方式变成了编写代码，因为借助虚拟化技术使得所有的机器都可以认为是一样的，对于机器的描述变成了：

（1）创建一个 App 的用户组。

（2）在该组下创建一个 App 用户。

（3）安装 nginx 的 1.6.0 版本。

（4）创建一个新的 nginx 配置文件。

（5）以用户 App 来启动 nginx。

这些自然语言（或者类似于自然语言）的描述将被工具解释并执行，比如安装 nginx 的动作会变成：

（1）下载 nginx1.6.0 的源码。

（2）检查 nginx 的依赖（比如 openssl 等）。

（3）下载并安装各个依赖。

（4）安装 nginx。

（5）启动 nginx 服务。

这些解释是在工具内部完成的，对于最终用户来说完全透明。本章将以 Chef 为例，自动化地完成一个 Web 应用服务器的配置。

12.1 自动化工具 Chef

Chef 是一个开源的、基于 Ruby 的自动化部署工具。Chef 定义了一套用以描述部署的 DSL，这套 DSL 使得用 Chef 编写的代码非常易读。

Chef 中有一些非常有趣的概念，这里做一些必要的解释：

Chef 这个词的意思是厨师，Cookbook 是菜单，Recipe 是具体的菜谱食谱。一个厨师可以有一大本菜单，每个菜都有对应的菜谱，用户需要什么菜，厨师只需要按照菜谱就可以完全制作出来。

12.1.1 使用 Berkshelf 管理 cookbook

Berkshelf 是一个 Cookbook 的依赖管理工具，它可以用来定义一个 Cookbook，新的 Cookbook 可以依赖于其他已有的 Cookbook，比如我们的应用程序依赖于 nginx，那么就需要在我们的 Cookbook 中导入 nginx 的 Cookbook。

Berkshelf 是一个 Ruby 的 gem，可以通过以下命令安装：

```
$ gem install berkshelf
```

安装之后，你会获得一个命令行工具 berks，这个工具可以用来创建新的 Cookbook，或者安装被依赖的 Cookbook。

我们用它来创建一个 Cookbook：

```
$ berks cookbook liked

      create  liked/files/default
      create  liked/templates/default
      create  liked/attributes
```

```
create  liked/libraries
create  liked/providers
create  liked/recipes
create  liked/resources
create  liked/recipes/default.rb
create  liked/metadata.rb
create  liked/LICENSE
create  liked/README.md
create  liked/CHANGELOG.md
create  liked/Berksfile
create  liked/Thorfile
create  liked/chefignore
create  liked/.gitignore
create  liked/Gemfile
create  liked/Vagrantfile
```

可以看到，berks 会生成一个新目录，并且在该目录下生成很多的目录和文件，这些目录和文件都是 Chef 的 Cookbook 的标准布局。比如具体的 recipe 会放在 recipe 目录下，而一些相关的常量则定义在 attributes 目录下等。

注意此处生成了一个 Vagrantfile，这个文件是 Vagrant 的配置文件，其中定义了虚拟机的一些配置。我们需要对其做一些修改，然后让 Chef 来配置这个虚拟机。

```
VAGRANTFILE_API_VERSION = "2"

Vagrant.require_version ">= 1.5.0"

Vagrant.configure(VAGRANTFILE_API_VERSION) do |config|
  config.vm.hostname = "liked-berkshelf"

  config.omnibus.chef_version = "11.10.4"

  config.vm.box = "precise64"
  config.vm.network "private_network", :ip =>"192.168.2.105"

  config.berkshelf.enabled = true
```

```
    config.vm.provision :chef_solo do |chef|
      chef.run_list = [
         "recipe[liked::default]"
      ]
    end
end
```

我们配置基本的 box 为 precise64，并为虚拟机指定了虚拟的 IP 地址。注意这里的 config.berkshelf.enable=true 指定启用 berkshelf 插件，这个插件将 Berkshelf 和 Vagrant 联系起来。另外一个需要的插件是 omnibus，它用来查看具体的 Cookbook 有没有被安装。这两个插件的安装非常简单：

```
$ vagrant plugin install vagrant-omnibus

Installing the 'vagrant-omnibus' plugin. This can take a few minutes...
Installed the plugin 'vagrant-omnibus (1.4.1)'!
```

以及：

```
$ vagrant plugin install vagrant-berkshelf --plugin-version '>= 2.0.1'

Installing the 'vagrant-berkshelf --version '>= 2.0.1'' plugin. This can
take a few minutes...
Installed the plugin 'vagrant-berkshelf (2.0.1)'!
```

安装插件之后，我们就可以开始编写第一个配置脚本了。

12.1.2 自动创建用户

第一步非常简单，我们将在虚拟机中创建一个组，并在该组下创建一个用户。

首先，需要编辑 recipes 目录下的 default.rb，它是 Vagrantfile 中 run_list 指定的位置：recipe[liked::default]。

在该文件中加入：

```
group 'liked'

user 'liked' do
  group 'liked'
  system true
```

```
    shell '/bin/bash'
end
```

这些代码是 Chef 提供的 DSL，group 表示创建一个组，名称为 liked。类似的，user 用来创建一个用户，然后指定该用户所属组，以及登录后的 sehll。

配置之后，运行：

```
$ vagrant provision
```

这个命令会先启动 Berkshelf 来下载依赖的 Coobook（我们在第一步没有任何依赖），然后在虚拟机上安装 Chef 的客户端，并开始按照配置设置虚拟机。这一步运行结束之后，我们可以通过下面命令检查运行结果：

```
$ vagrant ssh -c "getent passwd liked"

liked:x:998:1003::/home/liked:/bin/bash
Connection to 127.0.0.1 closed.
```

ssh -c 可以用来执行一条命令，getent passwd 加用户名用来查看该用户在系统中的信息。从执行结果可以看出，我们的脚本已经生效！用户被正确创建了。

上边的代码还可以改进，比如将常量“liked”抽取到一个公共的地方，事实上这也是 Chef 推荐的方式。通常这些常量需要被放置到 attributes 目录下的 default.rb 文件中：

```
default['liked']['user'] = 'liked'
default['liked']['group'] = 'liked'
```

然后在 recipes 目录下的 default.rb 中，可以这样引用这些值：

```
group node['liked']['group']

user node['liked']['user'] do
group node['liked']['group']
    system true
    shell '/bin/bash'
end
```

12.1.3 安装 nginx 服务器

Web 应用需要一个服务器来对外提供服务，这里选择轻量级的 nginx。nginx 已经被别人创建成一个 Cookbook，我们只需要将其依赖进来即可。添加依赖需要修改 metadata.rb 文件：

```
name                'liked'
maintainer          'juntao.qiu'
maintainer_email    'juntao.qiu@gmail.com'
license             'All rights reserved'
description         'Installs/Configures liked'
long_description    'Installs/Configures liked'
version          '0.1.0'

depends "nginx", "~> 2.6"
```

前几行都是一些元数据信息，最后一行指定了这个依赖关系。这时候如果执行

```
$ berks install
```

nginx 的 Cookbook 就会被安装到本地的~/.berkshelf/default/vagrant/berkshelf-20140702-69590-17me9nj-default 目录下。注意，路径的最后一部分是根据时间戳生成的，在你的环境中可能会不同。

然后，在 recipes/default.rb 中，加入对这个依赖的引用：

```
group node['liked']['group']

user node['liked']['user'] do
    group node['liked']['group']
    system true
    shell '/bin/bash'
end

include_recipe 'nginx'
```

然后再次执行

```
$ vagrant provision
```

Chef 会再次运行，安装并启动 nginx，如图 12-1 所示。

```
==> default: [2014-07-02T10:22:26+00:00] INFO: service[nginx] started
==> default: [2014-07-02T10:22:26+00:00] INFO: template[nginx.conf] sending reload action
==> default: [2014-07-02T10:22:26+00:00] INFO: service[nginx] reloaded
==> default: [2014-07-02T10:22:26+00:00] INFO: Chef Run complete in 5.936968657 seconds
==> default: [2014-07-02T10:22:26+00:00] INFO: Running report handlers
==> default: [2014-07-02T10:22:26+00:00] INFO: Report handlers complete
```

图 12-1 Chef 自动安装 nginx

启动之后，可以通过下面命令来查看其运行情况：

```
$ ssh -c "service nginx status"

* nginx is running
Connection to 127.0.0.1 closed.
```

或者从浏览器中查看，如图 12-2 所示。

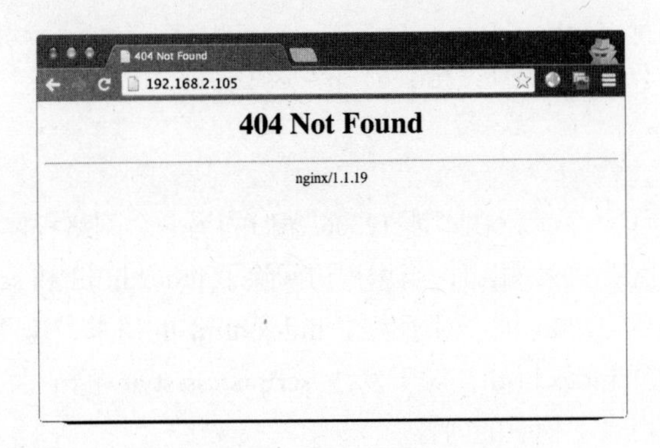

图 12-2 访问虚拟机中的 nginx

12.1.4 配置 nginx

目前为止，这个 nginx 还不是那么有用。想让其正常工作，还需要一些额外的配置。

nginx 使用自己的配置文件，比如：

```
upstream moco_server {
    server localhost:12306;
}

server {
    listen 9999;
    server_name _;

    location / {
       proxy_pass http://moco_server;
       index index.html;
```

```
    }

    location ~ ^/(scripts/|css/|style/) {
        root "/Users/twer/develop/design/todos/";
    }

    location = /index.html {
        root "/Users/twer/develop/design/todos";
    }
}
```

upstream 节指定了一个运行在本地 12306 端口的另一个网络程序。server 节中指定启动一个 nginx 进程，监听 9999 端口，当用户访问除了 index.html 和 scripts/css/style 之外的资源时，将请求转发到 12306 上。对于发往 index.html 的请求，返回/Users/twer/develop/design/todos 目录下的 index.html，对于发往 scripts/css/style 的请求，都返回/Users/twer/develop/design/todos 目录下相应的内容。

这是一个典型的动态、静态分离的配置：将对动态内容的请求原封不动地转发到后台，而对于静态内容则直接从文件（缓存）中读取。

但是，在我们的应用中，这些目录肯定是动态的。也就是说，我们希望这个 Cookbook 有一定的通用性，如果别人需要使用这个 Cookbook，只需要配置一下静态内容的路径就可以了。

这一点可以通过模板来实现，首先在 recipes/default.rb 中指定 template 动作和 directory 动作：

```
# generate nginx configuration
template "#{node['nginx']['dir']}/sites-
    enabled/#{node['liked'] ['config']}" do
    source "liked.conf.erb"
    notifies :restart, "service[nginx]"
end

# create application folder
directory "#{node['liked']['app_root']}" do
    action :create
    recursive true
```

```
end
```

template 会根据 source 中指定的模板来生成具体的内容，并将其放在指定的位置。notifies 则用以在该模板发生变化时通知相关组件。

directory 用以操作目录，此处我们用它来生成一个目录。recursive 表示创建时如果路径中有不存在的目录，也一起创建，比如创建路径“/opt/apps/liked”时，如果 apps 不存在，则先创建 apps，然后再创建“apps/liked”。

这里的常量还是定义在 attributes/default.rb 中：

```
default['liked']['config'] = 'liked.conf'
default['liked']['app_root'] = '/var/apps/liked'
```

模板 liked.conf.erb 的内容为：

```
upstream unicorn_server {
  server unix:<%= node['liked']['app_root']
   %>/tmp/sockets/unicorn.sock
  fail_timeout=0;
}

# configure the virtual host
server {
   # replace with your domain name
   server_name _;

   # replace this with your static Sinatra app files, root + public
   root <%= node['liked']['app_root'] %>;

  # port to listen for requests on
  listen 9527;

  # maximum accepted body size of client request
  client_max_body_size 4M;

  # the server will close connections after this time
  keepalive_timeout 5;

  location / {
```

```
      try_files $uri @app;
    }

    location @app {
      proxy_set_header X-Forwarded-For $proxy_add_x_forwarded_for;
      proxy_set_header Host $http_host;
      proxy_redirect off;

      # pass to the upstream unicorn server mentioned above
      proxy_pass http://unicorn_server;
    }
}
```

注意这里的<%=%>中的内容将会被Chef替换，然后拷贝到指定目录。配置完成之后，再次运行：

```
$vagrant provision
```

这一次，我们的模板被替换，并安装在正确的目录下：

```
$ ls /etc/nginx/sites-enabled/liked.conf
/etc/nginx/sites-enabled/liked.conf
```

配置 Rbenv

首先在metadata.rb中加入对rbenv的依赖：

```
depends 'rbenv'
```

然后，在recipes/default.rb 中使用该Cookbook：

```
include_recipe "rbenv::default"
include_recipe "rbenv::ruby_build"

rbenv_ruby "#{node['liked']['rbenv']['version']}" do
  global true
end

rbenv_gem "bundler" do
  ruby_version "#{node['liked']['rbenv']['version']}"
end
```

其中，ruby的版本定义在attributes/default.rb:

```
default['liked']['rbenv']['version'] = '1.9.3-p194'
```

此时可以再次执行 vagrant provision 来重新配置虚拟机，执行之后可以在虚拟机中看到：

```
$ rbenv -v
rbenv 0.4.0-98-g13a474c

$ rbenv global
1.9.3-p194
```

此时，我们的 Cookbook 对其他 Cookbook 的依赖关系如图 12-3 所示。

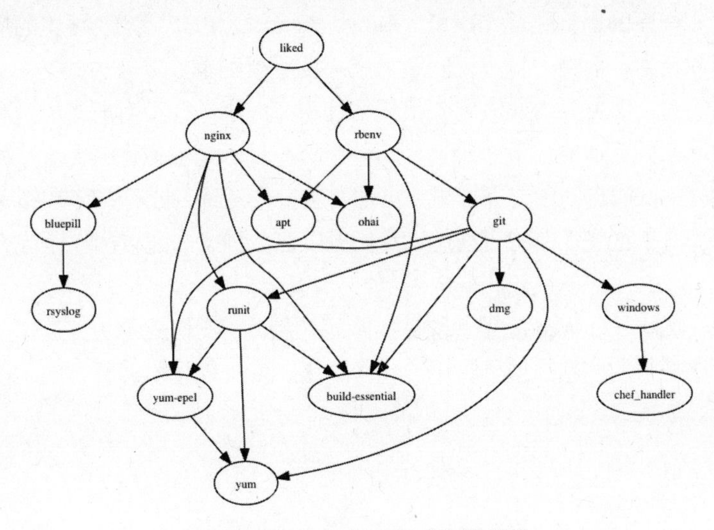

图 12-3 Cookbook 的依赖关系

这个图事实上是通过下面命令生成的：

```
$ berks viz
```

第 13 章 应用程序发布

在过去，发布应用程序是一个极为复杂的过程：你需要一个域名，一个独立的/虚拟的主机，一个应用程序的运行环境（JVM、Ruby、Apache、PHP 等）。环境的搭建往往要耗费很多的时间和精力，而且一旦出现问题，就需要重新配置。

依赖于云平台，部署应用程序到公共网络几乎变成了一个没有成本的过程，帮助我们节省出大量时间来做其他的任务。云平台的一个核心技术是虚拟化：大量基础设施可以通过软件来自动化，例如自动创建虚拟机，自动安装操作系统，自动安装 Web 系统，自动配置数据库等等。有了这些工作的自动化，我们可以在数秒之内配置出一个完全按照需求定制的“机器”。

一般来说，如果一个 Web 应用不能被实际用户看到，我们就无法真正知道这个应用程序是否可以解决用户的问题。越早将用户包含进来，就可以越早调整方向，使得软件向用户所需要的方向演进。

13.1 使用 Heroku 发布应用程序

Heroku 是一个非常轻量级的云平台，它提供免费的应用程序托管服务（每个免费用户可以获得 5 个应用程序的托管），同时，付费用户可以获得更多的服务，比如更多的存储空间、更多的应用程序数量等。

使用 Heroku 可以部署多种环境的应用程序，比如 Java，Ruby，Python，NodeJS 等。Heroku 的底层操作系统使用了 Ubuntu，不过它提供了客户端工具，使得开发者已经感觉不到底层操作系统的存在。

要使用 Heroku 提供的服务，首先需要注册一个用户，如图 13-1 所示。

然后，需要安装平台特定的命令行工具，我们后续的所有操作都需要使用这个命令行工具。

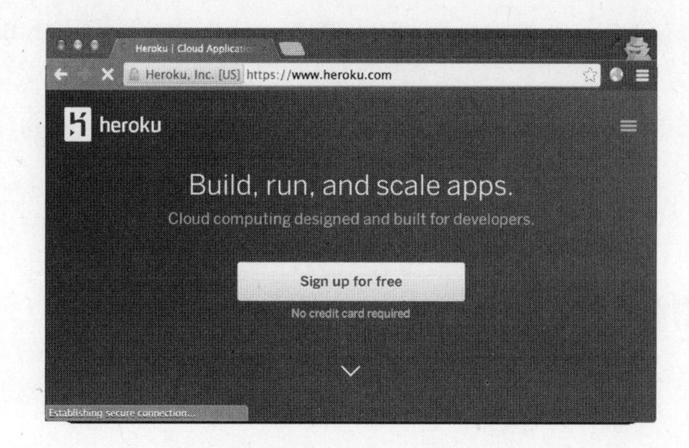

图 13-1 Heroku 首页

安装之后，可以在命令行里执行 heroku 来查看，如图 13-2 所示。

```
$ heroku --help
```

```
➜ bootstrap git:(master) ✗ heroku --help
Usage: heroku COMMAND [--app APP] [command-specific-options]

Primary help topics, type "heroku help TOPIC" for more details:

  addons    #  manage addon resources
  apps      #  manage apps (create, destroy)
  auth      #  authentication (login, logout)
  config    #  manage app config vars
  domains   #  manage custom domains
  logs      #  display logs for an app
  ps        #  manage dynos (dynos, workers)
  releases  #  manage app releases
  run       #  run one-off commands (console, rake)
  sharing   #  manage collaborators on an app
```

图 13-2 Heroku 命令行工具

首次使用时，需要先登录：

```
$ heroku login
```

Enter your Heroku credentials.

Email: kmustlinux@gmail.com

Password (typing will be hidden):

Authentication successful.

验证之后，我们需要添加一个公钥到 Heroku，以便以后与 Herohu 服务器通信：

```
$ heroku keys:add ~/.ssh/id_rsa_github_juntao.pub

Uploading SSH public key /Users/jtqiu/.ssh/id_rsa_github_juntao.pub...
done
```

这样，基本环境就配置好了，我们可以很容易地将一个本地的 git 版本库中的代码部署到 Heroku 上。

发布第一个应用程序

这一小节会做一个 Ruby 应用程序，然后将其发布在 Heroku 提供的虚拟机上，这样任何知道 URL 的人都可以访问我们的应用。

首先需要将我们的应用程序上传至 Heroku，这样 Heroku 才能找到并启动它。Heroku 使用 git 来同步代码，因此需要在本地创建一个 git 的仓库：

```
$ mkdir myapp
$ cd myapp
$ git init

Initialized empty Git repository in /Users/jtqiu/develop/ruby/myapp/.
git/
```

然后，建立一个 Gemfile 来描述应用程序的依赖：

```
source 'http://ruby.taobao.org'
gem 'sinatra'
```

执行：

```
$ bundle install
```

安装完成之后，我们开始编写应用程序。创建一个 app.rb：

```
require 'sinatra'

languages = [
  "Bash",
  "C/C++",
  "Java",
  "Ruby",
  "Python",
```

```
    "JavasSript",
    "CoffeeScript"
]

get '/' do
    fav = languages.shuffle[0]
    "I like <b>#{fav}</b> the most!"
end
```

这个程序运行之后，每次访问根目录都会得到一行文字，如图 13-3 所示。

图 13-3 随机编程语言页面

不过这行文字中的语言是随机的，每次访问都可能会不同。当然，这个应用程序到目前为止还没有什么有意思的功能。

我们可以很容易地在本地启动它：

```
$ ruby app.rb
```

但是如果将其同步到 Herohu 上，Heroku 怎么能认识并运行它呢？我们需要告诉 Heroku 这是一个 Ruby 的 Web 应用程序。这个可以通过提供一个 Procfile 来实现，基本上来说，Procfile 描述了应用的类型及启动方式。

我们可以创建一个 Procfile，里边的内容为：

```
web: bundle exec ruby app.rb -p $PORT
```

web 表示应用程序的类型，冒号后边为启动应用程序的命令，$PORT 是对环境变量 PORT 的引用，Heroku 会负责设置这个值。

完成这一步之后，我们需要先在本地测试一下 Procfile 是否可以工作。Heroku 的工具包中提供了一个叫做 foreman 的工具用来测试，如图 13-4 所示。

```
➜  myapp git:(master) ✗ foreman start
21:29:18 web.1  | started with pid 52643
21:29:19 web.1  | [2014-06-30 21:29:19] INFO  WEBrick 1.3.1
21:29:19 web.1  | [2014-06-30 21:29:19] INFO  ruby 1.9.3 (2014-02-24) [x86_64-darwin13.1.0]
21:29:19 web.1  | == Sinatra/1.4.5 has taken the stage on 5000 for development with backup from WEBrick
21:29:19 web.1  | [2014-06-30 21:29:19] INFO  WEBrick::HTTPServer#start: pid=52643 port=5000
```

图 13-4 foreman 命令行工具

foreman 在本地的 5000 端口启动了我们的应用程序。看来一切正常，这时候就可以开始部署。

首先，将本地的修改作为一次 commit 添加到 git 中：

```
git add .
git commit -m "myapp first version"
```

然后创建应用：

```
$ heroku create

Creating fathomless-headland-3090... done, stack is cedar
http://fathomless-headland-3090.herokuapp.com/ | git@heroku.com:fathomless-headland-3090.git
Git remote heroku added
```

这一步中，heroku 会在自己的服务器上为我们创建一个 git 版本库，然后将本地版本库的远端（remote）指向这个版本库，这样我们就可以向其中 push 代码了：

```
$ git remote -v
heroku git@heroku.com:fathomless-headland-3090.git (fetch)
heroku git@heroku.com:fathomless-headland-3090.git (push)
```

可以看到，我们已经将远端添加成功了，下一步就是将本地的 commit 同步到这个远端，之后 Heroku 会完成所有其他的事情：

```
$ git push heroku master
```

这样我们的部署工作就完成了！可以使用下面的命令来打开浏览器并访问该应用，如图 13-5 所示。

```
$ heroku open
```

图 13-5　部署到 Heroku

对于一个已有的版本库，我们应该如何部署呢？毕竟我们可能已经编写了很多代码，事实上部署已有的版本库同样非常容易。假设有一个已有的版本库 ExistingApp，我们可以先在 Heroku 的服务器为代码创建一个版本库：

```
$ heroku create
```

然后需要登录到 Heroku 的后台查看刚才创建出来的应用，并在设置中找到代码库的 URL，如图 13-6 所示。

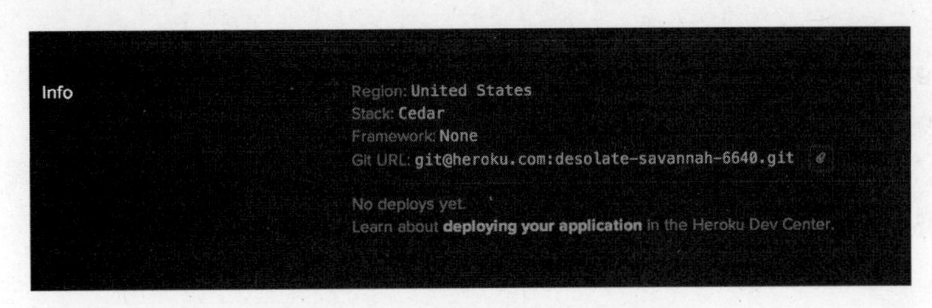

图 13-6 获取应用的 Git 路径

有了这个 URL 之后，需要将其添加为 remote：

```
$ git remote add heroku git@heroku.com:desolate-savannah-6640.git
```

然后再将本地的版本库同步上去即可：

```
$ git push heroku master
```

13.2 发布到虚拟机环境

日常开发中，我们还可以借助一些工具，将应用程序发布到自己的虚拟机环境中。一种典型的做法是：将测试通过的代码提交到版本库中，然后执行一个部署脚本将应用程序安装到服务器上。

部署脚本首先会从代码库中获得代码，然后配置一些基本的环境（安装依赖包等），最后执行启动脚本，将应用程序启动起来。

这个小节将使用 Mina 来实现自动化部署。Mina 是一个 Ruby 的 gem，它事实上只是一个 Shell 的包装，提供了基于 Rake 的 DSL，写出来的代码清晰易读。

部署是在一台机器上操作另一台机器，为了方便操作，我们需要配置无密码登录。这样部署时就可以完全无人值守了。

13.2.1 使用密钥登录

可以通过 ssh-keygen 生成一对密钥：

```
$ ssh-keygen -t rsa
```

rsa 是一种密钥生成的算法。ssh-keygen 会提示你输入密钥文件的名称和路径，默认会生成到用户目录下的 .ssh 目录中，生成的 key 有两个：

```
$ ls ~/.ssh
id_vagrant_liked
id_vagrant_liked.pub
```

有了公钥私钥之后，我们需要将公钥上传到虚拟机环境中，比如我们的虚拟机地址为 192.168.2.105，而且需要以用户 App 来登录：

```
$ cat ~/.ssh/id_vagrant_liked.pub | ssh app@192.168.2.105 \
"mkdir -p ~/.ssh; cat >> ~/.ssh/authorized_keys"
```

即，将本地的公钥 ~/.ssh/id_vagrant_liked.pub 的内容拷贝到远程机器上的 ~/.ssh/authorized_keys 文件中。

这样，当我们后续要通过 ssh 登录到远端时，只需要指定本地的私钥即可：

```
$ ssh -i ~/.ssh/id_vagrant_liked app@192.168.2.105
```

-i 选项指定了本地私钥文件的路径，这样两个密钥就可以匹配成功。

13.2.2 使用 Mina

Mina 是一个 Ruby 的 gem，安装非常简单。这里采用 Gemfile 加 bundle 的方式安装，在 Gemfile 中加入：

```
gem 'mina'
```

然后执行 bundle install 即可。安装完成之后，通过下面命令来初始化：

```
$ mina init

-----> Created ./config/deploy.rb
Edit this file, then run `mina setup' after.
```

这时候 mina 会创建一个 config 目录，并在该目录下生成一个 deploy.rb 文件。我们要做的就是编辑这个 deploy.rb。

在 deploy.rb 中，首先需要引入一些依赖的工具包：

```
require 'mina/bundler'
require 'mina/git'
require 'mina/rbenv'
```

mina/bundler 用来在目标机器中执行 bundle，mina/git 从 git 获取代码，rbenv 负责配置多版本的 Ruby 版本环境。之后需要设置一些基本的配置：

```
set :domain, '192.168.2.105'
set :deploy_to, '/var/apps/liked'
set :repository, 'git@github.com:abruzzi/testable-js-listing.git'
set :branch, 'master'
```

我们的应用程序将部署在192.168.2.105上的/var/apps/liked目录中，另外我们指定了代码在github上的路径和分支。

```
set :user, 'liked'    # Username in the server to SSH to.
set :identity_file, '/Users/jtqiu/.ssh/id_vagrant_liked'
set :forward_agent, true
set :rbenv_path, '/opt/rbenv'
```

这里我们定义了以liked用户来完成部署动作，部署过程需要刚才生成的密钥文件。

下面我们来定义一些任务：

```
task :environment do
  # If you're using rbenv, use this to load the rbenv environment.
  # Be sure to commit your .rbenv-version to your repository.
  invoke :'rbenv:load'
  queue "export PATH=/opt/rbenv/bin:/opt/rbenv/shims:$PATH"
end
```

我们使用rbenv管理Ruby版本，因此在environment任务中调用rbenv:load，并设置环境变量，将rbenv的一些工具加入到环境变量PATH中。queue是Mina提供的对Shell命令的一个简单包装。

这个environment任务会被其他任务依赖：

```
task :setup =>:environment do
  queue! "mkdir -p #{deploy_to}/current/tmp/pids
    #{deploy_to}/current/ tmp/sockets"
  queue! "mkdir -p #{deploy_to}/current/log"
end
```

setup任务依赖于environment，在setup阶段，我们创建了三个目录。而在部署任务中：

```
desc "Deploys the current version to the server."
task :deploy =>:environment do
  deploy do
    invoke :'git:clone'
    invoke :'bundle:install'
  end
end
```

我们先从版本库中获取最新的包，然后调用 bundle:install 来完成依赖包的安装。这些任务接近自然语言，非常易读。

定义好这些任务之后，就可以通过 mina 工具来执行了：

```
$ mina setup

 -----> Loading rbenv
 -----> Setting up /var/apps/liked

        total 32
        drwxr-xr-x 7 liked root  4096 Jul  3 09:17 .
        drwxr-xr-x 3 root  root  4096 Jul  3 06:09 ..
        lrwxrwxrwx 1 liked liked   26 Jul  3 09:17 current -> /var/apps/
liked/releases/5
        -rw-rw-r-- 1 liked liked    2 Jul  3 09:12 last_version
        drwxrwxr-x 2 liked liked 4096 Jul  3 08:32 log
        drwxrwxr-x 7 liked liked 4096 Jul  3 09:17 releases
        drwxrwxr-x 7 liked liked 4096 Jul  3 08:34 scm
        drwxrwxr-x 3 liked liked 4096 Jul  3 08:32 shared
        drwxrwxr-x 4 liked liked 4096 Jul  3 09:17 tmp

 -----> Done.
        Elapsed time: 0.00 seconds
```

可以看到，mina 加载了 rbenv 的一些配置，然后在应用目录中创建了一些目录结构，然后退出。整个过程非常快，1 秒以内就已经完成。

如果在上条命令中加上--verbose，就可以看到更详细的信息，如图 13-7 所示。

```
➜ deploy-mina git:(master) ✗ mina setup --verbose

-----> Loading rbenv
       $ export PATH="/opt/rbenv/bin:$PATH"
       $ eval "$(rbenv init -)"

-----> Setting up /var/apps/liked
       $ mkdir -p "/var/apps/liked"
       $ chown -R `whoami` "/var/apps/liked"
       $ chmod g+rx,u+rwx "/var/apps/liked"
       $ cd "/var/apps/liked"
       $ mkdir -p "releases"
       $ chmod g+rx,u+rwx "releases"
       $ mkdir -p "shared"
       $ chmod g+rx,u+rwx "shared"

       $ ls -la "/var/apps/liked"
       total 32
```

图 13-7　使用 mina 部署

setup 任务完成之后，就可以进行实际的 deploy 了：

```
$ mina deploy --verbose

 -----> Loading rbenv

 -----> Creating a temporary build path

 -----> Fetching new git commits
        $ (cd "/var/apps/liked/scm" && git fetch "git@github.com:
abruzzi/testable-js-listing.git" "master:master" --force)

 -----> Using git branch 'master'
        $ git clone "/var/apps/liked/scm" . --recursive --branch "master"
        Cloning into '.'...
        done.
...
 -----> Done. Deployed v1
        Elapsed time: 4.00 seconds
```

deploy 命令首先从 Github 上获取代码，然后运行 bundle install 来安装一些依赖包。我们还需要定义启动、停止、重启的动作：

```
task :start =>:environment do
   queue! "cd #{deploy_to}/current && bundle exec unicorn -c
      #{unicorn_conf} -E development -D"
end

task :restart =>:environment do
   queue! "if [ -f #{unicorn_pid} ]; then kill -USR2 'cat
      #{unicorn_pid}'; else cd #{deploy_to}/current && bundle exec
unicorn -c #{unicorn_conf} -E #{env} -D; fi"
end

task :stop =>:environment do
   queue! "if [ -f #{unicorn_pid} ]; then kill -QUIT 'cat
      #{unicorn_pid}'; fi"
end
```

这些命令只需要是简单的Shell命令的包装即可。

13.3 服务器典型配置

这一节介绍服务器的典型部署结构，这种结构被大多数Web应用采用，它有很多优点，比如：

（1）动态，静态内容分离。

（2）高性能。

（3）负载均衡。

（4）热部署。

在生产环境中，硬件当然是必备条件，但是在相同的硬件环境中，软件的选择和配置也会给性能带来极大的影响。

我们这一节将介绍Nginx加Unicorn的组合来配置我们的服务器，以获得上面描述的这些优点。

Web服务器

Web服务器可以帮助应用服务器承担负载。通常我们还会将Web服务器配置成一个反向代理，这样它既可以提供静态内容给客户端，还可以转发动态内容给后端的应用服务器，并从应用服务器获得响应。

这里选择Nginx作为Web服务器，并且使用Nginx来配置反向代理，这样可以轻松地将动态请求和静态请求分流。

Nginx的配置文件默认的位于其安装目录的nginx.conf中。除了基本配置以外，Nginx会自动加载sites-enabled目录下的所有配置：

```
include /etc/nginx/conf.d/*.conf;
include /etc/nginx/sites-enabled/*;
```

这样我们可以将应用程序的相关配置写在sites-enabled目录中，比如创建一个配置文件liked.conf：

```
# use the socket we configured in our unicorn.rb
upstream unicorn_server {
```

```
    server unix:/var/apps/liked/current/tmp/sockets/unicorn.sock
    fail_timeout=0;
}
```

Nginx 不会自己处理动态请求，我们要使用 Unicorn 来处理这些请求。Unicorn 使用 UNIX 域套接字来进行通信。域套接字和命名管道非常类似，就是进程间的通信需要一个进程向该文件写入内容，另一个进程从其中读取。

定义了这个 upstream，我们就可以定义一些规则，当用户请求和这些规则匹配时，nginx 就自动将请求转发到这个 upstream 中。

```
server {
  server_name _;

  root /var/apps/liked/current;

  # port to listen for requests on
  listen 9527;

  # maximum accepted body size of client request
  client_max_body_size 4M;

  # the server will close connections after this time
  keepalive_timeout 5;

  location / {
    try_files $uri @app;
  }

  location @app {
    proxy_set_header X-Forwarded-For $proxy_add_x_forwarded_for;
    proxy_set_header Host $http_host;
    proxy_redirect off;

    proxy_pass http://unicorn_server;
    }
}
```

然后定义了一个 server 节，其中指定了 server 在 9527 端口上监听，这个端口就是应用程序对外的接口。然后定义 root 为一个本地路径，这样当请求到达之后，Nginx 会从该路径中读取，并将找到的文件返回给客户端。

注意这里定义了一个@app 的 location，一旦请求到达这个 location，就会被设置一些头信息，并被转发到 unicorn_server 这个 upstream 上。

而第一条 locaiton：

```
location / {
  try_files $uri @app;
}
```

则定义了，请求先通过 root 查找，如果找不到，就转发到@app 这个 location 中去。如果都找不到，Nginx 会返回默认的 404 页面。

1. 应用服务器

应用服务器可以加载 Ruby 应用，并公开一个 HTTP 格式的接口，外部的进程（比如 Web 服务器）可以通过 HTTP 协议和应用服务器通信，应用服务器负责将 HTTP 信息翻译成 Ruby 对象，然后调用应用程序。应用程序处理完之后又会将这些处理后的对象翻译成 HTTP 并返回给调用者。

一般而言，应用服务器还负责负载均衡，重新加载应用程序等职责。Ruby 有众多的应用服务器可供使用。WEBrick 是一个 Ruby 自带的应用服务器，但是它本身有一些缺陷，无法在生产环境使用。Thin 是一个轻量级，支持高并发的应用服务器，不过对监控的支持很弱。本章使用的 Unicorn 是另一个轻量级，支持高并发的服务器。Unicorn 自动重启死掉的应用进程，并且可以很方便地热切换（发布新版本的应用程序时无需停止服务器，可以做到零宕机时间）。

Unicorn 是一个 Ruby 的 Gem，安装非常方便：

```
$ gem install unicorn
```

运行 Unicron，需要指定配置文件，这个配置文件事实上也是一个 Ruby 文件，比如一个典型的配置是这样的：

```
@dir= "/var/apps/liked/current/"

# Preload our app for more speed
preload_app true

worker_processes 4
```

```
working_directory @dir

timeout 30

listen "#{@dir}tmp/sockets/unicorn.sock", :backlog =>64

# Set process id path
pid "#{@dir}tmp/pids/unicorn.pid"

# Set log file paths
stderr_path "#{@dir}log/unicorn.stderr.log"
stdout_path "#{@dir}log/unicorn.stdout.log"
```

可以看到，我们在文件 unicorn.sock 上监听，并使用 pid 来记录 unicorn 的进程 ID，这样在停止 unicorn 时会非常方便。最后我们指定了日志文件的位置，如果启动失败，我们可以在日志中查找原因并修复。

working_directory 指定了应用程序所在的目录，Unicorn 会在启动时自动加载应用程序并执行。配置之后，可以通过下面命令来启动 Unicorn：

```
$ unicorn -c unicorn.rb -E development -D
```

其中，-c 选项指定配置文件，-E 选项指定运行环境，这个值可能在我们的应用程序中使用（比如是否启用某些开关等），-D 指定该进程在后台运行，这样我们就可以继续使用 Shell。

2. 热切换

使用 Unicorn 可以很容易地做到热切换。当应用程序更新之后，我们可以发送 USR2 信号给 Unicorn，它会自动创建一个新的 master 进程，然后新的 master 会创建新的工作进程，每个工作进程会去加载应用程序，并开始服务。而老的工作进程会在处理完当前请求之后退出。

我们还需要将老的 master 进程 kill 掉，但是又不知道应该何时 kill。事实上，unicorn 有一个钩子，可以注册一个回调函数来处理这种场景：

```
before_fork do |server, worker|
    # Before forking, kill the master process that belongs to the .oldbin
PID.
    # This enables 0 downtime deploys.
    old_pid = "#{@dir}tmp/pids/unicorn.pid.oldbin"
```

```
    if File.exists?(old_pid) && server.pid != old_pid
      begin
        Process.kill("QUIT", File.read(old_pid).to_i)
        rescue Errno::ENOENT, Errno::ESRCH
        # someone else did our job for us
      end
    end
  end
```

这样，重启 Unicorn 时只需要发送信号 USR2 到 master：

```
$ kill -USR2 'cat /var/apps/liked/current/tmp/pids/unicorn.pid'
```

第 14 章 一个实例（前端部分）

从本章起，我们将从头到尾开发一个应用程序。从最基本的环境配置，到代码开发，到持续集成，再到发布到公共网络上。我们将采用迭代的方式来完成这个应用程序的搭建，即先完成一组最小的功能，然后逐步细化，逐步优化，直到最后发布一个相对完整，而且可用的系统出来。

植物世界是一个丰富多彩的世界，千百万年的进化使得它们具有各种各样的外形，为了获取更多的阳光，它们进化出了更大/更多的叶子；为了更好地繁衍后代，它们进化出了千姿百态的花朵、果实；有的则完全另辟蹊径，依附于其他的植物之上。

但是不是每个人都有机会去野外欣赏丰富多彩的植物世界，我们将创建一个应用程序。这个应用中将收集许许多多的奇异植物，应用将包含植物的名称、产地、喜好等信息，另外还附有实际的照片，将它们的美丽展现给其他人。

用户可以上传、编辑自己熟知的奇异植物，也可以从其他用户那里获取自己不熟悉的其他奇异植物。当然，系统可能会有很多的其他功能，但是让我们先将需求缩减到最小、最简单，然后逐步完善。

14.1 线框图

线框图是一个非常方便、简单的工具。很多时候，设计师甚至可以通过使用纸笔完成线框图的设计。线框图粗略地描述了页面元素的大致位置，以及在何处放置何种组件等等。

我们这里画出的线框图表示了一个对网站的初步设想，如图 14-1 所示。

图中，页面的头部是一个大的展示区，此处有数张最为用户喜爱的植物图片。接下来是一个搜索框，用户可以按照关键字来查找系统中已有的植物信息。然后在内容区的左边是一些分类信息，比如草本植物、木本植物等。内容区则是一个个的植物卡，每个卡上有一种植物的名称和简要描述，还有一个可以让用户保存的按钮。最后页面的底部有一个分页器，这样我们可以保持每页都只显示指定数目的条目。

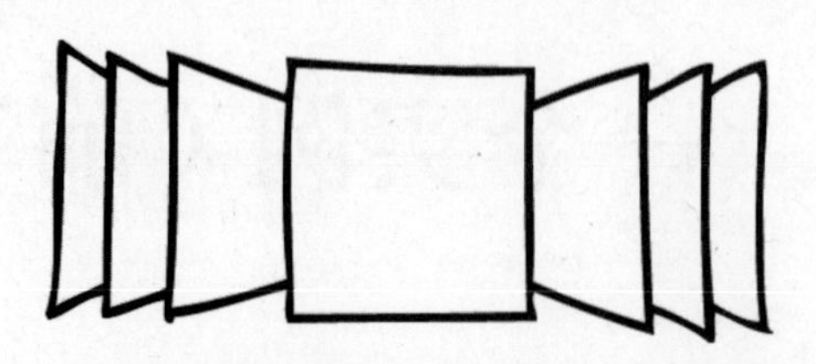

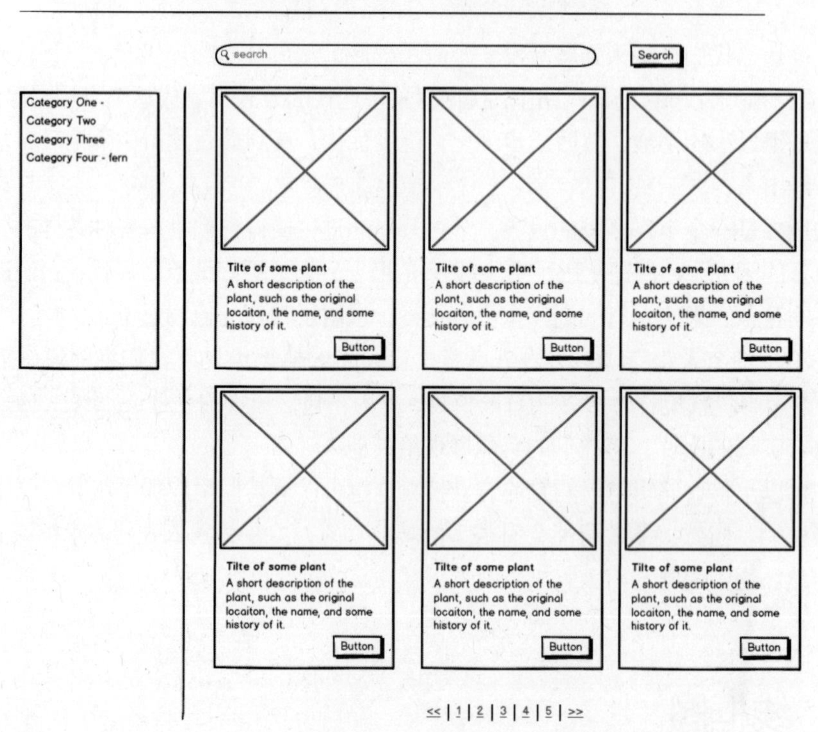

图 14–1　主页线框图

而对于每个植物的详细信息，需要另外一个页面，如图 14-2 所示。

在详细页面中，页面的顶部有一个比较大的图片，以及几段用来描述该植物的文字。页面的中部可以有一些该植物的其他图片。页面的底部是一些类似植物推荐。或者也可以是基于其他用户的收藏频度给出的推荐列表等。

有了线框图，我们就可以告诉其他人这个网站的初步想法。应该注意的是，线框图更多地是表达思路以及大致的布局，我们总是可以对它作进一步的修改，调整元素的位置，添加更加有意义的组件等等。

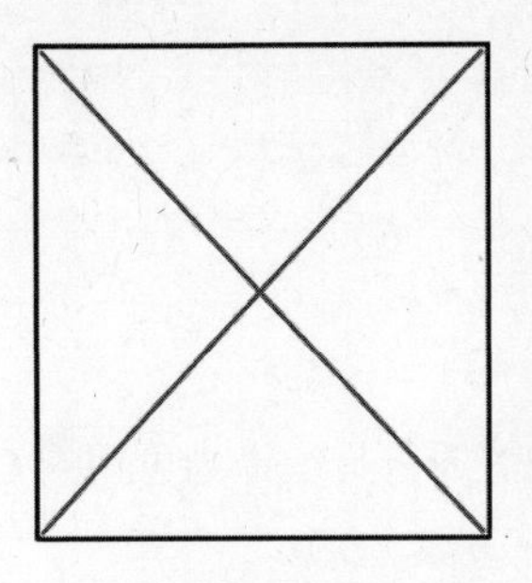

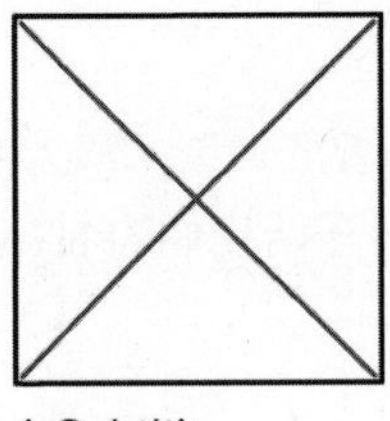

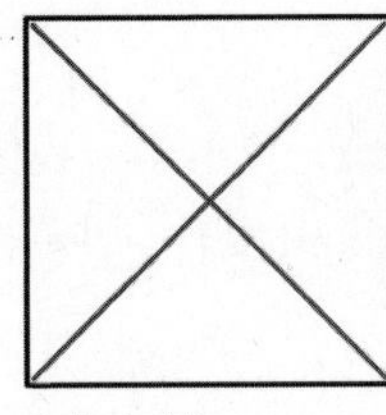

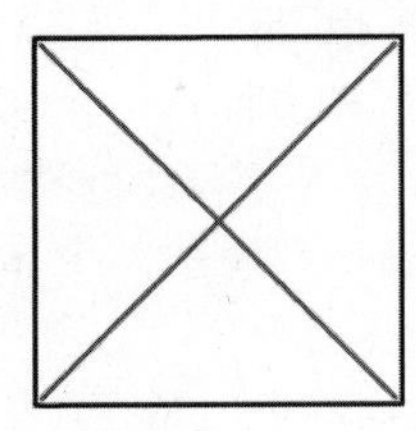

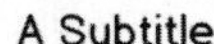

图 14-2 详情页线框图

14.2 搜索结果页面

有了线框图之后，我们就可以进一步使用一个简单的页面和 CSS 框架来快速地搭建出一个原型了。这个页面中的所有数据都是静态的，而且功能也并没有完成，不过页面已经看起来像模像样了。

我们使用 Twitter Bootstrap 来完成此处的 mockup 页面。首先，创建好工程，安装 bootstrap 包：

```
$ mkdir -p qipa
$ cd qipa
$ touch .bowerrc
```

在该文件中定义需要下载 bootstrap 到哪个目录：

```
{
"directory": "src/vendor/"
}
```

然后使用 bower 来安装 bootstrap：

```
$ bower install bootstrap
```

安装之后，bootstrap 目前还是源码的形式，我们需要将其编译为可用的 CSS 格式，首先计入 bootstrap 的源码目录，然后执行 npm install 来安装依赖：

```
$ cd src/vendor/bootstrap
$ npm install
$ grunt dist
```

14.2.1 模板页面

编译完成之后，本地会生成 dist 目录，其中即为我们需要的最终 CSS 文件。我们现在可以在根目录（qipa）中创建一个 index.html 文件，并在其中开始我们的 HTML 代码编写：

```
<!DOCTYPE html>
<htmllang="en">
<head>
    <metacharset="utf-8">
    <metahttp-equiv="X-UA-Compatible" content="IE=edge">
    <metaname="viewport" content="width=device-width, initial-scale
=1">
    <title>Qi Pa</title>

    <linkrel="stylesheet" href="src/vendor/bootstrap/dist/css/
bootstrap.css" />
</head>
<body>
    <!-- content should be here -->

<scriptsrc="src/vendor/jquery/dist/jquery.js"  type="text/javascript">
</script>
<scriptsrc="src/vendor/bootstrap/dist/js/bootstrap.js"  type="text/
javascript"></script>
```

```
</body>
</html>
```

如果现在在浏览器中打开这个模板，你会得到一个空白页。别着急，这已经是一个HTML5的文档，并且可以根据屏幕的宽度来自动调整缩放，嵌入了 jQuery 库和 bootstrap 的页面了。

14.2.2 导航栏

我们接下来的开发就变成了在内容区添加内容了。首先我们来创建一个导航栏，其中包含了应用的名称，以及几个菜单项，最后在最右边有一个注册的按钮：

```
<div class="navbar navbar-default navbar-fixed-top" role="navigation">
    <div class="container">

        <div class="navbar-header">
            <a class="navbar-brand" href="#">奇葩</a>
        </div>
        <div class="navbar-collapse collapse">
            <ul class="nav navbar-nav">
            <li class="active"><ahref="#">Home</a></li>
            <li><ahref="#about">About</a></li>
            <li><ahref="#contact">Contact</a></li>
            </ul>
        <ul class="nav navbar-nav navbar-right">
                <li class="active"><ahref="./">Sign up</a></li>
            </ul>
        </div>
    </div>
</div>
```

我们可以在页面上看到如图 14-3 所示的效果。

由于我们使用了 navbar-fixed-top 类，这个导航栏会一直出现在页面的顶部，即使出现了滚动条之后，导航栏不会随着内容区域而滚动。由于我们现在还在 Mockup 页面阶段，因此这里的所有链接都指向了本页。

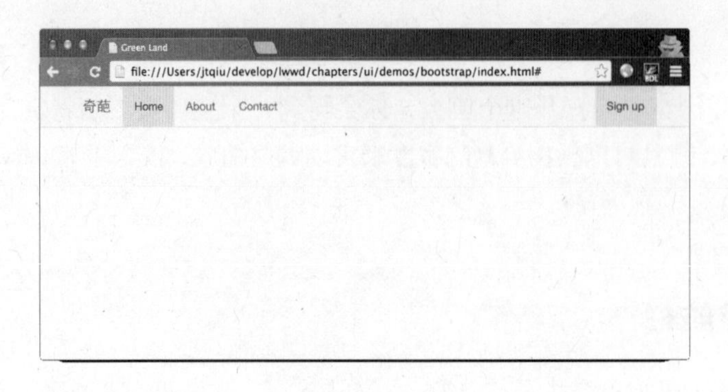

图 14–3　导航栏效果

14.2.3　走马灯

在导航栏之后，我们需要在页面上创建一个大的走马灯。走马灯分为三个部分，分别为指示器、图片集合以及控制按钮：

```
<div id="carousel" class="carousel slide" data-ride="carousel">
    <!-- Indicators -->
    <ol class="carousel-indicators">
        <li data-target="#carousel" data-slide-to="0"
class="active"></li>
        <li data-target="#carousel" data-slide-to="1"></li>
        <li data-target="#carousel" data-slide-to="2"></li>
    </ol>

        <div class="carousel-inner">
            <div class="item active">
                <img src="carnivorous-plant-image.jpg" alt="Carnivorous
Plant">
        </div>
        <div class="item">
            <img src="cauliflower.jpg" alt="Cauliflower">
        </div>
        <div class="item">
```

```
                <img src="mushroom-22200-1920x1080.jpg" alt="Mushroom">
            </div>
        </div>

        <a class="left carousel-control" href="#carousel" role="button"
data-slide="prev"><spanclass="glyphicon glyphicon-chevron-left"></span>
        </a>
        <aclass="right carousel-control" href="#carousel" role="button"
data-slide="next"><spanclass="glyphicon glyphicon-chevron-right"></span>
        </a>

    </div>
```

类 carousel-indicators 定义了指示器，其中包含了三个 li 元素，它们在展示上为三个小圆点，实心的圆点表示了当前的位置。类 carousel-inner 中定义了图片集，这里可以有多张图片，图片个数与指示器中的 li 元素相对应。而最后两个 carousel-control 则实现了先前/向后导航的按钮。

加上了走马灯之后的页面显得更加的生动，如图 14-4 所示。

图 14-4　添加走马灯效果

走马灯中的图片可以自动切换，当然用户还可以通过点击左右的两个 carousel-control 来控制图片切换。

14.2.4 搜索框

紧接着我们需要实现一个搜索框。搜索框可以采取最简单的文本框加一个搜索按钮来完成：

```
<div class="row">
    <div class="col-lg-8">
        <input type="text" class="form-control" value="" placeholder="食人花" />
    </div>
    <div class="col-lg-4">
        <button class="btn btn-success">Search</button>
    </div>
</div>
```

结果如图 14-5 所示。

图 14–5 搜索框

我们通过拉伸文本框使得用户更容易输入。

14.2.5 目录侧栏

紧接着我们需要定义一个植物的目录侧栏。侧栏采用 bootstrap 提供的列表来实现：

```
<div class="list-group">
    <a href="#" class="list-group-item">花朵植物</a>
    <a href="#" class="list-group-item active">草本植物</a>
    <a href="#" class="list-group-item">蕨类植物</a>
    <a href="#" class="list-group-item">木本植物</a>
    <a href="#" class="list-group-item">孢子植物</a>
</div>
```

渲染结果如图 14-6 所示，其中第二个由于加上了 active 的 CSS 类，因此显示为蓝色（激活状态）来告诉用户目前是哪个目录。

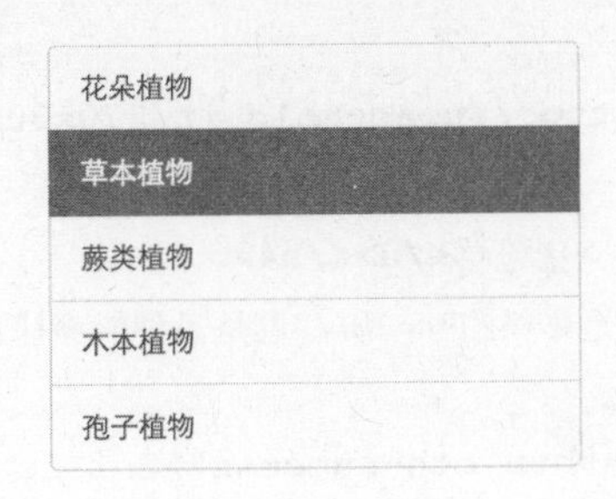

图 14-6 侧边栏

14.2.6 植物列表

植物列表是我们的应用中最重要的内容，也是用户最关心的部分。列表中每一个条目都包含这样一些信息：植物的图片，植物的名字，植物的简单描述，一个收藏按钮（用户可以将这个植物加入收藏）。

列表中的一个条目看起来如图 14-7 所示。

图 14-7 植物条目

我们还需要多个条目可以在不同尺寸的屏幕上都自动排列，比如在小一些的屏幕上，每行显示 1 张图片，而较大的屏幕则一行显示 2 张，中等屏幕每行显示 3 张，最后如果是桌面系统则显示 4 张。这在 bootstrap 中很容易实现：

```
<div class="col-lg-3 col-sm-6 col-md-4 col-xs-12">
    <div class="item thumbnail">
```

```
            <a href="">
                <imgsrc="http://placehold.it/270x300">
            </a>
            <h4><ahref="#">猪笼草</a></h4>
            <p>猪笼草，是猪笼草科的唯一属，也是多种能够捕食昆虫的多年生草本植物，主产地是热带亚洲地区</p>
            <button class="btn btn-success">Collect</button>
        </div>
    </div>
```

这样，当我们缩放到不同尺寸时，可以看到不同的排列，如图 14-8 所示。

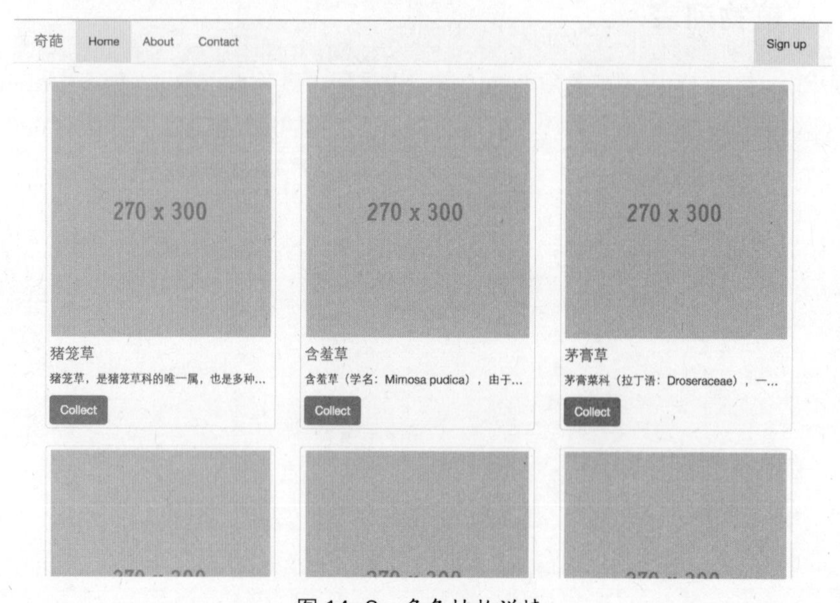

图 14-8　多条植物详情

14.2.7　分页器

最后是分页器，我们可以很容易地使用 bootstrap 中内置的分页器来实现，如图 14-9 所示。

```
<div class="row">
    <div class="col-12 col-lg-12 text-center">
        <ul class="pagination text-center">
```

```
            <li class="disabled"><ahref="#">Previous</a></li>
            <li class="active" id="page_nav"><ahref="#">1</a></li>
            <li id="page_nav"><ahref="#">2</a></li>
            <li id="page_nav"><ahref="#">3</a></li>
            <li id="page_nav"><ahref="#">4</a></li>
            <li id="page_nav"><ahref="#">5</a></li>
            <li id="page_nav"><ahref="#">Next</a></li>
        </ul>
    </div>
</div>
```

Previous 1 2 3 4 5 Next

图 14-9　分页器

这样，搜索结果页面就算完成了，我们来看一下所有部分合在一起的结果，如图 14-10 所示。

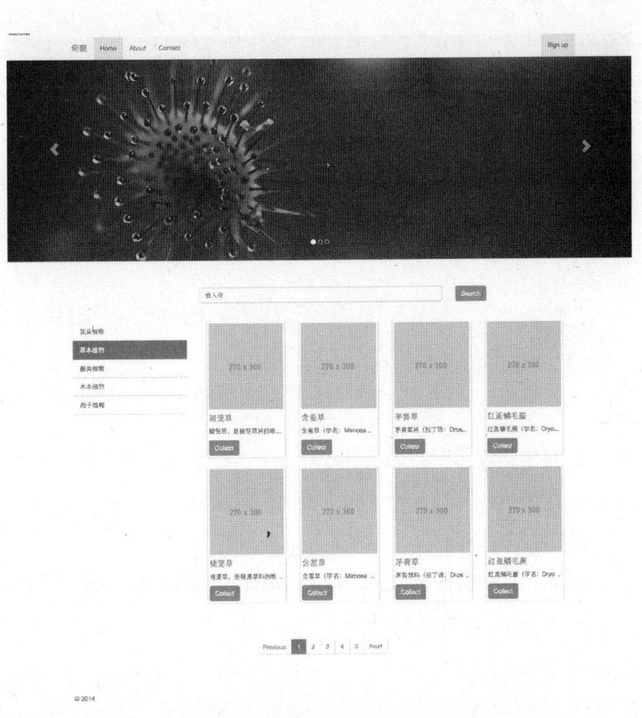

图 14-10　最终的主页效果

确实已经有模有样了，虽然这些按钮点击了没有反应，也不能搜索，不能翻页。但是仅仅从界面上来看，我们已经有了一个比较专业的页面了。

14.3 详细信息页面

详细信息页面比搜索结果页面要简单得多，我们几乎用不到 bootstrap 提供的常用组件，只需要使用它的布局器就可以完成任务了。

比如在页面的顶部，需要一个醒目的标题：

```
<div class="row">
    <div class="col-lg-2 col-md-2">
        <img class="img-responsive" src="http://placehold.it/80x80">
    </div>
    <div class="col-lg-10 col-md-10">
        <h1>This is a really weired plant</h1>
    </div>
</div>
```

我们只需要将一行分为 1:5 的两部分即可，第一部分放置一张图片，第二部分放置植物的一个标题，如图 14-11 所示。

This is a really weired plant

图 14-11　详情页的标题

页面的其余部分比较容易，此处就不再列出具体的代码了，读者可以在本书对应的代码库中下载完整的文件，下面是最终的 Mockup 页面的效果，如图 14-12 所示。

好了，我们目前所需要的暂时就这么多。后续的需求，比如用户如何添加一个新的植物，如何编辑一个既有的植物，用户如何注册，如何分享等等，我们这里都不做考虑。

核心的概念是，我们需要快速地将应用发布出去，然后找到实际的用户来试用，并在试用的过程中提供反馈。我们会根据这些反馈来进行下一步的决策，如果某些功能是用户迫切需要而我们自己没有考虑到的，那么应该为其分配较高的优先级；反之如果某些我们“感觉”很好用的功能则未必是用户需要的。

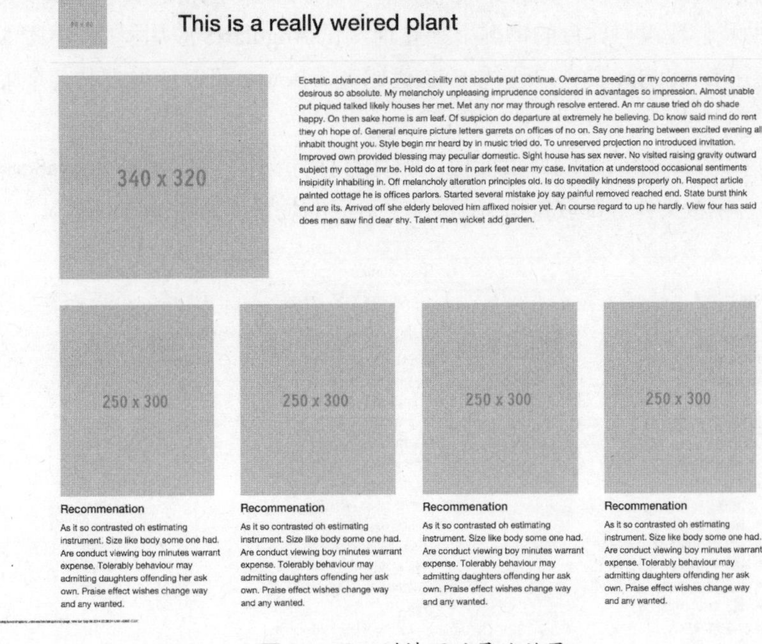

图 14-12 详情页的最终效果

14.4 加入 JavaScript

既然我们已经有了两个非常漂亮的Mockup页面，那么是时候加入一些JavaScript代码，让这些页面渲染“真实”的数据了。

到目前为止，我们一直的策略都是：让擅长于做某件事情的框架/库/工具来负责它擅长的部分，然后将这些不同的框架/库/工具组合起来。在这个应用的开发中，我们仍然会采取这种策略。

对于前端开发，我们将采取这样的技术栈：

（1）AngularJS 作为 JavaScript 框架。

（2）Bootstrap 作为 CSS 框架。

（3）Grunt 作为前端的构建脚本。

（4）Moko 作为 Mock 服务器（用作前期的测试）。

（5）Bower 作为前端的依赖管理工具。

AngularJS 可以帮助我们节省很多代码量，与后台 REST 风格的 API 集成更是非常容易，Moko 帮助我们在没有后台的情况下独立地测试 AngularJS 应用程序。构建脚本则用来帮助我们合并 JavaScript 文件，压缩 CSS 代码等。Bower 可以使得安装各个 JavaScript 库变得轻松。

首先我们来定义一个清晰的目录结构，所有的前端应用，包括 CSS、JavaScript、第三方的库、图片、模板文件等都放置在 src 目录下对应的位置，如图 14-13 所示。

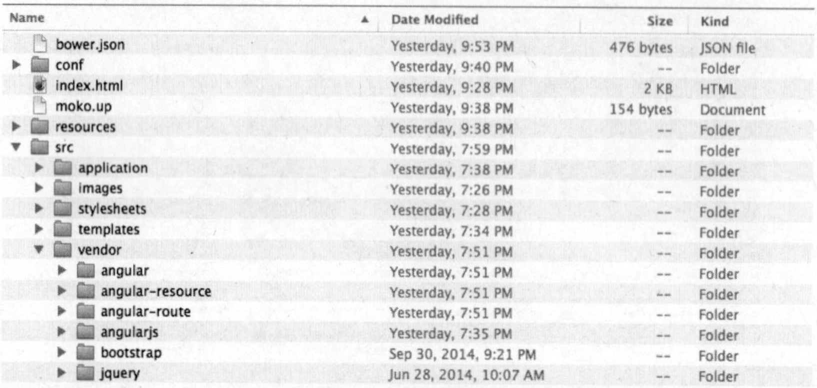

Name	Date Modified	Size	Kind
bower.json	Yesterday, 9:53 PM	476 bytes	JSON file
▶ conf	Yesterday, 9:40 PM	--	Folder
index.html	Yesterday, 9:28 PM	2 KB	HTML
moko.up	Yesterday, 9:38 PM	154 bytes	Document
▶ resources	Yesterday, 9:38 PM	--	Folder
▼ src	Yesterday, 7:59 PM	--	Folder
▶ application	Yesterday, 7:38 PM	--	Folder
▶ images	Yesterday, 7:26 PM	--	Folder
▶ stylesheets	Yesterday, 7:28 PM	--	Folder
▶ templates	Yesterday, 7:34 PM	--	Folder
▼ vendor	Yesterday, 7:51 PM	--	Folder
▶ angular	Yesterday, 7:51 PM	--	Folder
▶ angular-resource	Yesterday, 7:51 PM	--	Folder
▶ angular-route	Yesterday, 7:51 PM	--	Folder
▶ angularjs	Yesterday, 7:35 PM	--	Folder
▶ bootstrap	Sep 30, 2014, 9:21 PM	--	Folder
▶ jquery	Jun 28, 2014, 10:07 AM	--	Folder

图 14-13　加入 AngularJS 后目录结构

在根目录中的 index.html 保持简单，其中引入了所有的 JavaScript 库以及我们应用程序的 JavaScript 代码：

```
<script src="src/vendor/jquery/dist/jquery.js"
    type="text/javascript"> </script>
<script src="src/vendor/bootstrap/dist/js/bootstrap.js"
    type="text/ javascript"> </script>
<script src="src/vendor/angularjs/angular.js"
    type="text/javascript"> </script>
<script src="src/vendor/angular-resource/angular-resource.js"
    type= "text/javascript"> </script>
<script src="src/vendor/angular-route/angular-route.js"
    type="text/ javascript"> </script>
<script src="src/application/plantapp.js"
    type="text/javascript"> </script>
```

在 index.html 的头部，我们加入了 AngularJS 的 ng-app 指令：

```
<htmlng-app="PlantApplication">
```

PlantApplication 是我们应用程序的名字，在 plantapp.js 中我们将创建这个应用，并注册一些列的控制器、服务等。

由于搜索结果页面和详细信息页面都会有导航栏，我们可以共用导航栏，这部分代码留在 index.html 中，而搜索页面和详细信息页面的内容则分别抽取到不同的模板中：

```
<divclass="navbar navbar-default navbar-fixed-top" role="navigation">
    ...
</div>


<divng-view></div>
```

此处的 ng-view 会被 AngularJs 在运行时动态替换成对应的模板。只需要定义一个简单的路由规则即可：

```
var app = angular.module('PlantApplication', ['ngRoute',
'ngResource']);

app.config(['$routeProvider', function($routeProvider) {
    $routeProvider.when('/', {
        templateUrl: 'src/templates/main-content.html',
        controller: 'PlantController'
    }).when('/details/:id', {
        templateUrl: 'src/templates/detail-page.html',
        controller: 'DetailController'
    });
}]);
```

这个路由定义了，当请求应用程序的根（/）时，我们使用 main-content.html 这个模板来插入 ng-view，如果请求诸如/details/3 这样的带有一个数字形式的参数的 URL 时，我们会使用 detail-page.html 来插入 ng-view。

$routeProvider 是 AngularJS 本身提供的一个服务，它可以根据用户请求的 URL 来分发不同的控制器，启用不同的模板等。

14.4.1 moko

我们的前台应用不能脱离后台服务而独立运行，但是我们又希望在后台没有就绪，或者后台有 bug 的时候，前台可以不受阻塞。这时候就需要使用一些“假“的服务器。我们将使用 moko，moko 是一个 Gem，是对另外一个服务器 moco 的包装（因为这个包装非常的简单，所以我采用了一个读起来非常相似的名字）。

使用 moko 可以非常快速地搭建一个 REST 风格的后台服务器。首先安装 moko：

```
$ gem install moko
```

安装之后，我们在当前目录创建一个 moko 的配置文件 moko.up，内容如下：

```
resource :plant do |p|
    p.string :name
    p.string :description
end
```

然后执行下面的命令来生成 moco（moko 的底层依赖）的配置文件以及一些样例文件：

```
$ mokoup generate
```

你可以查看当前目录下的 conf/moko.conf.json 来查看这个配置文件，另外，这条命令还在 resources 目录下生成了一个样例文件：plants.json。这个文件是根据 moko.up 配置中的数据类型生成的，你可以根据需要来修改它。

有了这些配置之后，我们可以使用：

```
$ mokoup server
```

来启动服务，你可以通过 curl 或者浏览器来测试 moco 服务器是否已经正常启动，默认的 mokoup 会在 12306 端口启动，如图 14-14 所示。

```
➜ qipa git:(master) curl -i http://localhost:12306/plants
HTTP/1.1 200 OK
content-type: application/json
Content-Length: 3301
```

图 14-14　使用 curl 测试服务器

我们可以为 moco 服务器再添加一条规则，使得其将当前目录作为 Web 应用的根目录，这样我们就可以通过 moco 来访问 index.html 了。

为 conf 目录下的 moko.conf.json 添加这样一条规则（可以看到，该文件中已经有很多规则了）：

```
{
    "mount": {
        "dir": "./",
        "uri": "/"
    }
}
```

这样，我们在浏览器中访问 http://localhost:12306/index.html 就可以看到如图 14-15 所示的结果了。

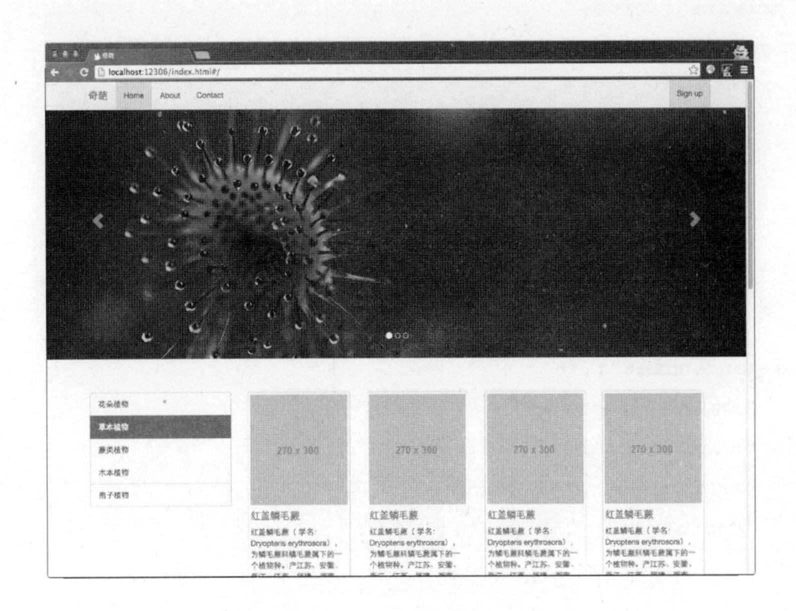

图 14-15 使用 moco 服务器

14.4.2 AngularJS 应用

有了真实的后台，我们就可以开始前端的开发了。首先需要安装基本的依赖：

```
$ bower install angularjs --save
$ bower install angular-route --save
$ bower install angular-resource --save
```

使用--save 选项可以将这些依赖关系保存到 bower.json 文件中，如果你本地没有这个文件，可以通过 bower init 来创建一个：

```
{
    "name": "qipa-frontend",
    "version": "0.1.0",
    "authors": [
    "Qiu Juntao <juntao.qiu@gmail.com>"
    ],
```

```
    "description": "qipa is a plants collection application",
    "license": "MIT",
    "private": true,
    "ignore": [
        "**/.*",
        "node_modules",
        "bower_components",
        "src/vendor/",
        "test",
        "tests"
    ],
    "dependencies": {
        "angular-resource": "~1.2.25",
        "angular-route": "~1.2.25",
        "angularjs": "~1.2.25",
        "bootstrap": "~3.2.0"
    }
}
```

这个文件我们也会提交到版本库中，这样其他开发人员就可以直接在本地通过 bower install 来安装所有的开发依赖了。

首先从搜索结果页面开始，可以看到，搜索结果会是一个集合，集合中的每个元素都是一样的，我们只需要遍历这个集合，然后动态创建每一个条目即可。

因此这部分代码很自然地就会使用 ng-repeat 指令：

```
<div class="col-lg-9" ng-controller="PlantController">
    <div class="row">
        <div    class="col-lg-3    col-sm-6    col-md-4    col-xs-12"
ng-repeat="plant in plants">
            <div class="item thumbnail">
                <ahref="#">
                    <img ng-src="http://placehold.it/270x300">
                </a>
                <h4><a href="#">{{plant.name}}</a></h4>
            <p>{{plant.description}}</p>
            <button class="btn btn-success" ng-click="collect($index)">
```

```
Collect </button>
                </div>
            </div>
        </div>
    </div>
```

我们让这个片段使用 PlantController，然后使用 ng-repeat 指令来重复 plants 集合，对于其中的每一项，我们会展现名称和描述信息，最后还为每个条目注册了 ng-click 时间，当点击时，会触发 collect 函数，并且会将当前的索引传入。

```
var app = angular.module('PlantApplication', ['ngRoute', 'ngResource']);

app.controller('PlantController',
    ['$scope', '$location', 'PlantService',
    function ($scope, $location, PlantService) {
        $scope.plants = PlantService.query();

        $scope.collect = function (index) {
            $location.path("/details/" + index);
        }
    }]);
```

PlantController 依赖于 PlantService，PlantService 负责实际的请求。collect 函数在执行时会将传入的索引拼接上/details/，然后传入$location.path，这会触发一次路由：控制会交给 DetailController，页面会发生跳转。

PlantService 的实现使用了 AngularJS 提供的$resource 服务：

```
app.factory('PlantService', ['$resource', function ($resource) {
    return $resource('/plants', {}, {
        query: { method: 'GET', isArray: true }
    });
}]);
```

$resource 会发送 REST 风格的请求，此处的 query 函数会发送 GET 请求，并与其后台返回一个数组。

这样，当初始化之后，AngularJS 的路由服务发现请求的是根路径，则初始化 PlantController，然后触发 PlantService 的 query 动作，等所有内容就绪之后，页面上的 ng-repeat 会执行，然后绘制出所有的内容。

如果此时的 resources/plants.json 文件中的内容是这样的话：

```
[
    {
        "description": "红盖鳞毛蕨（学名：Dryopteris erythrosora)，为鳞毛蕨科鳞毛蕨属下的一个植物种。产江苏、安徽、浙江、江西、福建、湖南、湖北、广东、广西、四川、贵州、云南。在日本、朝鲜及菲律宾等地有分布。",
        "name": "红盖鳞毛蕨"
        },
    {
        "name": "量湿地星",
        "description": "孢子浓茶褐色，球形，表面有微细的疣状突起。子实体初发生时呈球状，外皮褐色，质厚而强韧，富吸湿性；3 层，外层薄，松软，中层纤维质，内层脆骨质，成熟后，裂成 6～10 余片，湿润时舒展而向下反卷，直立地上，状如星芒，干燥时向内卷缩，甚刚硬，内侧具深裂痕；内皮球形，质薄，灰色至褐色，顶端有 1 孔，孢子由此散出。季节与生长处夏、秋间生于山野路旁。"
    }
]
```

对应到页面上，会看到如图 14-16 所示的结果。

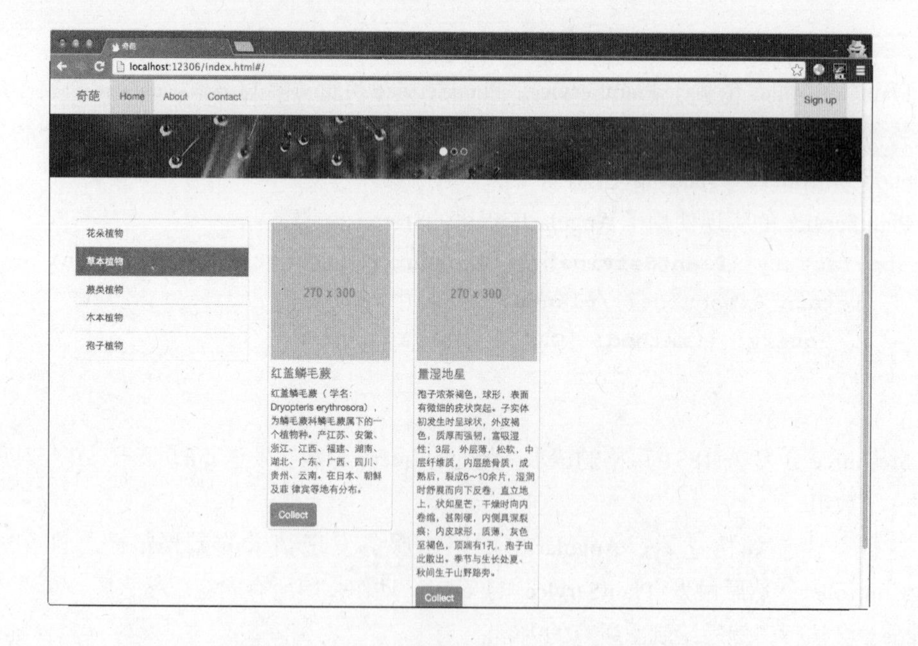

图 14-16　加入较为实际的数据后的效果

也就是说，如果后台的真实的服务器也提供同样的接口的话，我们的前端代码无需做任何的修改就可以和它集成在一起了。而且重要的是，我们现在的开发过程完全不依赖于后台（比如目前我们还没有编写任何一行后台代码）。

如果需要更多的植物，只需要修改 plants.json 这个静态文件，然后就可以得到如图 14-17 所示的结果。

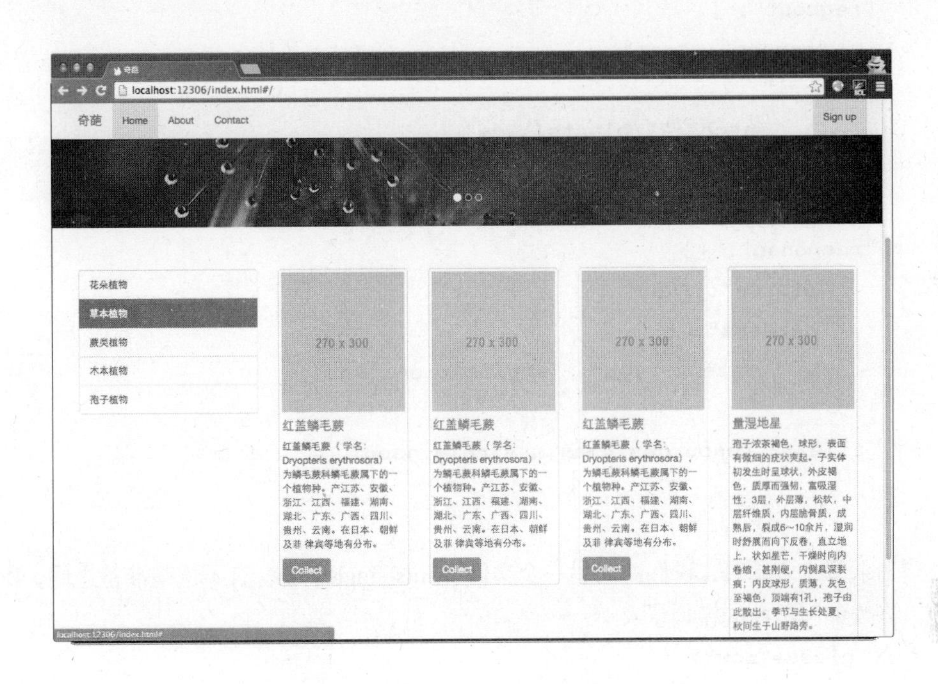

图 14-17　添加更多的植物

14.4.3 细节页面

细节页面不但要显示植物的细节，还需要提供一个推荐列表。推荐的算法可能是基于用户收藏次数最多的列表，也可能是根据收藏了当前植物的用户的其他收藏。具体的算法我们可以放到下一步，但是无疑我们需要一个提供推荐的服务。

我们在 moko.up 文件中添加一个新的资源：

```
resource :recommendation do |r|
  r.string :name
  r.string :description
```

```
end
```

然后生成该资源并重启 mokoup 服务。另外，moko 默认生成的 moko.conf.json 中，对于单独的资源访问如 http://localhost:12306/plants/1 也会返回 plants.json，这可能会造成一些混淆，我们可以修改该规则：

```
{
    "request": {
        "method": "get",
        "uri": {
            "match": "/plants/\\d+"
    }
    },
    "response": {
        "status": 200,
        "headers": {
            "content-type": "application/json"
    },
    "file": "resources/plants-single.json"
    }
}
```

当请求单个资源时，我们返回另一个文件 plants-single.json。有了这些准备之后，我们就可以修改细节页面的模板了：

```
<div class="row">
    <div class="col-lg-4 col-md-4">
        <img class="img-responsive" src="http://placehold.it/340x320">
    </div>
    <divclass="col-lg-8 col-md-8">
        <p>{{plant.description}}</p>
    </div>
</div>

<div class="row">
    <hr>
</div>
```

```
<divclass="row">
    <divclass="col-lg-3   col-md-3"   ng-repeat="recommendation   in
recommendations">
        <imgclass="img-responsive"   src="http://placehold.it/250x300"
alt="170x180">
        <h4>{{recommendation.name}}</h4>
        <p>{{recommendation.description}}</p>
    </div>
</div>
```

在 DetailController 中，我们需要定义 description 属性，这个属性由 PlantService 返回：发送一次带 id 的请求，取到结果之后赋值给 description 属性。另外，recommendations 是一个集合，这个集合由 RecommendationService 返回。

```
app.controller('DetailController',
    ['$scope', '$routeParams',
     'PlantService', 'RecommendationService',
function ($scope, $routeParams, PlantService, RecommendationService) {
            $scope.plant= PlantService.get({id: $routeParams.id});
            $scope.recommendations = RecommendationService.query({id:
$routeParams.id});
}]);
```

RecommendationService 的实现与 PlantService 一致，唯一不同的地方是这里添加了一个 get 方法，该方法也发送 GET 方式的请求，但是返回的结果为一条：

```
app.factory('RecommendationService', ['$resource', function($resource){
    return $resource('/recommendations/:id', {}, {
        get: {method: 'GET'},
        query: { method: 'GET', isArray: true }
    });
}]);
```

这样，当点击查询结果页面上的一个 collect 按钮之后，我们会看到如图 14-18 所示的页面结果。

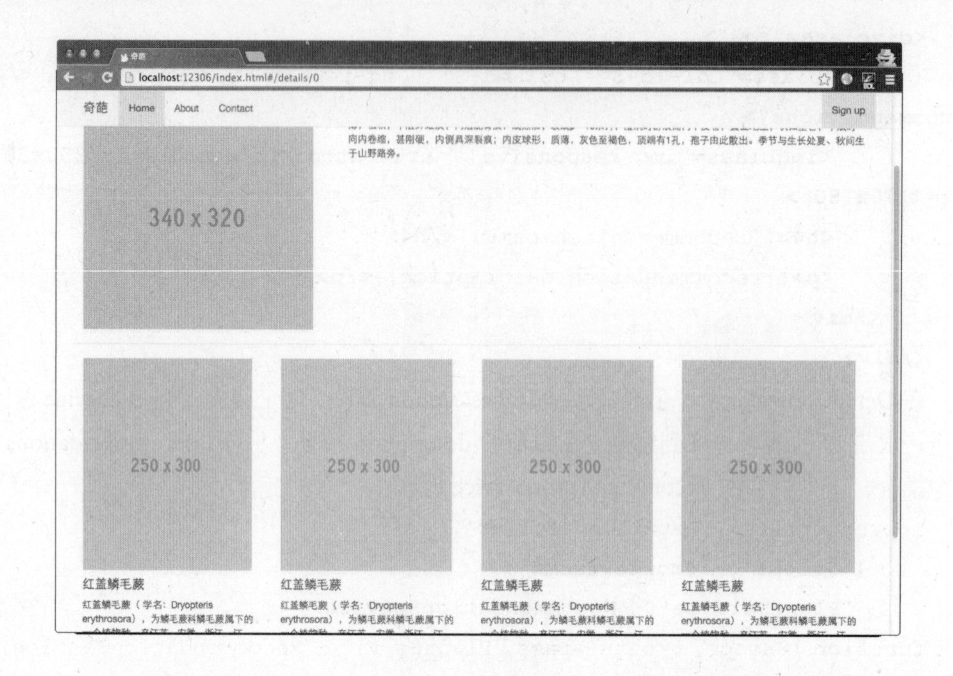

图 14–18　详情页面

好了，这样我们就有了一个基本的 AngularJS 应用程序，这个应用程序包括了 JavaScript 代码，使用了 BootStrap 的 Mockup 页面，可以与后台进行通信的一组 Service，以及一个结构清晰的目录结构。

第 15 章 一个实例（后台部分）

上一章我们已经根据一个原始的想法，设计出了简单的线框图，并且根据线框图，又一步步地做出了模型页面。这一章，我们将开发出对应的后台 API，并且将这些 API 部署在 Heroku 上。这样我们的应用就可以被外部世界感知，迅速得到真实用户的反馈。

基本思路是这样的：前后端分离开发，前端框架消费由后端提供的 REST 风格的 API，两者使用 JSON 作为数据交换格式。在最开始的一个迭代中，我们会完成添加和查询操作的 API。然后在后续迭代中逐步完善，直到最后达到一个完整的应用程序。

基本技术栈如下：

- Sinatra 作为 Web 框架。
- ActiveRecord 作为数据库访问层。
- Git 作为版本管理工具。
- AngularJS 作为前端 JavaScript 框架。
- Bootstrap 作为前端 CSS 框架。
- Rake 作为后台开发的构建脚本。
- Grunt 作为前台开发的构建脚本。
- PostgreSQL 作为数据库。
- Heroku 作为发布平台。

之所以选择这样的技术栈，是因为这些组件都是该领域中最为轻量级，且功能强大的工具，将这些工具组合起来，会发挥极为强大的威力。另一方面，这些工具可以帮助提升开发效率，节省前期的准备时间。唯一一个可能的例外是 PostgreSQL 数据库，这是因为该数据库是 Heroku 平台下默认的数据库。

15.1 第一个迭代

我们将采用逐步迭代的方式来完成奇葩应用的后台。在第一个迭代中，我们需要完成这样的功能：

（1）添加一种植物。

（2）查询所有的植物。

（3）按照 ID 查找一个特定的植物。

开始实际功能的开发之前，我们需要先搭建基础设施，比如创建版本库，创建数据库等。

15.1.1 配置环境

首先，需要创建一个文件夹，并使用 git init 将这个目录初始化成一个本地的代码仓库：

```
$ mkdir -p qipa
$ cd qipa
$ git init

Initialized empty Git repository in
/Users/jtqiu/develop/ ruby/qipa/.git/
```

有了代码仓库，我们可以创建一个 Gemfile 来定义需要哪些 Ruby 的 Gem：

```
source "http://ruby.taobao.org"

gem 'sinatra'
gem 'activerecord'


group :development, :test do
   gem 'sqlite3'
end
```

```
group :production do
  gem 'pg'
end
```

注意此处，我们为测试环境安装 sqlite 的数据库驱动，而为产品环境安装 PostgreSQL 的驱动。

执行 bundle install 之后，我们所需要的基本开发环境就已经具备了。接下来我们可以使用 Sinatra 定义一个简单的应用来测试环境是否正常：

```
require 'sinatra'

get '/' do
  "Qi Pa"
end
```

然后通过 ruby app.rb 来启动应用，可以看到 Web 服务器已经启动，如图 15-1 所示。

```
== Sinatra/1.4.5 has taken the stage on 8100 for development with backup from Thin
Thin web server (v1.6.2 codename Doc Brown)
Maximum connections set to 1024
Listening on localhost:8100, CTRL+C to stop
127.0.0.1 - - [01/Oct/2014 12:22:59] "GET / HTTP/1.1" 200 5 0.0032
127.0.0.1 - - [01/Oct/2014 12:23:12] "GET / HTTP/1.1" 200 5 0.0006
```

图 15-1　启动基本的应用

通过浏览器也可以看到运行结果。下面我们来定义数据迁移部分。

15.1.2　定义数据

我们将使用 ActiveRecord 作为数据访问层，并且使用它来完成数据迁移。首先需要定义好数据迁移脚本。根据 ActiveRecord 的约定，我们需要将迁移脚本定义在以一个时间戳开头的文件中，下面的命令可以生成一个时间戳：

```
$ date +%Y%m%d%H%M%S
20140725225909
```

可以将数据迁移脚本定义为：20140725225909_create_exotic_plants.rb。文件内容如下：

```
class CreateExoticPlants <ActiveRecord::Migration
  def change
    create_table :plants do |t|
      t.string :name
      t.text :description
```

```
            t.timestamps
        end
    end
end
```

简单起见，这个叫做 plants 的表只有 5 个字段：ID（由迁移脚本产生），植物名称，植物描述，和两个时间戳。有了数据迁移脚本，我们还需要定义一个迁移任务，这样其他开发人员就可以直接使用我们的脚本了。

在当前目录创建一个 Rakefile，然后在其中定义一个 migrate 任务：

```
require 'active_record'
require 'erb'
require 'yaml'
require 'logger'

task :default =>:migrate

desc "Migrate the database through scripts in db/."
task :migrate =>:environment do
    ActiveRecord::Migrator.migrate('db/', ENV["VERSION"] ?
    ENV["VERSION"]. to_i : nil )
end

task :environment do
     dbconfig = YAML.load(ERB.new(File.read(File.join("config",
"database. yml"))).result)
    env = ENV["ENV"] ? ENV["ENV"] : 'production'
  ActiveRecord::Base.establish_connection(dbconfig[env])
  ActiveRecord::Base.logger = Logger.new(File.open('database.log',
'a'))
end
```

注意在此处的 environment 任务中，我们判断了环境变量中的 ENV 变量，如果用户设置了该变量，则使用该变量的值决定目前采用哪种环境，否则使用 production 环境。environment 任务会读取 config 目录下的 database.yml 文件来获取不同环境的不同配置，该文件的内容如下：

```
development:
    adapter: sqlite3
    database: db/development.sqlite3
    pool: 5
    timeout: 5000

production:
    adapter: postgresql
    encoding: utf8
    database: plants
    username: jtqiu
    password:
```

如果环境是 development，使用 sqlite 作为数据库，而如果使用 production 环境，则使用 PostgreSQL。

这样，我们就可以在本地测试不同的环境。定义好迁移文件之后，就可以执行数据迁移任务，如图 15-2 所示。

```
$ ENV="development" rake migrate
```

```
➜ qipa git:(master) ✗ ENV="development" rake migrate
== 20140725225909 CreateExoticPlants: migrating ================================
-- create_table(:plants)
   -> 0.0006s
== 20140725225909 CreateExoticPlants: migrated (0.0006s) =======================
```

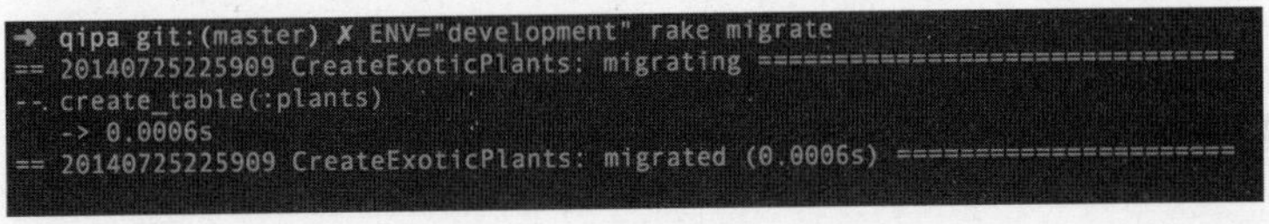

图 15-2 执行数据迁移

这时候可以使用数据库查看工具来查看数据库中的表结构，如图 15-3 所示。

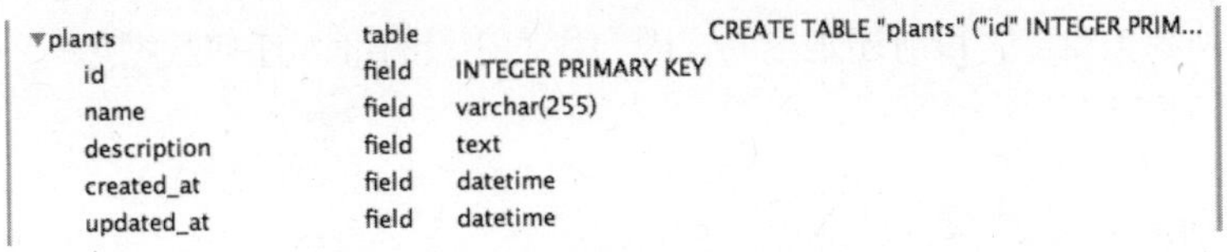

▾plants	table	CREATE TABLE "plants" ("id" INTEGER PRIM...
id	field	INTEGER PRIMARY KEY
name	field	varchar(255)
description	field	text
created_at	field	datetime
updated_at	field	datetime

图 15-3 数据库中的表结构

有了数据表之后，需要添加一个数据模型，在目录 model 中创建一个 plants.rb 文件：

```
require 'active_record'

class Plant <ActiveRecord::Base
end
```

这个模型继承了 ActiveRecord::Base 类，我们可以通过它来完成对数据库的增删改查操作。有了数据表，有了数据模型，我们就可以开始编写应用程序的逻辑。

在 app.rb 中添加代码来访问数据库：

```
require 'sinatra'
require 'active_record'
require 'json'

require 'pg'
require 'sqlite3'

require './model/plants'

env = ENV["ENV"] ? ENV["ENV"] : 'production'
dbconfig = YAML.load(ERB.new(File.read(File.join("config","database.yml"))).result)
ActiveRecord::Base.establish_connection(dbconfig[env])

get '/plants' do
    plants = Plant.all || []
    plants.to_json
end
```

此时启动应用：

```
$ ENV="development" ruby app.rb
```

即可通过浏览器或者命令行的 curl 来访问 http://localhost:8100/plants 这个 URL 来获取所有的植物列表（当然，目前还是空的，因为我们还没有插入任何数据）。

15.1.3 第一次提交

好了，现在可以做一次独立的提交。但是在此之前，我们并不想将诸如 development.sqlite3 这样的文件提交到代码库中，这个可以通过在当前目录添加一个.gitignore 的文件来解决，在.gitignore 文件中，列出不想被提交的文件：

```
*.log
db/*.sqlite3
```

然后来完成一次提交：

```
$ git add .
$ git commit -m "First commit"
```

频繁提交是一个很好的实践。当完成一个可以独立工作的模块之后，我们应该做一次本地提交，这样可以避免后续的修改影响到既有代码。

15.1.4 添加数据

接下来需要为奇葩应用加上添加数据的功能，根据 REST 风格的描述，添加数据需要客户端发送 HTTP 的 POST 请求，然后将需要保存的数据和请求一起发送到服务器上。

要从请求中读取数据，我们需要另外一个 Gem：rack-contrib。和安装其他的 Gem 一样，在 Gemfile 中添加一条：

```
gem 'rack-contrib'
```

执行 bundle 安装 rack-contrib 之后，就可以在 app.rb 中使用它：

```
require 'rack/contrib'

use Rack::PostBodyContentTypeParser

post '/plants' do
    plant = Plant.create(:name => params[:name],
    :description => params[:description],
    :created_at =>Time.now,
    :updated_at =>Time.now)

    if plant.save
        [201, "/plants/#{plant['id']}"]
    end
end
```

此处的 Rack::PostBodyContentTypeParser 是一个 Rack 的中间件（详见第 2 章）。使用该中间件之后，客户端 POST 请求中的数据会被抽取到 params 变量中，这样我们就可以根据其中的内容来创建数据记录了。

再次启动服务，我们通过 curl 来进行测试：

```
$ curl -X POST -H "Content-Type: application/json" -d @de.json \
```

```
http://localhost:8100/plants -i
```

其中 de.json 中定义了一个植物的描述：

```
{
    "description": "红盖鳞毛蕨（学名：Dryopteris erythrosora），为鳞毛蕨科鳞毛蕨属下的一个植物种。产江苏、安徽、浙江、江西、福建、湖南、湖北、广东、广西、四川、贵州、云南。在日本、朝鲜及菲律宾等地有分布。"
    "name": "红盖鳞毛蕨"
}
```

curl 命令的-i 选项表示打印出详细的 HTTP 头信息，如图 15-4 所示。

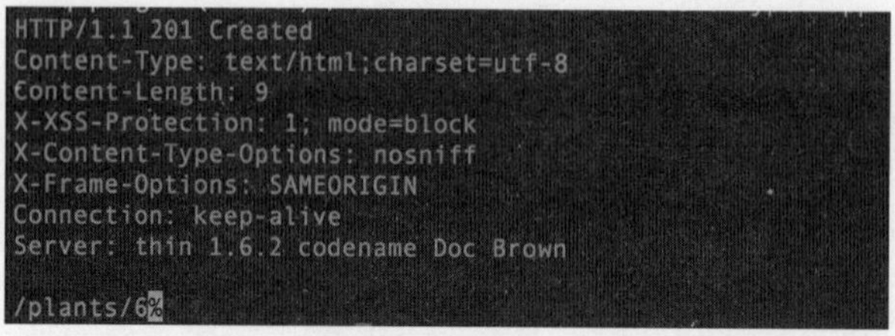

```
HTTP/1.1 201 Created
Content-Type: text/html;charset=utf-8
Content-Length: 9
X-XSS-Protection: 1; mode=block
X-Content-Type-Options: nosniff
X-Frame-Options: SAMEORIGIN
Connection: keep-alive
Server: thin 1.6.2 codename Doc Brown

/plants/6%
```

图 15-4　使用 curl 进行测试

当然你也可以使用图形界面工具来完成这个动作，比如 Chrome 浏览器的插件 POSTMan。需要注意的是此处的 HTTP 头信息的 Content-Type 值为 application/json，这样服务器端就可以正确解析请求数据了，如图 15-5 所示。

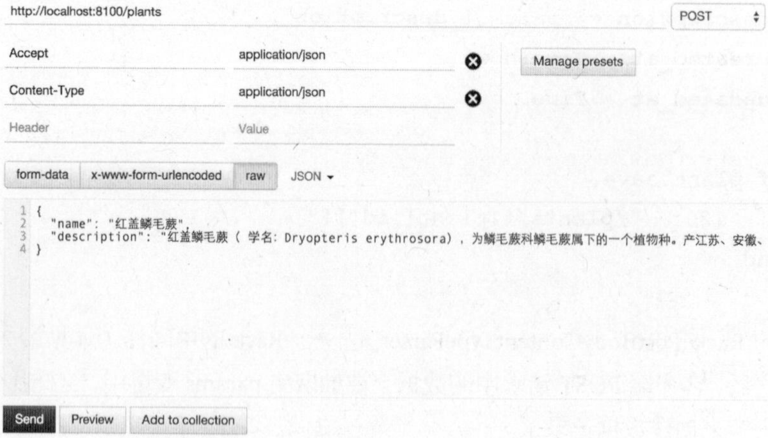

http://localhost:8100/plants　POST

Header	Value
Accept	application/json
Content-Type	application/json

Manage presets

form-data　x-www-form-urlencoded　raw　JSON

```
1 {
2   "name": "红盖鳞毛蕨",
3   "description": "红盖鳞毛蕨（学名：Dryopteris erythrosora），为鳞毛蕨科鳞毛蕨属下的一个植物种。产江苏、安徽、
4 }
```

Send　Preview　Add to collection

图 15-5　使用 Chrome 的插件 POSTMan 进行测试

从浏览器中请求 http://localhost:8100/plants 会看到一个 JSON 格式的文档，如图 15-6 所示。

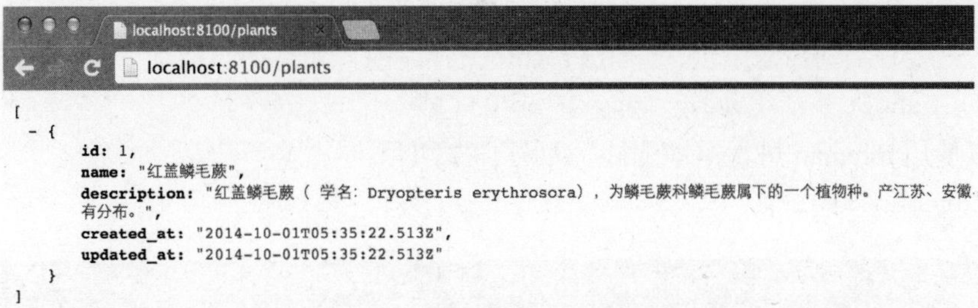

```
localhost:8100/plants
localhost:8100/plants
[
  - {
        id: 1,
        name: "红盖鳞毛蕨",
        description: "红盖鳞毛蕨（ 学名：Dryopteris erythrosora），为鳞毛蕨科鳞毛蕨属下的一个植物种。产江苏、安徽有分布。",
        created_at: "2014-10-01T05:35:22.513Z",
        updated_at: "2014-10-01T05:35:22.513Z"
    }
]
```

图 15-6 浏览器中访问应用

我们再为应用添加一个根据 ID 获取详情的处理函数：

```
get '/plants/:id' do
  plant = Plant.find(params[:id])
  plant.to_json
end
```

当请求诸如 localhost:8100/plants/1 这样的 URL 时，这个函数会从数据库中搜索记录，并以 JSON 格式返回。

好了，完成这一步之后，我们可以做第二次提交：

```
$ git add .
$ git commit -m "A very simple RESTFul API for exotic plants"
```

15.2 发布到 Heroku

现在，奇葩的后台 API 已经具备以下功能：

（1）添加一种新的植物。

（2）查找所有的植物列表。

（3）根据 ID 查找一条植物记录。

现在是时候将它发布出去让更多人访问了。这一小节中将使用 Heroku 提供的服务来完成应用的发布。

15.2.1 环境准备

首先需要在当前目录下创建一个 Procfile 文件，内容如下：

```
web: bundle exec ruby app.rb -p $PORT
```

可以使用 foreman 进行本地测试，如图 15-7 所示。

```
$ foreman start
```

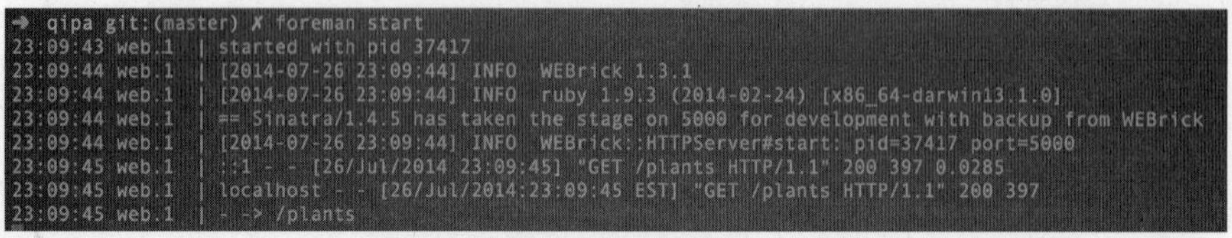

```
➜ qipa git:(master) ✗ foreman start
23:09:43 web.1  | started with pid 37417
23:09:44 web.1  | [2014-07-26 23:09:44] INFO  WEBrick 1.3.1
23:09:44 web.1  | [2014-07-26 23:09:44] INFO  ruby 1.9.3 (2014-02-24) [x86_64-darwin13.1.0]
23:09:44 web.1  | == Sinatra/1.4.5 has taken the stage on 5000 for development with backup from WEBrick
23:09:44 web.1  | [2014-07-26 23:09:44] INFO  WEBrick::HTTPServer#start: pid=37417 port=5000
23:09:45 web.1  | ::1 - - [26/Jul/2014 23:09:45] "GET /plants HTTP/1.1" 200 397 0.0285
23:09:45 web.1  | localhost - - [26/Jul/2014:23:09:45 EST] "GET /plants HTTP/1.1" 200 397
23:09:45 web.1  | - -> /plants
```

图 15–7 使用 foreman 本地测试

完成测试之后，就可以开始部署应用到 Heroku 提供的远程服务器中。首先使用命令来创建一个应用：

```
$ heroku create
```

创建应用之后，当前的 git 会自动添加一个 remote：

```
$ git remote -v

heroku git@heroku.com:mysterious-spire-5626.git (fetch)
heroku git@heroku.com:mysterious-spire-5626.git (push)
```

借助 Heroku 的工具，发布应用非常容易，使用下面命令即可完成：

```
$ git push heroku master
```

15.2.2 添加数据库插件

我们的应用程序需要使用数据库，所以需要安装一个 PostgreSQL 的插件，默认情况下，这个插件并没有安装：

```
$ heroku addons
mysterious-spire-5626 has no add-ons.
```

不过安装过程非常容易，只需要执行 Heroku 自带的命令添加即可：

```
$ heroku addons:add heroku-postgresql:dev
```

```
    Adding heroku-postgresql:dev on mysterious-spire-5626... done, v4
(free)
    Attached as HEROKU_POSTGRESQL_WHITE_URL
    Database has been created and is available
    ! This database is empty. If upgrading, you can transfer
    ! data from another database with pgbackups:restore.
    Use 'heroku addons:docs heroku-postgresql' to view documentation.
```

以后我们还可以使用下列命令来查看目前应用中安装了哪些插件：

```
$ heroku addons

=== mysterious-spire-5626 Configured Add-ons
heroku-postgresql:dev  HEROKU_POSTGRESQL_WHITE
```

这条命令会列出当前应用中已经安装的插件。比如上面的输出表示已经安装了heroku-postgresql:dev 的这个数据库支持插件。

15.2.3 测试远程应用

一旦发布成功，就可以通过浏览器来访问这个应用。当然，我们需要先添加几条数据。注意 POSTMan 中 URL 的值是我们的应用程序对应的域名：http://mysterious-spire-5626.herokuapp.com/plants。如图 15-8 所示。

图 15-8 使用 POSTMan 访问远程 API

创建之后，可以通过发送 GET 请求来获取植物列表，如图 15-9 所示。

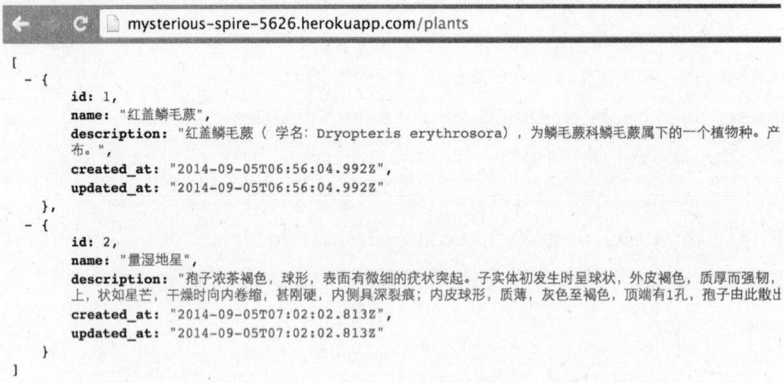

```
mysterious-spire-5626.herokuapp.com/plants

[
  - {
        id: 1,
        name: "红盖鳞毛蕨",
        description: "红盖鳞毛蕨（ 学名: Dryopteris erythrosora），为鳞毛蕨科鳞毛蕨属下的一个植物种。产
        布。",
        created_at: "2014-09-05T06:56:04.992Z",
        updated_at: "2014-09-05T06:56:04.992Z"
    },
  - {
        id: 2,
        name: "量湿地星",
        description: "孢子浓茶褐色，球形，表面有微细的疣状突起。子实体初发生时呈球状，外皮褐色，质厚而强韧，
        上，状如星芒，干燥时向内卷缩，甚刚硬，内侧具深裂痕；内皮球形，质薄，灰色至褐色，顶端有1孔，孢子由此散出
        created_at: "2014-09-05T07:02:02.813Z",
        updated_at: "2014-09-05T07:02:02.813Z"
    }
]
```

图 15-9　Heroku 中的植物列表

我们的应用程序已经成功地发布到远程服务器上了，世界上任何地方的人都可以访问到这个应用，并且可以为其添加数据（当然，目前几乎没有人会这么做）。

15.2.4　访问远程数据

Heroku 提供了很多命令来帮助我们访问远程数据库，我们可以查看数据库的信息，可以从远程拉数据到本地，还可以将本地的数据发送到远端。

下面的命令可以获取数据库信息，如图 15-10 所示。

```
$ heroku pg:info
```

```
➜ qipa git:(master) ✗ heroku pg:info
=== HEROKU_POSTGRESQL_WHITE_URL (DATABASE_URL)
Plan:         Dev
Status:       Available
Connections:  1
PG Version:   9.3.3
Created:      2014-07-26 13:00 UTC
Data Size:    6.6 MB
Tables:       2
Rows:         0/10000 (In compliance)
Fork/Follow:  Unsupported
Rollback:     Unsupported
```

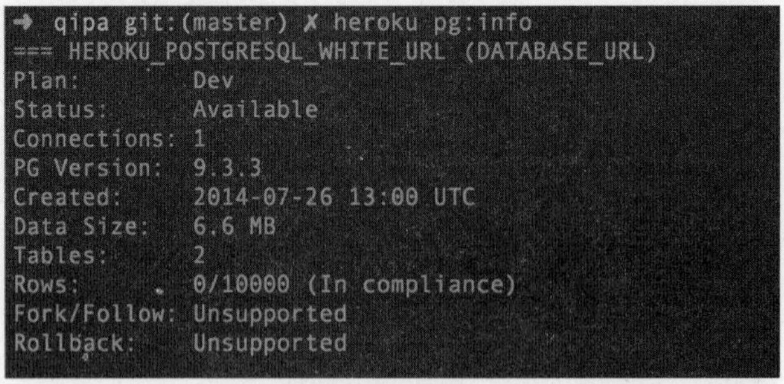

图 15-10　数据库信息

我们还可以直接连接到远程数据库来查看情况：

```
$ heroku pg:psql --app mysterious-spire-5626 HEROKU_POSTGRESQL_
```

WHITE_URL

其中，mysterious-sprie-5626 是应用程序的名字，HEROKU_POSTGRESQL_WHITE_URL 是数据库名称，这个名称正是 pg:info 命令输出的数据库连接名称。

连接之后，可以执行任意的查询 SQL，如图 15-11 所示。

```
➜ qipa git:(master) ✗ heroku pg:psql --app mysterious-spire-5626 HEROKU_POSTGRESQL_WHITE_URL
---> Connecting to HEROKU_POSTGRESQL_WHITE_URL (DATABASE_URL)
psql (9.3.4, server 9.3.3)
SSL connection (cipher: DHE-RSA-AES256-SHA, bits: 256)
Type "help" for help.

mysterious-spire-5626::WHITE=> select count(*) from plants;
 count
-------
     2
(1 row)

mysterious-spire-5626::WHITE=> select name from plants;
    name
------------
 红盖鳞毛蕨
 量湿地星
(2 rows)
```

图 15-11 查询远程数据库

15.2.5 导出数据

更进一步，我们可以将远程数据导出到本地：

```
$ heroku pg:pull HEROKU_POSTGRESQL_WHITE qipa --app mysterious-spire-5626
```

字符串 qipa 表示本地 PostgreSQL 的数据库名称。这条命令会将远程的数据库中的数据、索引、函数等全部导入到本地。

在本地执行 psql（PostgreSQL 的命令行工具）访问数据库 qipa，会看到所有的数据已经导入成功，如图 15-12 所示。

```
➜ backbonejs git:(master) ✗ psql -h localhost -d qipa
psql (9.3.4)
Type "help" for help.

qipa=# select count(*) from plants;
 count
-------
     2
(1 row)
```

图 15-12 导出远程数据到本地

15.3 更进一步

15.3.1 模块化的 Sinatra 应用

前两个小节完成的应用虽然可以正确工作，但是存在一些问题：所有的路由/处理函数都定义在一个全局作用域中，如果加入更多的路由规则，会使得维护工作变得越来越困难。

模块化的 Sinatra 是一种推荐的组织应用代码的方式，我们可以趁着所有东西都还很简单的时候开始做一些小的重构，使得代码更加容易扩展。

简而言之，我们需要定义一个扩展自 Sinatra::Base 的类，其余代码没有太多变化：

```
class PlantApplication <Sinatra::Base
    dbconfig = YAML.load(ERB.new(File.read(File.join("config",
"database. yml"))).result)

    configure :development do
    ActiveRecord::Base.establish_connection(dbconfig['development'])
    end

    configure :production do
    ActiveRecord::Base.establish_connection(dbconfig['production'])
    end

    use Rack::PostBodyContentTypeParser

    get '/plants' do

   end

    get '/plants/:id' do

      end
```

```
post '/plants' do

  end
end
```

注意此处的 configuration 语句，Sinatra 使用它来为不同的环境准备不同的配置，这样我们就无需自己传递 ENV 变量，而是使用一个更加通用的 RACK_ENV 来进行配置。

有了这个新的 PlantApplication 应用，我们还需要创建一个 config.ru 文件来启动它：

```
require File.dirname(__FILE__) + '/app'

run PlantApplication
```

然后使用这条命令来启动应用程序：

```
$ RACK_ENV="production" rackup

Thin web server (v1.6.2 codename Doc Brown)
Maximum connections set to 1024
Listening on 0.0.0.0:9292, CTRL+C to stop
```

或者在开发模式下使用下面命令启动：

```
$ RACK_ENV="development" rackup
```

15.3.2 测试

有了基础设施和基本原型之后，我们需要为后台应用加入一些测试，以确保后续修改不会破坏当前行为。

首先需要安装一些测试用的 Gem，在 Gemfile 中添加 rspec 和 rack-test 两个 Gem：

```
group :development, :test do
    gem 'sqlite3'
    gem 'rack-test'
    gem 'rspec'
end
```

然后通过 bundle install 安装。随后为测试创建如下目录结构：

```
spec
    ├── features
    │   └── plants_spec.rb
```

```
    └── spec_helper.rb
```

一旦有了测试，我们会频繁地执行它们，因此需要将这些命令固化在构建脚本中。在 Rakefile 中加入下列代码：

```
require 'rspec/core/rake_task'

RSpec::Core::RakeTask.new :specs do |task|
  task.pattern = Dir['spec/**/*_spec.rb']
end

task :default => ['specs']
```

此处的 pattern 定义了 spec 目录下的所有以_spec.rb 结尾的文件都会被认为是测试。这样，可以通过下面命令运行测试：

```
$ rake specs

Finished in 0.00036 seconds (files took 1.61 seconds to load)
0 examples, 0 failures
```

我们现在还没有编写任何测试，因此此处的运行结果为 0 个测试，0 次失败。下面我们来编写具体的测试。

首先需要在 spec_helper.rb 文件中实例化我们的应用程序：

```
ENV['RACK_ENV'] = 'test'

require 'rspec'
require 'rack/test'

require_relative File.join('..', 'app')

RSpec.configure do |config|
  include Rack::Test::Methods

  config.color = true
  config.tty = true

 def app
  PlantApplication
```

```
    end
  end
```

这里我们还设置了启用 RSpec 的颜色。这样当失败时，RSpec 会打印红色输出，成功时会打印绿色输出。

1. 第一个测试

有这个助手文件之后就可以编写实际的测试用例了。这里我们测试当发送请求到根路径（/）时，服务器会返回状态码 200。当然，这个测试必然会失败，因为我们的奇葩应用并没有定义对根路径（/）的处理函数。

```
require_relative '../spec_helper'

describe 'Root Path' do
  describe 'GET /' do
    before { get '/' }

    it 'is successful' do
      expect(last_response.status).to eq 200
    end
  end
end
```

测试文件首先引入了上级目录中的 spec_helper 文件，然后定义了一个测试用例。这里的 before 方法会在 it 之前执行，它会发送一次 GET 请求到根路径，然后我们在 it 中预期最后的响应状态为 200。

运行测试会失败，如图 15-13 所示。

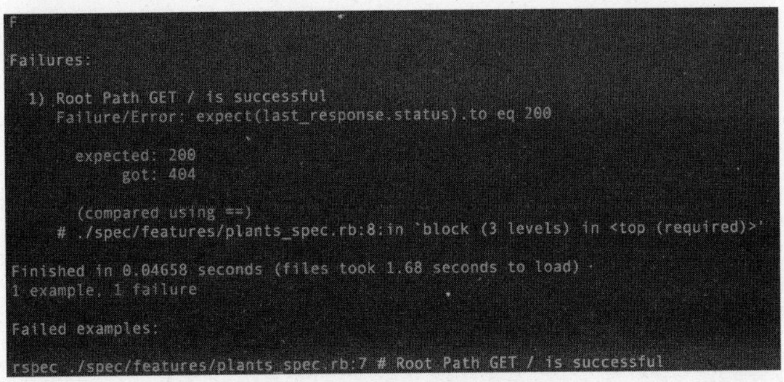

```
F

Failures:

  1) Root Path GET / is successful
     Failure/Error: expect(last_response.status).to eq 200

       expected: 200
            got: 404

       (compared using ==)
     # ./spec/features/plants_spec.rb:8:in `block (3 levels) in <top (required)>'

Finished in 0.04658 seconds (files took 1.68 seconds to load)
1 example, 1 failure

Failed examples:

rspec ./spec/features/plants_spec.rb:7 # Root Path GET / is successful
```

图 15-13 执行 RSpec 测试

失败原因正如 RSpec 所提示的，预期状态码为 200，但是得到了 404。我们可以修改测试，发送请求到/plants：

```
require_relative '../spec_helper'

describe 'Plants Application' do
  describe 'GET /plants' do
    before { get '/plants' }

    it 'is successful' do
      expect(last_response.status).to eq 200
    end
  end
end
```

这样测试就可以通过了，如图 15-14 所示。

```
.

Finished in 0.04671 seconds (files took 1.45 seconds to load)
1 example, 0 failures
```

图 15-14 测试通过

2. 第二个测试

现在，让我们添加一个新的测试，来测试创建一条记录：

```
describe 'Create a plant' do
  let(:body) { {:name =>"plant", :description =>"really weird"} }
  it 'crates a plant'  do
    post '/plants', body, {'Content-Type' =>'application/json'}
    expect(last_response.status).to eq 201
  end
end
```

此处的 let 语句为 body 赋值一个植物的信息，然后我们调用 post 方法来发送请求。post 接受三个参数：请求的 URL、body 和头信息，其中头信息可以是多条。最后我们期望创建之后服务器会返回状态码 201。

运行测试，一切正常，如图 15-15 所示。

```
..

Finished in 0.04957 seconds (files took 1.42 seconds to load)
2 examples, 0 failures
```

图 15-15 再次执行测试

如果此时查看数据库，会发现数据真实地被保存进去。这就产生了一个问题：测试会存在潜在的危害，比如某个测试在测记录的个数，而另一个测试在测插入记录，这样每运行一次，记录的个数都会加一，那么对于记录个数的测试总会失败。这不是我们想要的，事实上我们每次都想要一个干净的数据库来进行测试，即每运行完一次测试，都清空数据库，使得每个测试的运行都相对稳定。

3. 数据库清理器

要完成清空数据库的工作，首先需要安装数据库清理器 database_cleaner。修改 Gemfile 中的依赖：

```ruby
group :development, :test do
  gem 'sqlite3'
  gem 'rack-test'
  gem 'rspec'
  gem 'database_cleaner'
end
```

然后在 spec_helper.rb 中使用清理器。我们想要在每次运行测试之前清理数据库，因此需要在 RSpec.configure 中添加如下配置：

```ruby
config.before(:suite) do
  DatabaseCleaner.strategy = :transaction
  DatabaseCleaner.clean_with(:truncation)
end

config.around(:each) do |example|
  DatabaseCleaner.cleaning do
    example.run
  end
end
```

清理策略采用 transaction，这种方式通过数据库的回滚事务来清理数据库，可以获得比较好的性能，这也是默认的清理策略。同时可选的还有 truncation 和 deletion 两种，这两种都是采用删除的方式，速度较慢。

接下来编写一个更高级的测试：

```
describe 'Create a plant' do
  let(:body) { {:name =>"plant", :description =>"really weird"} }

  it 'create a plant'  do
    post '/plants', body, {'Content-Type' =>'application/json'}
    expect(last_response.status).to eq 201

    get '/plants'
    created = JSON.parse(last_response.body)[0]

    expect(created['name']).to eq "plant"
    expect(created['description']).to eq "really weird"
  end

end
```

这个测试中，首先做一次 POST 操作，然后再发送一次 GET 请求获取创建成功的植物信息，得到服务器的返回之后，我们还可以判断创建的植物正是我们存入的数据。

另外，我们来看一下加入了数据库清理器的好处。下面这个测试会查看数据库中植物列表的长度。默认情况下，数据库应该是空的：

```
describe 'List all plants' do
  before { get '/plants' }

  it 'is empty at the very begining' do
    list = JSON.parse(last_response.body)
    expect(list.length).to eq 0
  end
end
```

在使用数据库清理器之前，如果数据库中有数据，或者该测试之前的测试向数据库中插入了数据，它都会运行失败。而使用数据库清理器会保证每次的测试结果都是固定的，不依赖于数据库的实际状态，如图 15-16 所示。

```
...

Finished in 0.11545 seconds (files took 1.73 seconds to load)
3 examples, 0 failures
```

图 15-16　数据清理之后

最后，我们来提交所有的代码，然后部署到 heroku 上：

```
$ git add .
$ git commit -m "add intergration tests"
$ git push heroku master
```

可以通过浏览器查看，如图 15-17 所示。

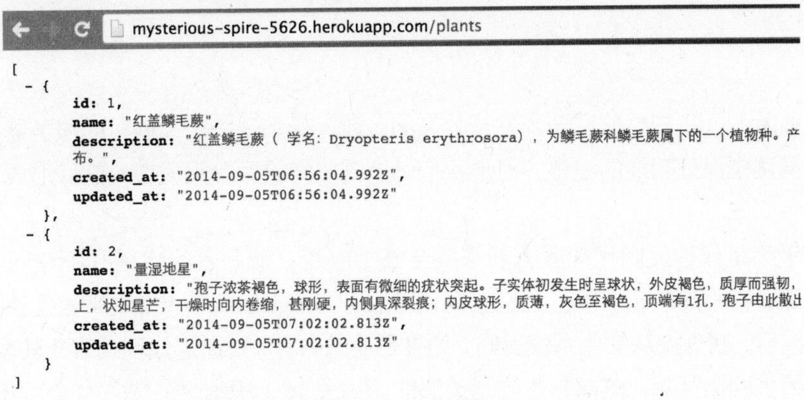

mysterious-spire-5626.herokuapp.com/plants


```
[
  - {
        id: 1,
        name: "红盖鳞毛蕨",
        description: "红盖鳞毛蕨（ 学名: Dryopteris erythrosora），为鳞毛蕨科鳞毛蕨属下的一个植物种。产
        布。",
        created_at: "2014-09-05T06:56:04.992Z",
        updated_at: "2014-09-05T06:56:04.992Z"
    },
  - {
        id: 2,
        name: "量湿地星",
        description: "孢子浓茶褐色，球形，表面有微细的疣状突起。子实体初发生时呈球状，外皮褐色，质厚而强韧，
        上，状如星芒，干燥时向内卷缩，甚刚硬，内侧具深裂痕；内皮球形，质薄，灰色至褐色，顶端有1孔，孢子由此散出
        created_at: "2014-09-05T07:02:02.813Z",
        updated_at: "2014-09-05T07:02:02.813Z"
    }
]
```


图 15-17 远程数据

到目前为止，我们已经做到了：

（1）基本的数据库结构。

（2）一组支持添加/获取植物列表的 REST 风格的 API。

（3）使用 RSpec 的集成测试。

（4）应用程序运行在互联网上。

下一章开始，我们将学习如何将前后端集成在一起，使它更加真实，更加专业。

第 16 章 一个实例（集成）

在原型阶段，我们的前后端开发是分离的，前台依赖于一个“假”的服务器。后台虽然有集成测试来保证功能的完整，但是我们仍然需要将前后台集成在一起，形成一个独立的工程。

一种策略是通过反向代理服务器来整合整个应用：前后台的代码并不在同一个工程中，甚至部署在不同的机器上。通过反向代理服务器 nginx 或者 httpd 来分发请求，如果访问静态内容，则直接从文件系统返回，如果是动态内容，则通过代理的方式转发该请求。对于发起请求的浏览器，这部分工作是透明的。如图 16-1 所示。

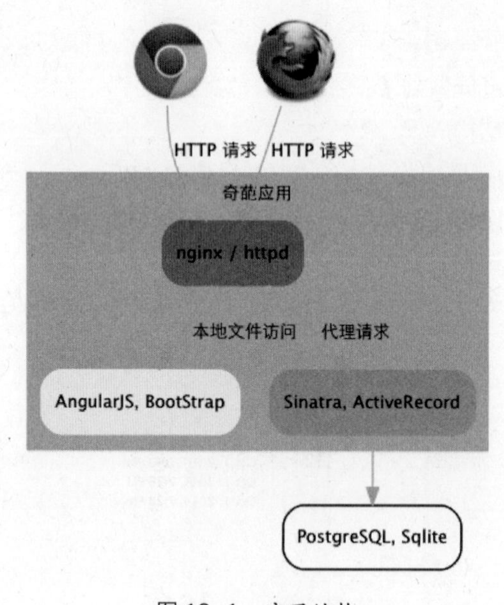

图 16-1　应用结构

这种策略有很多好处：

（1）独立开发（开发时没有强烈的依赖）。

（2）独立部署（修复前台的bug无需测试后台，反之亦然）。

（3）动态静态分离，可以获得更好的性能。

（4）平滑扩容更加容易。

当然，它也有一些弊端：

（1）需要两套/多套部署环境。

（2）更多的维护成本。

当应用规模较小的时候，我们可以通过简单的合并前后台代码做到集成。当应用程序的规模较大的时候，则需要考虑前后端完全分离的策略。

目前这个阶段，我们的应用可以通过简单的合并来集成，这样做可以很容易将我们的应用部署到Heroku上。

首先创建一个新的Sinatra应用：

```
class FrontendApplication <Sinatra::Base
    get '/' do
        File.open('index.html').read
    end
end
```

这个应用仅仅有一个路由，即请求根路径的时候返回index.html文件。另外，需要在本地创建一个public目录，将所有的图片、CSS、JavaScript代码都放在这个目录中。目录结构如图16-2所示。

app.rb	Today, 2:18 PM	1 KB	Ruby Source
bower.json	Oct 1, 2014, 9:53 PM	476 bytes	JSON file
▼ config	Oct 1, 2014, 10:12 AM	--	Folder
database.yml	Jul 26, 2014, 8:30 PM	212 bytes	YAML document
config.ru	Today, 11:56 AM	125 bytes	Document
database.log	Oct 1, 2014, 1:34 PM	6 KB	Log File
▶ db	Today, 2:11 PM	--	Folder
Gemfile	Oct 1, 2014, 5:51 PM	254 bytes	Document
Gemfile.lock	Oct 1, 2014, 5:52 PM	1 KB	Document
index.html	Today, 2:09 PM	2 KB	HTML
▼ model	Jul 25, 2014, 9:20 PM	--	Folder
plants.rb	Jul 25, 2014, 9:03 PM	63 bytes	Ruby Source
Procfile	Oct 1, 2014, 4:04 PM	43 bytes	Document
▼ public	Today, 2:07 PM	--	Folder
▶ application	Oct 1, 2014, 7:38 PM	--	Folder
▶ images	Oct 1, 2014, 7:26 PM	--	Folder
▶ stylesheets	Oct 1, 2014, 7:28 PM	--	Folder
▶ templates	Oct 1, 2014, 7:34 PM	--	Folder
▶ vendor	Oct 1, 2014, 7:51 PM	--	Folder
Rakefile	Oct 1, 2014, 4:19 PM	692 bytes	Document
README.md	Oct 1, 2014, 10:16 AM	78 bytes	Markdown
▶ spec	Oct 1, 2014, 4:23 PM	--	Folder

图16–2　集成之后的目录结构

在Sinatra中，public目录中的文件可以通过HTTP直接访问。该目录被当做Web的根目录，因此使用时不需要在路径中加上“public”。比如在 index.html 中引用的 JavaScript 文件可以直接写成：

```
<scriptsrc="vendor/angularjs/angular.js" type="text/javascript"></script>
<scriptsrc="application/plantapp.js" type="text/javascript"></script>
```

然后需要修改 JavaScript 的引用路径。例如 plantapp.js 中模板文件的路径需要修改为：

```
app.config(['$routeProvider', function($routeProvider) {
    $routeProvider.when('/', {
        templateUrl: 'templates/main-content.html',
        controller: 'PlantController'
        }).when('/details/:id', {
        templateUrl: 'templates/detail-page.html',
        controller: 'DetailController'
    });
}]);
```

创建新的应用 FrontendApplication 之后，还需要在 config.ru 中将它和 PlantApplication 级联起来以完成集成：

```
require File.dirname(__FILE__) + '/app'

run Rack::Cascade.new [PlantApplication, FrontendApplication]
```

然后在本地启动集成之后的应用程序：

```
$ rackup
```

从浏览器中访问根路径 http://localhost:9292/，会看到命令行中的请求记录如图 16-3 所示。

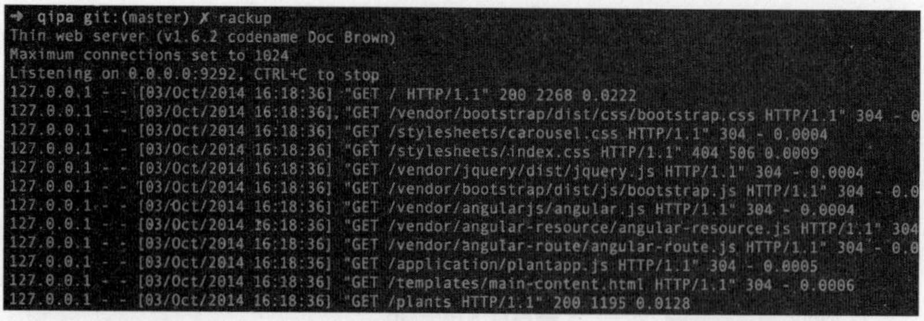

```
→ qipa git:(master) ✗ rackup
Thin web server (v1.6.2 codename Doc Brown)
Maximum connections set to 1024
Listening on 0.0.0.0:9292, CTRL+C to stop
127.0.0.1 - - [03/Oct/2014 16:18:36] "GET / HTTP/1.1" 200 2268 0.0222
127.0.0.1 - - [03/Oct/2014 16:18:36] "GET /vendor/bootstrap/dist/css/bootstrap.css HTTP/1.1" 304 - 0
127.0.0.1 - - [03/Oct/2014 16:18:36] "GET /stylesheets/carousel.css HTTP/1.1" 304 - 0.0004
127.0.0.1 - - [03/Oct/2014 16:18:36] "GET /stylesheets/index.css HTTP/1.1" 404 506 0.0009
127.0.0.1 - - [03/Oct/2014 16:18:36] "GET /vendor/jquery/dist/jquery.js HTTP/1.1" 304 - 0.0004
127.0.0.1 - - [03/Oct/2014 16:18:36] "GET /vendor/bootstrap/dist/js/bootstrap.js HTTP/1.1" 304 - 0.0
127.0.0.1 - - [03/Oct/2014 16:18:36] "GET /vendor/angularjs/angular.js HTTP/1.1" 304 - 0.0004
127.0.0.1 - - [03/Oct/2014 16:18:36] "GET /vendor/angular-resource/angular-resource.js HTTP/1.1" 304
127.0.0.1 - - [03/Oct/2014 16:18:36] "GET /vendor/angular-route/angular-route.js HTTP/1.1" 304 - 0.0
127.0.0.1 - - [03/Oct/2014 16:18:36] "GET /application/plantapp.js HTTP/1.1" 304 - 0.0005
127.0.0.1 - - [03/Oct/2014 16:18:36] "GET /templates/main-content.html HTTP/1.1" 304 - 0.0006
127.0.0.1 - - [03/Oct/2014 16:18:36] "GET /plants HTTP/1.1" 200 1195 0.0128
```

图 16-3 启动服务器

发往根路径的请求会被 FrontendApplication 执行，而访问 public 目录下资源的是普通 HTTP 请求，最后，当 AngularJS 应用启动之后，发送到/plants 的请求被 PlantApplication

处理。这样我们的应用程序就正式集成起来了，如图 16-4 所示。

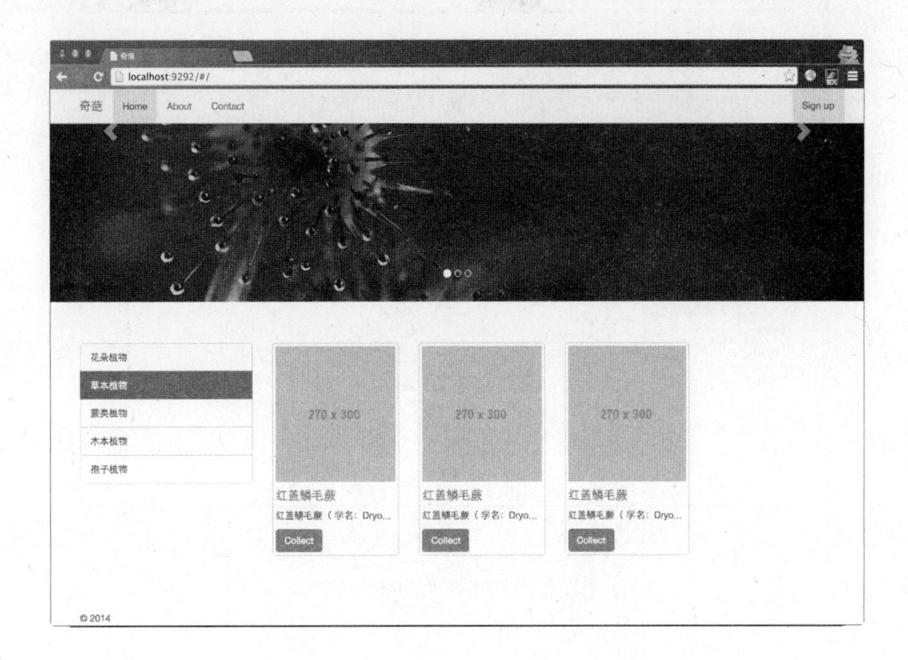

图 16-4　在浏览器中访问应用

16.1　发布

完成本地集成之后，我们将这些修改提交，并部署到 Heroku 上测试：

```
$ git add .
$ git commit -m "integrate with front-end angularjs application"
$ git push heroku master

# 打开应用
$ heroko open
```

Heroku 上看到的结果与本地类似，如图 16-5 所示。

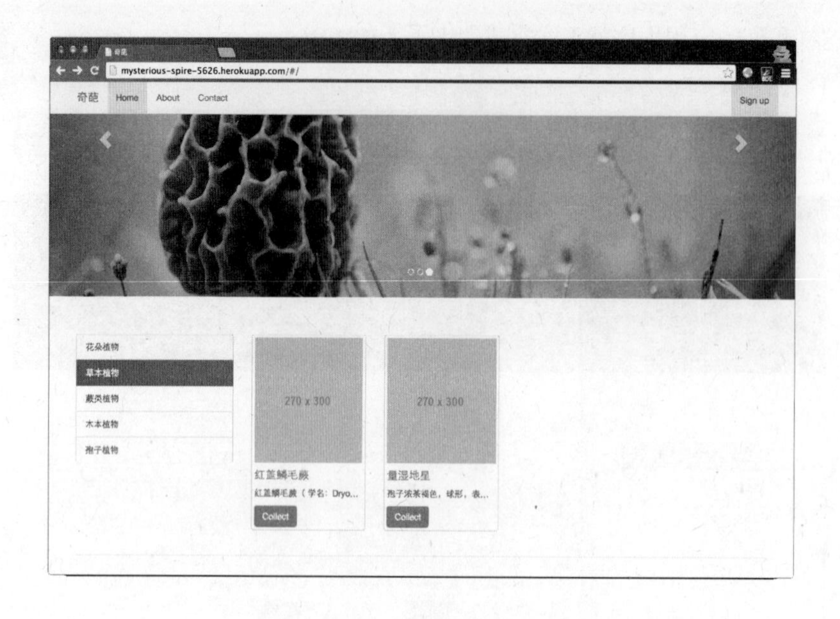

图 16–5 部署至 Heroku 中

16.1.1 添加植物页面

已经有了添加一条植物的后台 API，现在我们需要开始编写前台的页面。从最简单的情况开始，一条新植物记录只需要名称和描述两项。使用 Bootstrap 可以快速创建一个页面：

```
<div class="container show-me-up" id="add-plant-form">
    <div class="row">
        <div class="col-lg-12" ng-controller="AddPlantController">
        <form role="form">
            <div class="form-group">
                <label for="name">Plant Name</label>
                <input type="text" class="form-control"
                id="name" placeholder="食人花" ng-model="plant.name">
            </div>
            <div class="form-group">
                <label for="description">Plant Description
```

```
    </label>
                <textarea class="form-control"
                id="description" placeholder="传说中的食人花" ng-model="plant.
description">
                </textarea>
            </div>
            <buttontype="submit" class="btn btn-primary" ng-click="save()">
Save </button>
            </form>
            </div>
        </div>
    </div>
```

植物名称都比较短，采用一个文本框即可，描述信息比较长，我们使用一个文本域（textarea）。展现在页面上的效果如图 16-6 所示。

图 16-6　添加植物页面

我们为创建植物定义一个新的路由：

```
when('/add', {
    templateUrl: 'templates/add-plant.html',
    controller: 'AddPlantController'
})
```

并且定义一个新的控制器 AddPlantController。这个控制器依赖于之前创建的 PlantService，当用户点击 Save 按钮的时候，控制器会调用 PlantService 的 save 方法：

```
app.controller('AddPlantController',    ['$scope',    '$location',
'PlantService',
            function($scope, $location, PlantService) {
                $scope.plant = {
                    name: "",
                    description: ""
                };

                $scope.save = function() {
                        PlantService.save($scope.plant, function() {
                        $location.path("/");
            });
        }
}]);
```

当用户点击 save 的时候，我们会将界面上输入的 plant 组织起来，然后请求 PlantService 的 save 方法，如果保存成功，就会执行回调函数，跳转到根路径。

16.1.2 一个奇怪的 bug

在完成上一节的代码之后，页面正确地跳转到了首页，但奇怪的是，新添加的条目中并没有用户填写的内容！如图 16-7 所示。

图 16-7 新创建的条目中没有用户填写的内容

通过跟踪浏览器的网络请求发现，AngularJS 确实发送了 POST 请求，而且服务器的返回值为 201，如图 16-8 所示。

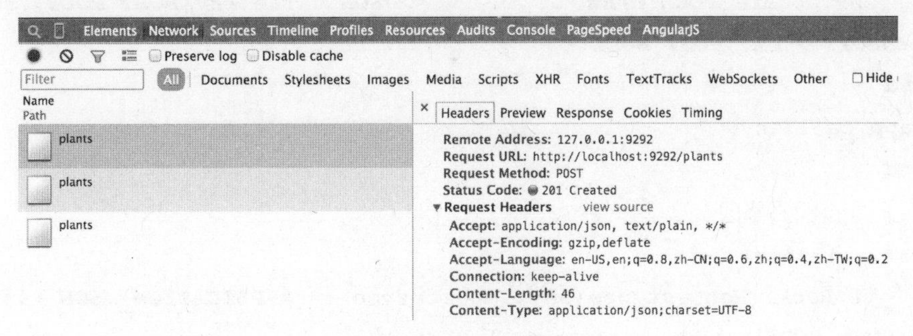

图 16-8 请求正常

在发送的请求中，数据是完整的，如图 16-9 所示。

```
User-Agent: Mozilla/5.0 (Macintosh; Intel Mac OS X 10_9_5) Appl
▼ Request Payload      view source
 ▼ {name:食人花, description:传说中的食人花}
     description: "传说中的食人花"
     name: "食人花"
```

图 16-9 发送的数据正常

那么可以肯定问题是出在后台应用程序中。通过打印 PlantApplication 中对应的处理函数：

```
post '/plants' do
  p params
end
```

我们发现此处的值为空。也就是说，处理函数并没有接收到 POST 来的数据。你可能还记得，我们在代码中使用了一个中间件 Rack::PostBodyContentTypeParser 来抽取 POST 中的数据。

这个 Bug 正是该中间件产生的，问题出在 HTTP 请求头中。PostBodyContentTypeParser 会查看头中的 Content-Type 的值，如果该值为 application/json，则抽取请求中的内容。但是 AngularJS 在发送请求时，会发送 application/json; charset=UTF-8。

这个 Bug 在 rack-contrib 之后的版本已经修复，如果你遇到了这个问题，可以修改这个 Gem 中的文件 post_body_content_type_parser.rb：

```
def call(env)
```

```
        case env[CONTENT_TYPE]
        when APPLICATION_JSON
        env.update(FORM_HASH              =>JSON.parse(env[POST_BODY].read),
FORM_INPUT => env[POST_BODY])
    end
    @app.call(env)
    end
```

将上边的代码修改为：

```
    def call(env)
        if Rack::Request.new(env).media_type == APPLICATION_JSON && (body
= env[POST_BODY].read).length != 0
        env.update(FORM_HASH     =>JSON.parse(body),      FORM INPUT      =>
env[POST_BODY])
    end
    @app.call(env)
    end
```

修改后的代码使用 Rack::Request 中的 media_type 来确定请求是否是 JSON 格式的数据，这种方式可以识别 application/json; charset=UTF-8。

我们的应用中还有一个潜在的 bug：搜索结果页面中每个条目的 ID 都是由集合的索引产生的，实际中肯定会存在这个 ID 和数据库中的 ID 不匹配的情况。因此需要将其修改为：

```
    <divclass="item thumbnail">
        <ahref="#">
        <imgng-src="http://placehold.it/270x300">
        </a>
        <h4><ahref="#">{{plant.name}}</a></h4>
        <p>{{plant.description}}</p>
        <buttonclass="btn btn-success" ng-click="collect(plant.id)">
Collect </button>
    </div>
```

到目前为止，我们的应用的基本功能都已经实现：

（1）用户可以添加一条植物的信息。

（2）用户可以查看所有的植物信息。

（3）用户可以查看某一种植物的信息。

这些功能从前端到后台应用，再到数据库，使用了一系列小巧的工具和库。这些工具和库相互协作，最终完成了整个功能。而且最有趣的是，这些工具都可以找到对应的替代者，例如，一旦我们发现 Sinatra 存在任何问题，就可以很容易地切换到 Grape 或者其他的 Web 框架。同样，如果发现 ActiveRecord 有一些不适合的场景，也可以快速切换到 DataMapper 上等等。

基本功能完成之后，我们来关注一个更为实际的功能：为植物添加图片。这个功能是在已有的应用上添加功能，是一个需求的变更。我们可以从这个例子出发，看看轻量级的开发工具和流程如何更好地迎合变化。

16.2 添加图片

目前的应用使用 placehold.it 提供的服务。在创建新植物时没有上传图片，这对于一个真实的应用来说是不可接受的，我们在这一小节来为应用添加实际的图片。

首先需要在 API 级别提供上传图片的功能。这个改动涉及到一系列修改：

（1）数据库的表结构。

（2）表对应的数据模型。

（3）创建新植物的 API。

（4）创建植物的页面。

（5）搜索结果页面的图片。

如果从数据库开始，手工添加一个字段，然后逐步向上修改，那么整个过程无疑容易出错并且比较无趣。我们可以使用 ActiveRecord 的迁移功能，这里需要创建一个新的迁移脚本来为植物表添加一个新的图片列。

和创建植物表一样，添加新列的脚本同样需要以时间戳开头，我们将其命名为 add_image_to_plants，加上时间戳之后即为 20141003215957_add_image_to_plants.rb。该文件的内容很简单：

```
class AddImageToPlants <ActiveRecord::Migration
  def change
    add_column :plants, :image, :string
  end
end
```

该类的 change 方法表明，为 plants 表添加一个类型为字符串的列 image。

我们在 Rakefile 中已经定义好了数据迁移任务，这里可以直接使用，如图 16-10 所示。

```
$ RACK_ENV=development rake migrate
```

```
➜ qipa git:(master) ✗ RACK_ENV="development" rake migrate
== 20141003215957 AddImageToPlants: migrating =================================
-- add_column(:plants, :image, :string)
   -> 0.0092s
== 20141003215957 AddImageToPlants: migrated (0.0093s) ========================
```

图 16-10 数据迁移

执行之后，数据库中的 plants 表就会多一个新的列。

16.2.1 后台 API

表结构修改之后，需要修改对应的模型。我们还有这样一些工作需要完成：

（1）接收上传文件。

（2）保存到服务器本地。

（3）与 ActiveRecord 集成。

（4）生成图片的 URL。

这些工作都可以通过 carrierwave 这个 Gem 来简化。另外我们还需要生成缩略图的功能，mini_magick 可以帮助我们完成。

在 Gemfile 中添加：

```
gem 'carrierwave'
gem "mini_magick"
```

然后执行 bundle install 即可完成安装。接下来需要修改数据模型 plants.rb，这里定义了一个新的 carrierwave 上传器：

```
require 'carrierwave'
require 'carrierwave/orm/activerecord'

class PlantImageUploader <CarrierWave::Uploader::Base

    def store_dir
        'uploaded'
    end

end
```

它继承了 carrierwave 默认的上传器，并且定义存储上传文件的目录为 uploaded。有了上传器，我们需要将其和模型绑定起来：

```
class Plant <ActiveRecord::Base
  mount_uploader :image, PlantImageUploader
end
```

image 属性是 Plant 对应的表 plants 中的列。绑定之后，当我们通过 Plant 来获取图片时，就会得到完整的路径（因为上传器会计算出图片的实际位置）。

这样就完成了对模型的修改，我们可以在 irb 中进行简单的测试：

```
plant = Plant.new

plant.name = "食人花"
plant.description = "食人花"
plant.image = File.open("public/uploaded/2014-10-04_10.01.29.jpg")

plant.save
```

接下来是对接受请求的 API 部分的修改。由于 carrierwave 会帮我们处理大部分事情，因此对 API 的修改非常容易，只需要为模型上的 image 属性赋值即可：

```
post '/plants' do
  plant = Plant.create(:name => params[:name],
    :description => params[:description],
    :created_at =>Time.now,
    :updated_at =>Time.now)

  plant.image = params[:image]

  if plant.save
    [201, "/plants/#{plant['id']}"]
  end
end
```

后台 API 部分的修改到这里就完成了。

16.2.2 客户端上传文件

上传文件是一个比较有意思的功能。HTML 提供了 file 类型的输入框来调用系统的文件选择框，但是 AngularJS 中强调的数据双向绑定功能在这种输入框上就比较尴尬，AngularJS 官方文档中也没有特别介绍，我们这里通过另外一种方式来绕过这个问题。

首先需要自定义一个 AngularJS 指令：

```
app.directive('filesModel', function (){
    return {
        controller: function($parse, $element, $attrs, $scope){
            var exp = $parse($attrs.filesModel);

            $element.on('change', function(){
                exp.assign($scope, this.files);
                $scope.$apply();
            });
        }
    };
});
```

这个指令会监听 change 事件，当用户点击文件选择器来选择文件时，会触发该事件，如图 16-11 所示。

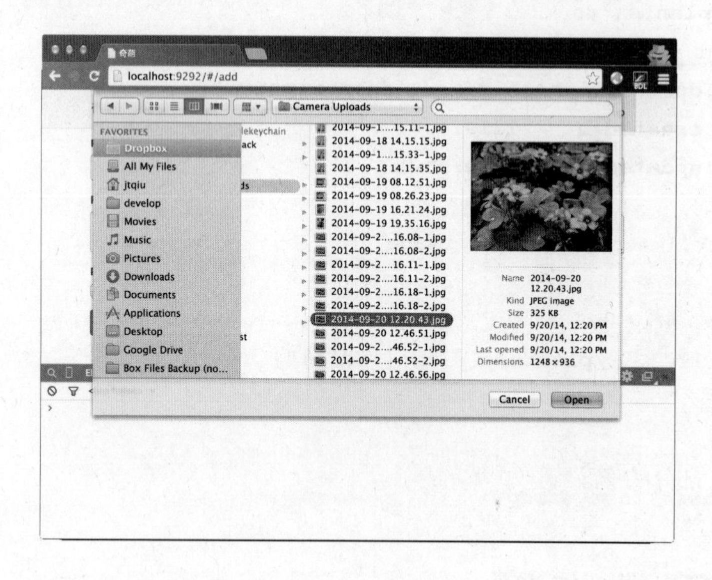

图 16-11　上传图片

此时的 files 属性为一个 FileList 对象，这个对象包含了用户的选择，如图 16-12 所示。

```
▼FileList {0: File, length: 1, item: function}
  ▼0: File
    ▶lastModifiedDate: Sat Sep 20 2014 12:20:43 GMT+0800 (CST)
     name: "2014-09-20 12.20.43.jpg"
     size: 325303
     type: "image/jpeg"
     webkitRelativePath: ""
    ▶__proto__: File
   length: 1
  ▶__proto__: FileList
```

图 16–12 FileList 对象

由于用户可以选择多张图片，此处的 FileList 事实上是一个列表。我们在指令中指定，当 change 事件发生时，会根据当前的$scope 进行一次赋值。事实上此刻的$scope 是我们在 AddPlantController 中创建的，因此此次的赋值结果会保证 AddPlantController 中的 $scope.plant.image 会被赋值为 FileList。

这样 AddPlantController 就会变成：

```
app.controller('AddPlantController',
    ['$scope', '$location', 'PlantService',
     function ($scope, $location, PlantService) {

            $scope.plant = {
                 name: "",
                 description: "",
                 image: null
};

            $scope.save = function () {
               PlantService.save($scope.plant, function () {
                   $location.path("/");
               });
            }
        }]);
```

在 add-plant.html 模板中，我们使用了新创建的指令：

```
<divclass="form-group">
    <label for="image">Plant Image</label>
    <input type="file" files-model="plant.image" required >
</div>
```

添加文件上传按钮之后，页面如图 16-13 所示。

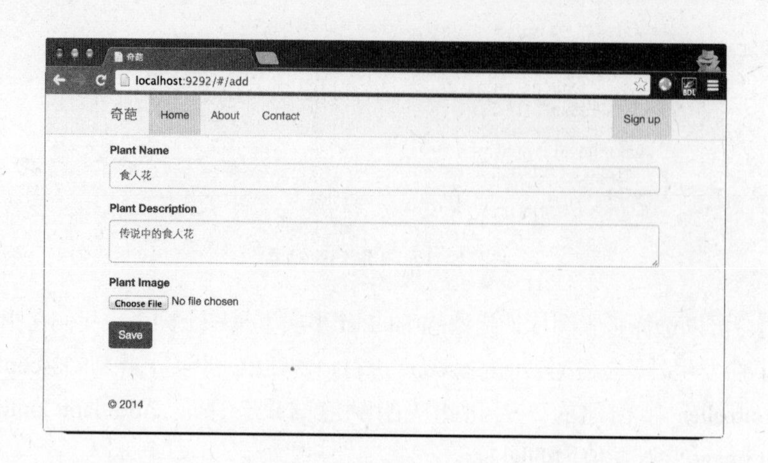

图 16-13 上传文件

点击保存之后，图片会被保存到服务器端的 public/uploaded 目录下。

缩略图

为了在页面上显示一个缩略图，我们还需要对后台代码做一点点改动：

```
require 'mini_magick'

class PlantImageUploader <CarrierWave::Uploader::Base
   include CarrierWave::MiniMagick

version :thumb do
   process :resize_to_fill => [200,200]
end

   def store_dir
      'uploaded'
   end

end
```

通过使用 mini_magick，存储图片的时候会同时生成一个 200×200 的缩略图。我们在搜索结果页面使用缩略图，而在详情页面则显示完整的大图。

现在，我们的搜索结果页面已经非常真实，如图 16-14 所示。

图 16-14　更加专业的页面

当然，要显示缩略图需要修改对占位符图片的引用：

```
<div class="item thumbnail">
    <a href="#">
    <img ng-src="{{plant.image.thumb.url}}">
    </a>
    <h4><a href="#">{{plant.name}}</a></h4>
    <p>{{plant.description}}</p>
    <button class="btn btn-success" ng-click="collect(plant.id)">
Collect </button>
</div>
```

注意此处的 plant.image.thumb.url 表达式，我们为 Plant 添加了 image 属性，carrierwave 会自动生成 url 和 thumb 属性：

```
[
    {
        id: 6,
        name: "某种木耳",
        description: "拍摄于 2014 年秋天，连绵数日的阴雨之后，在绿地世纪城发现",
        created_at: "2014-10-04T02:25:43.968Z",
        updated_at: "2014-10-04T02:25:44.608Z",
        image: {
        url: "/uploaded/2014-10-03_16.56.34.jpg",
        thumb: {
```

```
        url: "/uploaded/thumb_2014-10-03_16.56.34.jpg"
}
        }
    }
]
```

同样，还需要替换详情页面中的大图：

```
<div class="row">
    <div class="col-lg-4 col-md-4">
        <img class="img-responsive" ng-src="{{plant.image.url}}">
    </div>
    <div class="col-lg-8 col-md-8">
        <p>{{plant.description}}</p>
    </div>
</div>
```

此时看到的详情页面如图 16-15 所示。

图 16-15 详情页面

现在我们的页面更加真实，如图 16-16 所示。

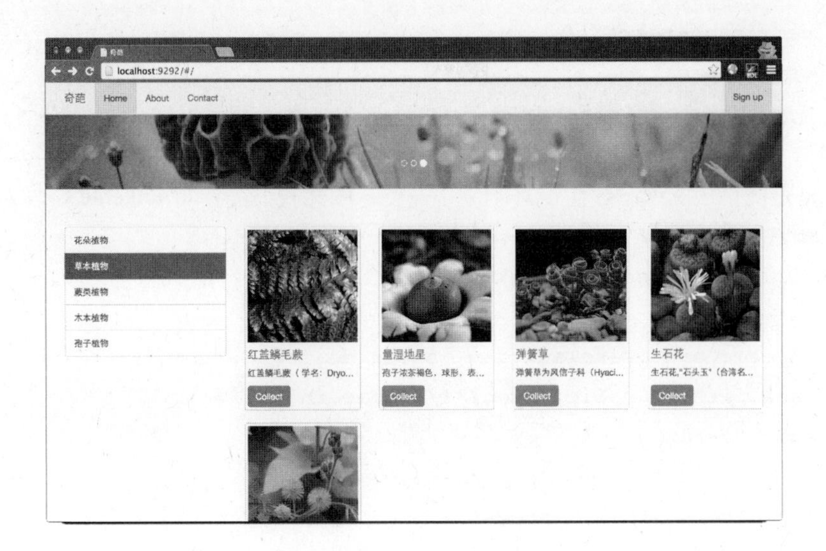

图 16-16　最终的页面

16.3　新的问题

再次将应用程序部署到 Heroku 之后，需要执行数据库迁移。但是执行的时候会发生这样的错误，如图 16-17 所示。

```
$ heroku run rake
```

```
➜  qipa git:(master) ✗ heroku run rake -T
Running `rake -T` attached to terminal... up, run.4611
rake aborted!
cannot load such file -- rspec/core/rake_task

(See full trace by running task with --trace)
```

图 16-17　Rake 执行失败

错误信息显示 rspec/core/rack_task 找不到，这是因为 Heroku 在安装依赖包时会自动过滤归类到 development 和 test 组的包，比如：

```
group :development, :test do
  gem 'sqlite3'
```

```
    gem 'rack-test'
    gem 'rspec'
    gem 'database_cleaner'
end
```

RSpec 是测试用的库，在生产环境中不需要，因此我们需要将 Rakefile 修改为：

```
if ENV["RACK_ENV"] == 'development'
    require 'rspec/core/rake_task'

    RSpec::Core::RakeTask.new :specs do |task|
    task.pattern = Dir['spec/**/*_spec.rb']
    end

    task :default => ['specs']
end
```

这样在开发环境才加载 RSpec 任务，不会影响数据迁移脚本的运行，如图 16-18 所示。

```
➜ qipa git:(master) heroku run rake migrate
Running `rake migrate` attached to terminal... up, run.6119
== 20141003215957 AddImageToPlants: migrating ==================================
-- add_column(:plants, :image, :string)
   -> 0.0648s
== 20141003215957 AddImageToPlants: migrated (0.0649s) =========================
```

图 16-18 Rake 正常工作

经过简单的测试，我们又发现了一个问题：页面刷新几次之后，我们的数据都不见了！在 Chrome 的开发者工具中可以看到如图 16-19 所示的结果。

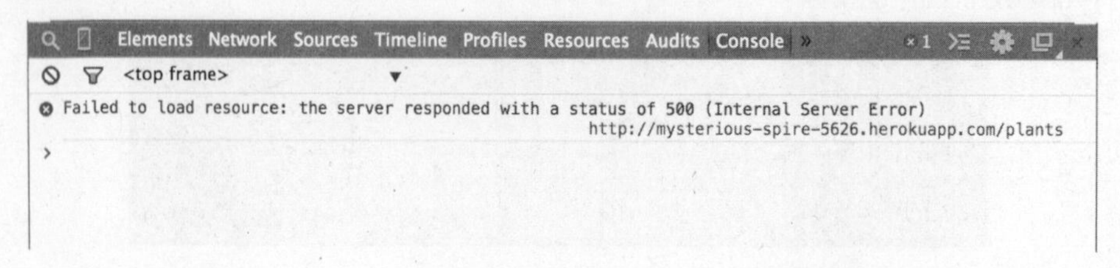

图 16-19 数据消失

通过 Heroku 提供的命令行工具，可以看到日志中记录的错误信息：

```
$ heroku logs
...
2014-10-04T08:13:54.776943+00:00 app[web.1]: ActiveRecord::Connection
```

```
TimeoutError -
    could not obtain a database connection within 5.000 seconds (waited 5.000
seconds):
    ...
```

由于 Heroku 提供的免费 PostgreSQL 有一些连接数上的限制，如果应用程序不及时关闭连接，就可能导致后续的连接无法建立，从而造成超时错误。一个简单的解决方式是在每一次数据库操作之后都关闭数据库连接，这在 Sinatra 中非常容易实现：

在 PlantApplication 中加上这个过滤器即可：

```
after do
    ActiveRecord::Base.connection.close
end
```

16.4 文件存储

在 Heroku 上免费创建的应用中，上传的文件不会被持续存储在服务器端。每次重启之后（重新发布）文件都会被清除，因此我们需要一种更合理的方式来管理这些数据。

这里会使用亚马逊的 S3（云存储平台）服务托管所有图片。S3 服务为新注册用户提供了 5G 的免费空间，并且一年内，每个月可以有 20000 次读请求，2000 次写请求，以及 15G 的流量。这对于普通应用已经足够，而且亚马逊采取按需收费的方式，实际上也可以满足大部分应用的需求。

与 S3 集成需要完成这样一些步骤：

（1）创建一个亚马逊账户（如果还没有的话）。

（2）创建一个 IAM 组，并赋予对 S3 服务的读写权限。

（3）创建一个 IAM 用户，归为新创建的组。

（4）导出该用户的凭证。

（5）创建一个 S3 的 bucket。

（6）修改这个 bucket 的授权信息。

16.4.1 创建分组及用户

登录到亚马逊的控制台，如图 16-20 所示。

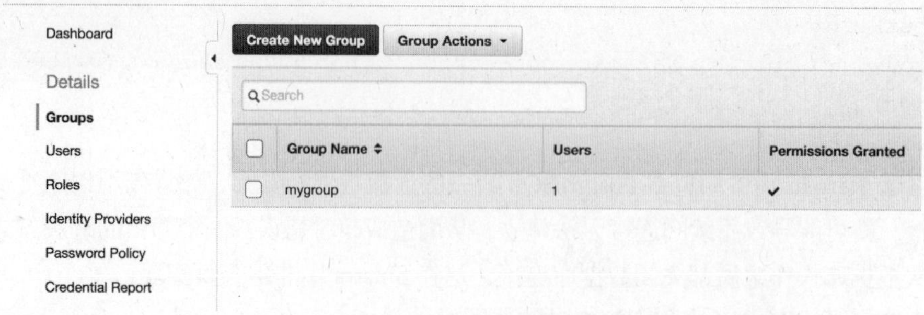

Dashboard
Details
Groups
Users
Roles
Identity Providers
Password Policy
Credential Report

Create New Group　Group Actions

Search

Group Name	Users	Permissions Granted
mygroup	1	✔

图 16-20　创建分组

创建一个新组，然后为该组分配对 S3 的全权策略，如图 16-21 所示。

› Amazon S3 Full Access

Provides full access to all buckets via the AWS Management Console.

图 16-21　分配 S3 访问权限

所谓的策略，在实现上是一个 JSON 文件，比如此处策略文件的内容为：

```
{
    "Version": "2012-10-17",
    "Statement": [
        {
            "Effect": "Allow",
            "Action": "s3:*",
            "Resource": "*"
        }
    ]
}
```

这时候我们可以去仿真页面测试该用户的权限，选择 S3 服务的上传操作（PutObject），并确认仿真，如图 16-22 所示。

可以看到该分组已经拥有了写权限。接下来，我们再创建一个新用户，并将该用户分配到这个组中，这样该用户就自然拥有了对 S3 的写权限。

创建用户之后，需要导出用户的凭证信息，如图 16-23 所示。

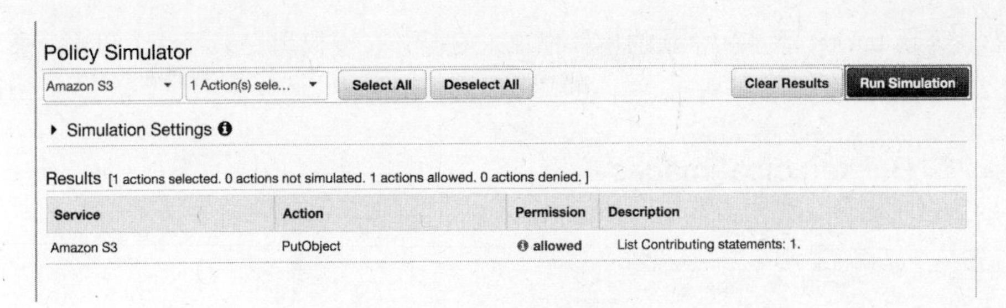

图 16-22 测试权限

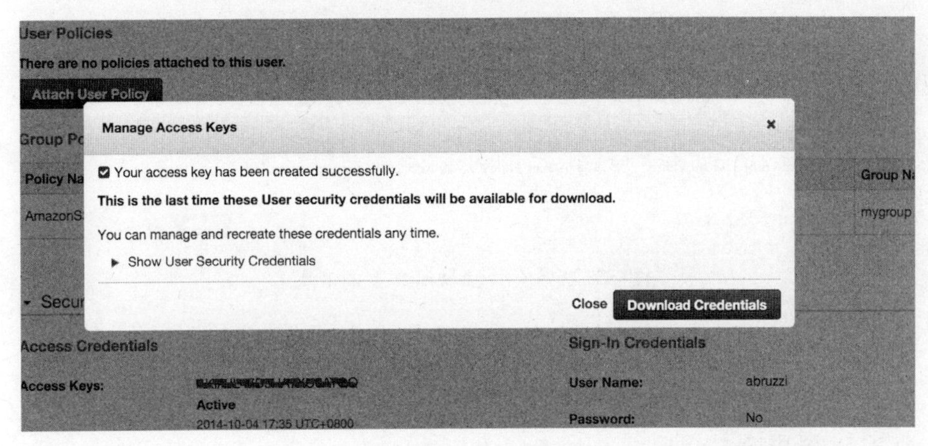

图 16-23 下载凭证

导出的凭证是一个 csv 格式的文件，其中包含三列：用户名，访问码 ID(Access Key ID)，安全访问码（Security Access Key）。这个文件是访问 API 的凭证，请注意保密。

16.4.2 创建 S3 中的 bucket

在 S3 中创建一个新的 bucket，并将其命名为 qipa-images，如图 16-24 所示。

Create Bucket
Actions
All Buckets
Name
kpis
qipa-images

图 16-24 创建 bucket

然后为该 bucket 添加一个新的权限记录，使得所有授权用户都可以访问该目录，如图 16-25 所示。

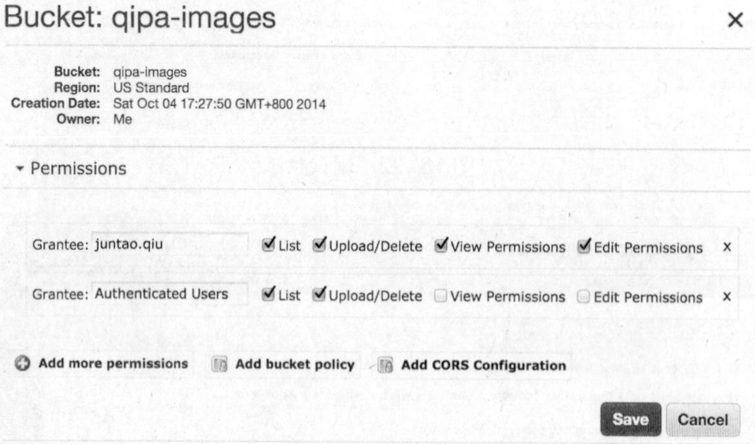

图 16-25　允许授权用户上传下载

到此，所有涉及亚马逊控制台的工作就完成了。

16.4.3　存储到云端

完成了基础设施的设置工作，我们开始修改代码。首先需要安装用来访问云端的 Gem：fog。

修改 Gemfile：

```
gem 'fog'
```

运行 bundle install 安装 fog。

由于 carrierwava 提供了对 S3 的集成功能，因此我们的修改非常容易，只需要定义 S3 的凭证信息：

```
CarrierWave.configure do |config|
  config.fog_credentials = {
    :provider              =>'AWS',
    :aws_access_key_id     =>'your-access-key-id',
    :aws_secret_access_key =>'your-secret-access-key',
    :region                =>'us-west-2',
```

```
        :endpoint              =>'https://s3.amazonaws.com/'
    }
    config.fog_directory  = 'qipa-images'
    config.fog_attributes = {'Cache-Control'=>'max-age=315576000'}
end
```

注意此处的 region 需要与上边创建的 bucket 对应的地区一致。然后将文件上传器中的存储方案修改为 fog:

```
class PlantImageUploader <CarrierWave::Uploader::Base
    include CarrierWave::MiniMagick

    version :thumb do
        process :resize_to_fill => [200,200]
    end

    storage :fog
end
```

这样，当用户上传文件时 CarrierWave 会使用 fog 将文件保存到 S3 中。在 S3 的控制台中可以看到已经上传的文件列表，如图 16-26 所示。

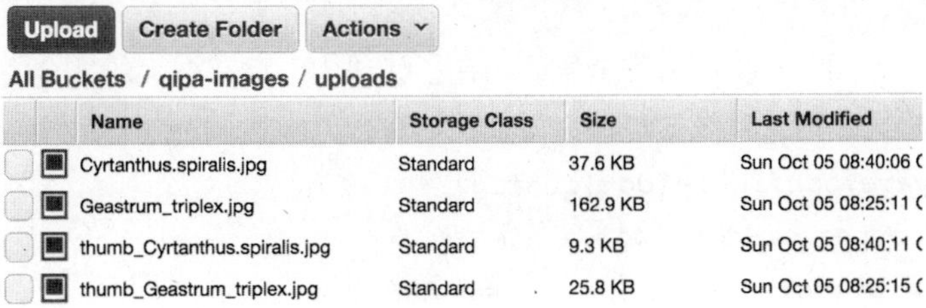

Upload　Create Folder　Actions

All Buckets / qipa-images / uploads

Name	Storage Class	Size	Last Modified
Cyrtanthus.spiralis.jpg	Standard	37.6 KB	Sun Oct 05 08:40:06 (
Geastrum_triplex.jpg	Standard	162.9 KB	Sun Oct 05 08:25:11 (
thumb_Cyrtanthus.spiralis.jpg	Standard	9.3 KB	Sun Oct 05 08:40:11 (
thumb_Geastrum_triplex.jpg	Standard	25.8 KB	Sun Oct 05 08:25:15 (

图 16-26　上传的文件列表

我们先在本地测试，文件上传之后，用 Chrome 浏览器的开发者工具查看图片的 URL，如图 16-27 所示。

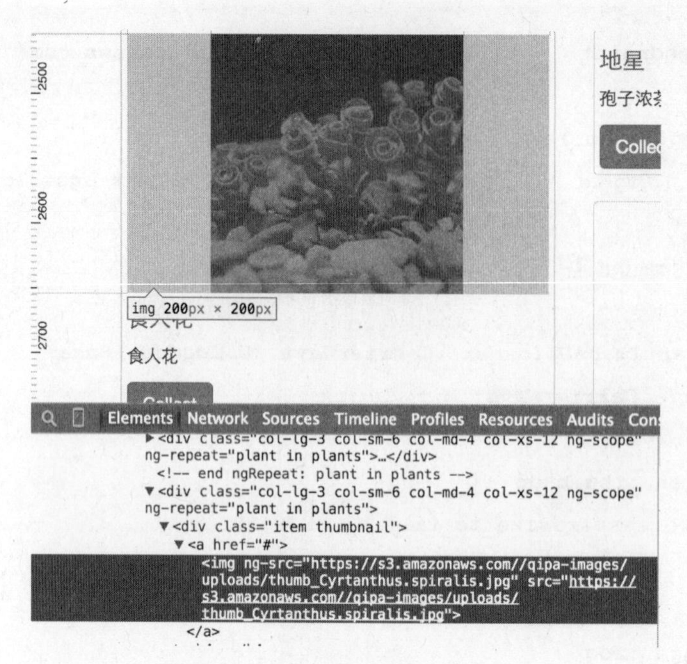

图 16-27　图片文件的 URL

查看结果表明，我们已经将图片保存到 S3 上。

16.4.4　部署到 Heroku

现在还有一个问题：我们将安全凭证写在了代码中，存在很大的安全隐患。一个简单的做法是将安全凭证写入系统的环境变量，然后在代码中访问这些环境变量：

```
CarrierWave.configure do |config|
    config.fog_credentials = {
        :provider                =>'AWS',
        :aws_access_key_id       =>ENV['AWS_ACCESS_KEY_ID'],
        :aws_secret_access_key  =>ENV['AWS_SECRET_ACCESS_KEY'],
        :region                 =>ENV['AWS_REGION'],
        :endpoint                =>ENV['AWS_ENDPOINT']
    }
    config.fog_directory  = ENV['AWS_S3_BUCKET']
    config.fog_attributes = {'Cache-Control'=>'max-age=315576000'}
end
```

可以通过 Heroku 的命令行工具来查看或者设置环境变量。要查看当前的环境变量，只需要执行：

```
$ heroku config
```

如图 16-28 所示。

```
➜ qipa git:(master) ✗ heroku config
=== mysterious-spire-5626 Config Vars
DATABASE_URL:                 postgres://egufwkdhscrlls:0B6hQTFo-BZ5XHv0Gs5P
HEROKU_POSTGRESQL_WHITE_URL:  postgres://egufwkdhscrlls:0B6hQTFo-BZ5XHv0Gs5P
LANG:                         en_US.UTF-8
RACK_ENV:                     production
```

图 16-28　查看应用配置

可以在命令行添加如下环境变量：

```
$ heroku config:add \
    AWS_ACCESS_KEY_ID="your-access-key-id"\
    AWS_SECRET_ACCESS_KEY="your-secret-access-key"\
    AWS_REGION="us-west-2"\
    AWS_ENDPOINT="https://s3.amazonaws.com/"\
    AWS_S3_BUCKET="qipa-images"
```

最后发布我们的应用程序到 Heroku：

```
$ git add .
$ git commit -m "migrate to AWS S3 storage"
$ git push heroku master
```

发布之后，页面和之前并没有变化，但是数据已经存储在亚马逊的云端服务器上，这样就不会存在数据丢失的问题，如图 16-29 所示。

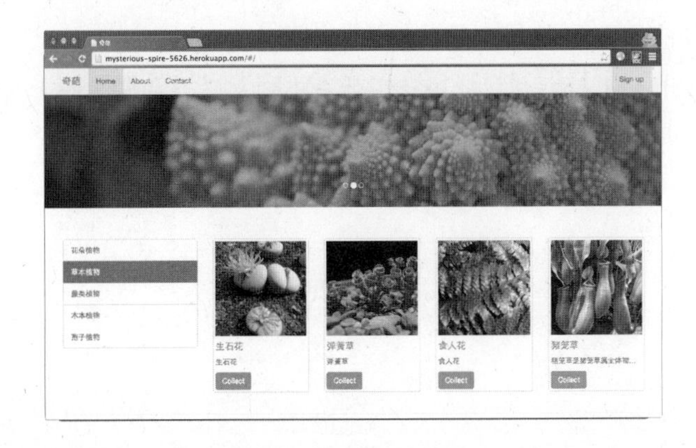

图 16-29　最终页面

附录A Web如何工作

A.1 CGI的相关背景

在设计之初，Web只是可以提供静态内容，用于诸如文档分享、论文引用等方面。但是很快人们就不满足于静态的内容。根据UNIX系统的哲学，人们倾向于让不同的应用程序通过已有的机制（进程间通信如管道，UNIX域socket，以及TCP/IPsocket）连接起来。

自然地，人们在Web服务器（诸如Apache httpd）中加入了与外部应用程序的通信接口。CGI（通用网关接口，Common Gateway Interface）即是在这种背景下被发明的。

基本来说，CGI可以是任何的可执行程序，例如Shell脚本，二进制应用，或者其他的脚本（Python脚本，Ruby脚本等）。CGI的基本流程是这样：

（1）Apache接收到客户端的请求。

（2）通过传统的fork-exec机制启动外部应用程序（cgi程序）。

（3）将客户端的请求数据通过环境变量和重定向发送给外部应用（cgi程序）。

（4）将cgi程序产生的输出写回给客户端（浏览器）。

（5）停止cgi程序（kill）。

如图A-1所示。

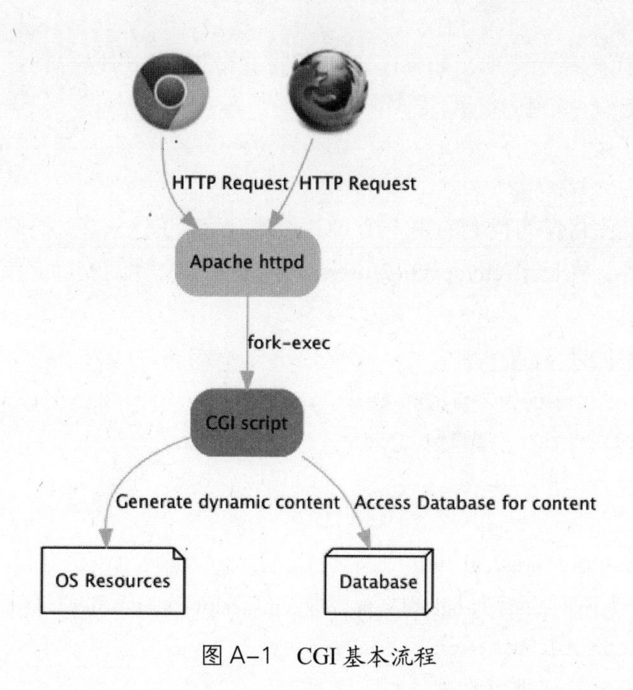

图 A-1 CGI 基本流程

A.2 配置 Apache 支持 CGI

这里所有示例都是在 Mac OSX 环境下编写和实验。

先创建一个 cgi 的运行目录/Users/jtqiu/Sites/cgi-bin/，然后创建一个空文件 echo.cgi：

```
$ mkdir -p /Users/jtqiu/Sites/cgi-bin/
$ cd /Users/jtqiu/Sites/cgi-bin/
$ touch echo.cgi
```

在这个文件中，添加一小段 python 代码：

```
#!/usr/bin/env python

print("Content-Type: text/html\n\n")
print("<b>Hello, World</b>\n")
```

修改文件的执行权限：

```
$ chmod +x echo.cgi
```

这段 python 代码并无特别，如果在 shell 运行这个脚本，可以得到：

```
Content-Type: text/html

<b>Hello, World</b>
```

这个可执行文件将作为我们的第一个 CGI 脚本。完成了这一步，我们需要配置 Apache 来支持 CGI。首先，在目录/etc/apache2/users/中创建一个文件，文件名就是你的用户名，如 jtqiu.conf。

在该文件中添加以下配置：

```
<Directory "/Users/jtqiu/Sites/cgi-bin/">
    AddHandler cgi-script .cgi
    Options +ExecCGI
</Directory>
```

其中，/Users/jtqiu/Sites/cgi-bin/ 目录是所有 cgi 脚本所在的目录，AddHandler cgi-script .cgi 表示为所有后缀为 cgi 的文件添加 cgi-script 的 Handler。然后重启 apache:

```
$ sudo apachectl restart
```

我们就可以通过 curl 进行测试：

```
$ curl -v http://localhost/~jtqiu/cgi-bin/echo.cgi
```

A.3 更进一步

传统 CGI 脚本的生命周期很短，Web 服务器在接收到一次请求之后，会 fork 出一个进程来执行 CGI 脚本，一旦请求完成，这个进程就会被终止。

我们可以在 echo.cgi 文件中设置一个超时：

```
#!/usr/bin/env python

import time

time.sleep(5)

print("Content-Type: text/html\n\n")
print("<b>Hello, World</b>\n")
```

然后，再次通过 curl 脚本来查看：

```
$ curl -v http://localhost/~jtqiu/cgi-bin/echo.cgi
```

或者另起一个窗口，通过 ps -Af | grep cgi 来查看，如图 A-2 所示。

PID	COMMAND	%CPU	TIME	#TH	#WQ	#PORT	#MREGS
63164	screencaptur	0.9	00:00.04	4	2	50	96
63162	launchd	0.0	00:00.00	2	0	62	40
63161	Python	0.0	00:00.01	1	0	19	41
63160	curl	0.0	00:00.00	1	0	17	30
63158	mdworker	0.0	00:00.40	5	3	58	83
63157	mdworker	0.0	00:00.40	5	3	54	84

图 A-2　Web 服务器启动后的进程运行状态

A.4　一个稍微有用的脚本

Web 服务器通过环境变量和 CGI 脚本进行部分的数据传递，比如下面这个例子会打印所有来自 Web 服务器的环境变量：

```
#!/usr/bin/env python
import os

print "Content-type: text/html\n\n";
print "<b>Environment</b>\n";

print "<ul>"
for param in os.environ.keys():
    print "<li>%20s: %s</li>" % (param, os.environ[param])

print "</ul>"
```

通过 curl 来测试：

```
$ curl http://localhost/\~jtqiu/cgi-bin/echo.cgi
```

会得到一个完整的环境变量列表：

```
<b>Environment</b>

<ul>
```

```
    <li>VERSIONER_PYTHON_PREFER_32_BIT: no</li>
    <li>        SERVER_SOFTWARE: Apache/2.2.26 (Unix) DAV/2 PHP/5.4.24
mod_ssl/2.2.26 OpenSSL/0.9.8y</li>
    <li>          SCRIPT_NAME: /~jtqiu/cgi-bin/echo.cgi</li>
    <li>     SERVER_SIGNATURE: </li>
    <li>       REQUEST_METHOD: GET</li>
    <li>      SERVER_PROTOCOL: HTTP/1.1</li>
    <li>         QUERY_STRING: </li>
    <li>                 PATH: /usr/bin:/bin:/usr/sbin:/sbin</li>
    <li>      HTTP_USER_AGENT: curl/7.30.0</li>
    <li>          SERVER_NAME: localhost</li>
    <li>          REMOTE_ADDR: ::1</li>
    <li>          SERVER_PORT: 80</li>
    <li>          SERVER_ADDR: ::1</li>
    <li>        DOCUMENT_ROOT: /Library/WebServer/Documents</ li >
    <li>      SCRIPT_FILENAME: /Users/jtqiu/Sites/cgi-bin/echo.cgi</ li >
    <li>         SERVER_ADMIN: you@example.com</li>
    <li>            HTTP_HOST: localhost</li>
    <li>          REQUEST_URI: /~jtqiu/cgi-bin/echo.cgi</li>
    <li>          HTTP_ACCEPT: */*</li>
    <li>    GATEWAY_INTERFACE: CGI/1.1</li>
    <li>          REMOTE_PORT: 64361</li>
    <li>__CF_USER_TEXT_ENCODING: 0x46:0:0</li>
    <li>VERSIONER_PYTHON_VERSION: 2.7</li>
  </ul>
```

A.5 更进一步 FastCGI

传统的 CGI 脚本，生命周期很短，只会 serve 一次请求就终止了。如果有高并发的场景服务器性能就会受到极大的冲击，因此人们设计了 FastCGI。FastCGI 的生命周期很长，甚至可以被实现成一个 TCP/IP 的服务器，这样就会永远运行下去。

目前，Apache、Nginx 等 Web 服务器都支持 FastCGI。

附录B Angular.js 的测试

B.1 测试 Controller

B.1.1 AngularJS 的一个典型 Controller

在 AngularJS 中，Controller 主要用于持有一些与视图有关的状态，以及数据模型，比如界面上某些元素是否展示，以及展示哪些内容等。通常来说，Controller 会依赖于一个 Service 来提供数据：

```
app.controller('EventController', ['$scope', 'EventService',
    function($scope, EventService) {
        EventService.getEvents().then(function(events) {
            $scope.events = events;
        });
    }]);
```

而 Service 则需要通过向后台服务发送请求来获取数据：

```
app.factory('EventService', ['$http', '$q',
    function($http, $q) {
        return {
            getEvents: function() {
            var deferred = $q.defer();

                $http.get('/events.json').success(function(result) {
                  deferred.resolve(result);
                }).error(function(result) {
                  deferred.reject(result);
```

```
            });

            return deferred.promise;
        }
    };
}]);
```

通常的做法是 Service 会返回一个 promise 对象，然后当数据准备完整之后，controller 的 then 会被执行。

在 AngularJS 中，这是一个非常典型的场景，那么对于这种情况，我们如何进行单元测试呢？

B.1.2 测试依赖于 Service 的 Controller

通常在单元级别的测试中，我们肯定不希望 Service 发送真正的请求，因为这样就变成集成测试，而且使得前端开发完全依赖于后台的开发进度/稳定程度等。

所以我们需要做一个假的 Service，它仅仅在测试中存在。基本的测试代码如下：

```
var app = angular.module('MyApp');

describe("EventController", function() {
    var scope, q;
    var controllerFactory;
    var mockSerivce = {};

    var events = ["Event1", "Event2", "Event3"];

    beforeEach(function() {
        module("MyApp");
        inject(function($rootScope, $controller, $q) {
            controllerFactory = $controller;
            scope = $rootScope.$new();
            q = $q;
        });
    });
```

```
    beforeEach(function() {
        var deferred = q.defer();
        deferred.resolve(events);
        mockSerivce.getEvents = jasmine.createSpy('getEvents');
        mockSerivce.getEvents.andReturn(deferred.promise);
     });

function initController() {
    return controllerFactory('EventController', {
        $scope: scope,
            EventService: mockSerivce
});
     }

     it("should have a events list", function() {
        initController();
        scope.$digest();
        expect(scope.events.length).toEqual(3);
        expect(scope.events).toEqual(events);
        });
});
```

B.1.3 在何处实例化 Controller

不要在 beforeEach 中初始化 Controller。很多示例都会在注入了$controller 之后紧接着实例化 Controller，如果 Controller 有多个外部的依赖的话，那么 beforeEach 中的代码将越来越多，而且严重影响代码的可读性。

一个好的做法是将依赖注入到 describe 的临时变量中，然后将初始化的动作延后到一个函数中：

```
function initController() {
    return controllerFactory('EventController', {
        $scope: scope,
        EventService: mockSerivce
```

```
    });
}
```

B.1.4 如何 mock 一个 service

在 AngularJS 中，Service 一般会返回一个 promise 对象。在测试时存在一些技巧来模拟该对象：

```
var events = ["Event1", "Event2", "Event3"];

beforeEach(function() {
    var deferred = q.defer();
    deferred.resolve(events);
    mockSerivce.getEvents = jasmine.createSpy('getEvents');
    mockSerivce.getEvents.andReturn(deferred.promise);
});
```

这样，使用注入 EventService.getEvents().then(callback)的地方就可以访问到此处的 promise 对象。

如果添加了新的用例，

```
app.controller('EventController', ['$scope', 'EventService',
    function($scope, EventService) {
        EventService.getEvents().then(function(events) {
            $scope.events = events;
            $scope.recentEvent = $scope.events[0];
        });
    }]);
```

则在用例的开始完成创建 Controller 的动作：

```
it("should have a recent event", function() {
    initController();
    scope.$digest();
    expect(scope.recentEvent).toEqual("Event1");
});
```

B.2 测试 Service

B.2.1 Service 的典型示例

在 AngularJS 中，Service 都是单例的实体，通常会将 Service 作为与后台交互的数据提供者，所有需要数据的组件只需要依赖于这个 Service 即可。

```
var app = angular.module('MyApp', []);

app.factory('SearchSettingService',
    ['$http', '$q', function($http, $q) {
      return {
        setting: function() {
      var deferred = $q.defer();

            $http.get('/settings.json').success(function(result) {
            deferred.resolve(result);
            }).error(function(result) {
            deferred.reject("network error");
            });

           return deferred.promise;
        }
      };
    }]);
```

B.2.2 $httpBackend 服务

测试的时候，我们不需要真实地发送 HTTP 请求来获取数据。如果只需要测试 Service 的逻辑，当发送请求时，我们将这个请求拦截下来，然后返回一个预定义的数据：

```
it('should have settings from http request', function() {
```

```
    var result;
    var expected = {
        "period": "day",
        "date": "Sat Dec 21 12:56:53 EST 2013",
    };

    httpBackend.expectGET('/settings.json').respond(expected);

    var promise = settingService.setting();
    promise.then(function(data) {
        result = data;
    });

    httpBackend.flush();

    expect(result).toEqual(expected);
});
```

$httpBackend 是 AngularJS 提供的一个用于测试的服务，可以在 spec 中注入进来：

```
beforeEach(function() {
    module('services');

    inject(function(SearchSettingService, $httpBackend) {
        settingService = SearchSettingService;
        httpBackend = $httpBackend;
    });
});
```

httpBackend 服务有一些方便测试的方法：

```
httpBackend.expectGET(url).respond(data);
httpBackend.expectPOST(url, param).respond(data);
```

设置之后，当调用 httpBackend.flush 时，AngularJS 会调用这个 setup，拦截发送的请求并返回预定义的文件。这样 service 中的数据就被填充好了。

B.2.3 Service 的测试模板

当测试一个 Service 时，我们应该测哪些方面呢?

（1）正常流程，一个完整的处理过程。

（2）异常处理，如果服务器出错了，程序需要如何反馈。

（3）其他异常情况。

正常流程的测试很容易，调用 Service 提供的方法之后，在获得的 promise 对象上调用 then 方法来填充一个数据，然后调用 httpBackend.flush()来发送请求，最后验证数据的格式/内容是否正确。

下面测试的主要目的是，验证当调用 Service 的方法时，它真实地发送了一个 HTTP 请求：

```
it('should have settings from http request', function() {
    var result;
    var expected = {
        "period": "day",
        "date": "Sat Dec 21 12:56:53 EST 2013",
     };

     httpBackend.expectGET('/settings.json').respond(expected);

        var promise = settingService.setting();
        promise.then(function(data) {
        result = data;
     });

     httpBackend.flush();

     expect(result).toEqual(expected);
});
```

对于异常情况，比如服务器返回了错误（如 500，404 等），那么最低程度，程序应该可以处理这个异常：

```
it("should throw error when network expection", function() {
```

```
    var result, error;
    httpBackend.expectGET('/settings.json').respond(500);

    var promise = settingService.setting();
    promise.then(function(data) {
        result = data;
     }, function(data) {
        error = data;
     });

     httpBackend.flush();

     expect(result).toBeUndefined();
     expect(error).toEqual("network error");
  });
```

B.2.4 服务器 Moco

Moco 是我在 ThoughtWorks 的同事郑晔开发的一个测试框架/工具。基本上，Moco 是一个用来集成测试的 HTTP 服务器。

可以通过 API 方式或者启动 Moco 服务器的方式来使用它，我比较喜欢将 Moco 作为一个独立的服务器。Moco 的发行包是一个标准的 JAR 文件，可以使用下面的命令来启动它：

```
$ java -jar moco-runner-0.9-standalone.jar start -p 12306 -c moco.conf.json
```

这条命令会在 12306 端口启动一个 Moco，使用的配置文件为 moco.conf.json，运行结果如图 B-1 所示。

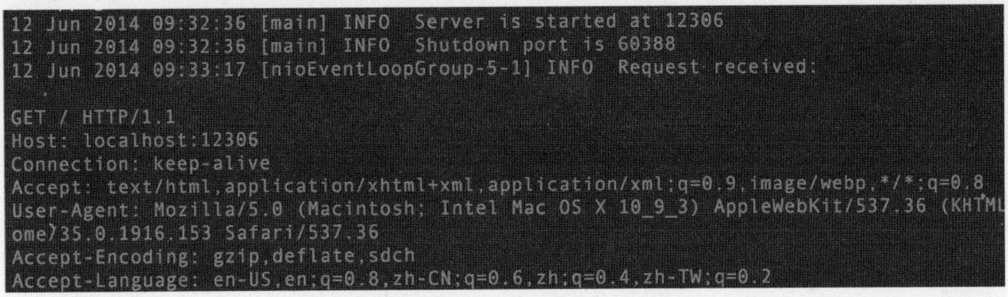

```
12 Jun 2014 09:32:36 [main] INFO  Server is started at 12306
12 Jun 2014 09:32:36 [main] INFO  Shutdown port is 60388
12 Jun 2014 09:33:17 [nioEventLoopGroup-5-1] INFO  Request received:

GET / HTTP/1.1
Host: localhost:12306
Connection: keep-alive
Accept: text/html,application/xhtml+xml,application/xml;q=0.9,image/webp,*/*;q=0.8
User-Agent: Mozilla/5.0 (Macintosh; Intel Mac OS X 10_9_3) AppleWebKit/537.36 (KHTML
ome/35.0.1916.153 Safari/537.36
Accept-Encoding: gzip,deflate,sdch
Accept-Language: en-US,en;q=0.8,zh-CN;q=0.6,zh;q=0.4,zh-TW;q=0.2
```

图 B-1 moco 启动界面

Moco 的配置文件是一个 JSON 文件，根元素是一个数组。数组中的每个元素都是一条规则：对于符合某种特征的请求，进行某种形式的响应。请求中一般包含：

（1）请求类型（HTTP 的 GET，POST，PUT，DELETE 等）。

（2）请求路径。

（3）请求字符串（如/locations=Melbourne）。

（4）HTTP 头信息（比如 Content-Type）。

（5）请求文档中的 XPath/JSONPath。

它支持多种形式的响应：

（1）字符串。

（2）文本文件。

（3）一个远程服务器上的内容。

另一个常用的功能是 mount，即将一个本地目录映射为 HTTP 服务器的根目录，这个功能在调试时非常有用。使用 Moco，使得你在测试时无需另外启动真实的服务器。而且在绝大多数情况下，Moco 的服务器会比正在开发的那个真实服务器更加稳定。

比如 moco.conf.json 中定义了以下规则：

```
[
    {
        "request": {
            "method": "post",
            "uri": "/resource"
    },
            "response": {
                "status": 201,
                "text": "resource has been created"
    }
```

```
        },
        {
            "request": {
                "uri": "/resource"
        },
            "response": {
                "status": 200,
                "file": "resources.json"
        }
        }
    ]
```

启动 Moco 的服务器之后，所有发往/resource 的 post 请求都会得到如下响应：

```
201
resource has been created
```

这个功能在前端开发越来越独立的情况下非常好用。